# 中国科技创新评价体系研究与实践

CHINA'S TECHNOLOGICAL INNOVATION
RESEARCH AND PRACTICE ON THE EVALUATION SYSTEM OF SCIENCE AND TECHNOLOGY INNOVATION IN CHINA

郑光兴 / 主编

经济日报出版社
北京

图书在版编目（CIP）数据

中国科技创新评价体系研究与实践 / 郑光兴主编.
北京：经济日报出版社，2024.7. -- ISBN 978-7-5196-1493-5

Ⅰ.G322.0

中国国家版本馆CIP数据核字第2024C3B197号

## 中国科技创新评价体系研究与实践
ZHONGGUO KEJICHUANGXIN PINGJIATIXI YANJIU YU SHIJIAN

郑光兴　主编

| 出　　版： | 经济日报出版社 |
|---|---|
| 地　　址： | 北京市西城区白纸坊东街2号院6号楼710（邮编100054） |
| 经　　销： | 全国新华书店 |
| 印　　刷： | 天津裕同印刷有限公司 |
| 开　　本： | 710mm×1000mm　1/16 |
| 印　　张： | 25 |
| 字　　数： | 291千字 |
| 版　　次： | 2024年7月第1版 |
| 印　　次： | 2024年7月第1次印刷 |
| 定　　价： | 198.00元 |

本社网址：edpbook.com.cn ，微信公众号：经济日报出版社
未经许可，不得以任何方式复制或抄袭本书的部分或全部内容，版权所有，侵权必究。
本社法律顾问：北京天驰君泰律师事务所，张杰律师　举报信箱：zhangjie@tiantailaw.com
举报电话：010-63567684
本书如有印装质量问题，请与本社总编室联系，联系电话：010-63567684

## 组编单位

证券日报社

## 编辑委员会

主任：陈剑夫　郑光兴

编委：康守永　党涤寰　田米亚　马方业　彭春来　张艺良　张　歆

　　　闫立良　白宝玉　赵学毅　侯捷宁　赵子强　贺　俊　张晓峰

## 编写组

成员：许　洁　刘睿智　谢　岚　李春莲　王丽新　张　敏　沈　明

　　　于　南　陈　炜　才山丹　上官梦露　孙　倩　乔川川　郑源源

　　　吴　㵽　张　博　包兴安　曹原赫

# 序 SEQUENCE

在数字经济大潮中,科技创新已成为推动社会进步和经济增长的重要引擎。正如习近平总书记在中共中央政治局第十一次集体学习时所强调的,"科技创新能够催生新产业、新模式、新动能,是发展新质生产力的核心要素",中国作为世界上最大的发展中国家,深知科技创新对于国家未来发展的战略意义。

近年来,通过设立科创板、注册制改革、债券市场的创新等措施,资本市场助力实体经济科技创新的作用日益凸显。与此同时,政府在引导资金、技术、人才等要素资源向科技创新领域集聚方面也发挥了不可替代的作用,为企业创新提供了良好的外部环境和政策支持。例如,工业和信息化部等七部门联合发布的《关于推动未来产业创新发展的实施意见》,明确了未来产业创新发展的重点任务和方向。国家在近两年也持续推出了税收优惠政策,提高研发费用加计扣除比例,对研发投入超过一定额度的企业给予税收优惠,以此激励企业增加对科技创新的投资。

另一方面,我们依然可以清晰地看到,目前资本市场对企业的评价标准存在一些局限性，尤其是在评估企业的科技创新能力方面。传统的财务指标虽然能够反映企业的盈利能力和财务状况，但难以全面评估企业的创新能力和发展潜力。许多创新型企业在财务数据上可能并不突出，但发展潜力巨大，具有拥有长期竞争优势的基础。因此，需要建立一套更为全面的科技创新评价体系，来更好地反映企业的真实创新能力和发展潜力。

《中国科技创新评价体系研究与实践》一书的编撰，正是基于对当前科技创新趋势的深刻洞察，以及对我国科技创新能力评价的深入思考。回望中国科创发展的历程，我们可以看到一批领先企业在科技创新的道路上不断探索，逐步从跟随者转变为引领者。这些企业的成功，不仅彰显了科技创新对于企业可持续发展的重要性，更为后来者提供了宝贵的经验和启示。科技创新已不再是水中月，而是企业扎根市场、赢得未来的根基。

当然，如何科学地评价企业的科技创新能力，既是一个理论问题，也是一个实践难题。本书正是从这一问题出发，尝试构建一个全面、系统的评价体系，旨在更准确地衡量和反映企业的科技创新能力。我们通过对上市公司的科创能力进行深入分析，结合数据分析、问卷调查和实地研究，力求探寻科技创新的内在规律和成功要素。

在本书的创作过程中，我们深深地感受到科技创新的复杂性和多维性，技术、市场、管理、资金等多个方面，每一个环节都至关重要。因此，在构建评价体系时，我们力求全面、客观、科学，以期能够真实反映企业的科技创新能力。当然，任何评价体系都不可能完美无缺，本书的出版只是开始的一小步，我们相信，未来随着研究的深入和实践的积累，将为我国的科技创新事业贡献更多的力量。

科技创新，是一个民族进步的灵魂，是一个国家兴旺发达的不竭动力。愿《中国科技创新评价体系研究与实践》一书能成为助力中国梦实现的一分子，共同见证我国科技创新的辉煌未来。

2024 年 6 月 26 日

# 目录 CONTENTS

## 第一部分　上市公司科创能力评价体系及指数报告

### 第一章　上市公司科创能力研究背景　/002
一、上市公司科创能力评价研究的背景、意义和开创性　/003
二、国内外上市公司科创能力评价研究现状　/007
三、上市公司科创能力评价体系研究成果的特点　/012

### 第二章　上市公司科创能力评价体系　/014
一、主要概念定义　/015
二、上市公司科创能力评价方法　/018
三、上市公司科创能力评价对象范围　/022
四、上市公司科创能力评价指标及模型构建　/029

### 第三章　上市公司科创能力综合评价结果　/037
一、上市公司科创能力评价总体情况　/038
二、上市公司科创能力 TOP500 评价结果　/039

### 第四章　上市公司科创能力评价体系专题分析　/059
一、科创能力评价体系区域分布比较分析　/060
二、行业分布与比较　/072

三、上市板块专题　　　　　　　　　　　　　　　/084

　　四、战略性新兴产业专题分析　　　　　　　　　　/096

　　五、专精特新企业上市公司分析　　　　　　　　　/110

　　六、高增长性上市公司专题分析　　　　　　　　　/118

**第五章　上市公司科创能力评价体系分项分析　　　/122**

　　一、科创投入评价分析　　　　　　　　　　　　　/123

　　二、科创产出评价分析　　　　　　　　　　　　　/131

　　三、科创保障评价分析　　　　　　　　　　　　　/139

**第六章　工作建议　　　　　　　　　　　　　　　/147**

　　一、依托上市公司、拟上市公司科创能力评价成果，探
　　　　索优化多层次资本市场建设　　　　　　　　　/148

　　二、积极探索上市公司、拟上市公司科创能力综合评价结果应用　/149

　　三、针对处于产业链关键节点、科创属性强、具有核心
　　　　技术的上市公司，设定精准靶向的科技金融融资工具　/150

　　四、鼓励上市公司围绕科技创新投资并购产业链配套专
　　　　精特新中小企业　　　　　　　　　　　　　　/151

　　五、着力推进上市公司与高校院所开展研发合作与技术协同创新　/152

　　六、建议建立常态化工作联动机制，合力提高上市公司
　　　　科技创新能力，培育发展新质生产力　　　　　/153

　　七、建议进一步完善上市公司科创能力信息披露机制，
　　　　加强上市公司科创能力风险监测预警　　　　　/155

## 第二部分　科创领军者成长 5 年调研报告

第一章　募集资金投向　　　　　　　　　　　　/158

第二章　资金链调查　　　　　　　　　　　　　/169

第三章　人才与技术之变　　　　　　　　　　　/181

第四章　营商环境变化　　　　　　　　　　　　/191

第五章　产业链现状　　　　　　　　　　　　　/198

第六章　践行"提质增效重回报"　　　　　　　/206

第七章　聚焦新质生产力　　　　　　　　　　　/220

第八章　建言献策　　　　　　　　　　　　　　/227

第九章　六大重点产业　　　　　　　　　　　　/237

第十章　制度不断完善　　　　　　　　　　　　/262

第十一章　科创板的未来　　　　　　　　　　　/274

第十二章　科创板大事记　　　　　　　　　　　/277

## 第三部分　科创优秀案例

后记　　　　　　　　　　　　　　　　　　　　/385

# 第一部分 PART 1

## 上市公司科创能力评价体系及指数报告

# 第一章
## 上市公司科创能力研究背景

## 一、上市公司科创能力评价研究的背景、意义和开创性

当前，我国处在以科技创新为核心驱动力，以中国式现代化全面推进强国建设、民族复兴伟业的历史征程中。创新以其前所未有的重要位置、核心作用，充分融合多种资源要素，发挥着关键引领作用。而资本市场作为金融五篇大文章的重要载体，如何激发乘数效应，评价、发现、挖掘、分析高科创属性的上市公司和拟上市公司，关乎支持监管机构科学审慎监管、中介机构专业履职、上市公司明晰科技竞争态势、广大投资者合理投资等全维度关联方，有着极其重要的研究意义和实践价值。本研究充分参照国内外科技公司、上市公司创新能力评价成果，基于海量数据和模型构建，全方位分析评价 A 股上市公司科创能力，为各个关联方和相关主体提供参考和价值。

### （一）上市公司科创能力评价研究的背景和意义

一是科技创新已经成为建设中国式现代化的核心动力。中国正处于产业转型升级的关键阶段，科技创新是推动经济从传统制造业向高端制造业和服务业转型升级的重要引擎，是构建创新型国家的关键路径。在全球化竞争中，科技创新更是提升国家竞争力的关键。中国要不断提高自主创新

能力和核心技术水平，在国际舞台上发挥更大的影响力，实现经济和科技全面崛起。

二是上市公司是我国科技创新的主力军。我国科技创新的核心力量是广大企业。企业离市场最近，对市场需求反应灵敏。超过5600万家市场主体中，上市公司"万里挑一"，是企业中的"优等生"，不仅可以吸纳全社会投资者资金，而且是各产业、各行业的龙头和骨干力量。强化企业科技创新主体地位，上市公司是其中的火车头和主要带动力。上市公司科创能力强弱、科创成果多少、技术趋势走向，将深刻影响我国整体产业科技创新乃至国家科技竞争力。

三是上市公司开展科技创新对资本市场健康稳定发展具有重要的意义和作用。第一，科技创新是推动经济增长和产业升级的重要引擎。上市公司通过不断进行科技创新，开发新产品和服务，带动产业链发展，提高全行业整体经济效益，推动经济持续增长。第二，通过科技创新，上市公司持续提升产品质量、降低生产成本、拓展市场份额，进而在市场竞争中脱颖而出，实现持续盈利，为投资者创造更多价值。第三，具备较强科技创新能力的上市公司具有较高的成长潜力和投资价值，能够吸引更多投资者的关注和资金流入，提升资本市场的活跃度和吸引力，促进市场健康稳定发展。第四，上市公司强化科技创新带动了全产业链协同发展。上下游企业可以实现技术共享、资源整合、优势互补，形成更加健康、稳定的产业生态系统，为资本市场提供更多投资机会和发展空间。

四是上市公司科创能力评价直接影响市场投资研判。随着科创板持续优化发展，科技创新能力、科创属性强弱愈发成为投资者对特定板块、特定企业投资分析的关键要素。拥有先进技术和创新产品的上市公司在激烈的市场竞争中处于领先地位的可能性更大，也能从企业市值和利润分红等方面给予投资者回报。密切关注上市公司的科技创新能力，通过监测公司的研发投入和技术成果，评估公司的科创能力、创新研发规划甚至技术研发路径和未来科技趋势预测，实现科学合理的投资决策。国内外的海量例证已经证明，面向市场变化和市场需求持续创新的公司将长期保持竞争优势，并取得可观的投资回报。

五是上市公司科创能力和科创成果直接影响我国产业链供应链的安全稳定。党的二十大报告提出，"着力提升产业链供应链韧性和安全水平"。产业链供应链安全可控小到一个企业、一个区域，大到一个行业乃至整个国家的产业安全能力和综合国力。上市公司作为产业链的龙头企业、核心企业，科技创新能力直接影响着整个行业的发展趋势和国家的产业安全。把上市公司科创能力放在国内乃至全球产业链供应链视角下，发现识别供应链薄弱环节、产业链卡脖子节点，激励上市公司加大科技创新投入，提升自主创新能力，推动行业及产业发展。

六是分析上市公司科创能力有助于投行等中介机构更加专业科学地履职。当前，保荐人等中介服务机构在企业上市等环节责任不断压实，压力持续增大，对拟上市公司科技创新能力的评价分析要求日益提升。通过上市公司科创能力研究评价及其衍生成果分析，投行、保荐人、会计师事务所等中介机构可以更加清晰准确把握公司未来增长潜力、竞争优势和投资价值，对财务报表进行审计时，科技创新能力评价可以提供重要审计依据，帮助其评估公司的财务状况和业绩表现，确保财务报表的真实性和可靠性。同时，科技创新能力评价可以帮助中介机构更全面地了解公司的发展战略、行业地位、竞争优势等方面，识别潜在的经营风险和市场风险，从而更有效地进行风险评估和管理。

## （二）上市公司科创能力评价体系研究的开创性

一是本研究是首个证券市场信息披露媒体研究发布的上市公司科创能力评价体系，具备独特地位和相关优势，有利于探索构建上市公司科创能力评价体系。首先，证券日报拥有丰富上市公司资源和对接渠道，可快速获取上市公司的最新数据和动态，为评价体系提供实时、准确的基础数据，其可通过对比分析，展示不同公司在科技创新方面的相对优势和潜在风险。其次，证券媒体具备专业的分析团队，对市场趋势和公司表现具有深刻理解，能够从专业角度出发，设计出科学的评价指标和方法，并可进行动态调整，及时更新评价指标和模型，确保评价体系的时效性和前瞻性。最后，证券市场信息披露媒体的独立性和客观性有助于提高评价研究体系的公信力，站在第三方位置公正评估上市公司科创能力，其评价结果通过媒体平台传达给投资者、分析师和其他市场参与者，促进市场对于上市公司科技创新认知的有效性和透明度。

二是本研究是首个建立基于金融与科技融合数据并应用人工智能技术的上市公司科创评价体系工具。基于近百亿条产业数据，应用生成式通用大模型和产业通用大模型，构建上市公司科创能力评价计算系统。依托先进算法与复杂数据处理能力，监控和分析上市公司公开披露的信息，包括财务报告、市场动态、研发投入以及专利申请情况等，构建多维度的科技创新能力评估模型。应用自然语言处理（NLP）技术，自动从海量文本数据中提取关键信息，并将其转化为可量化的数据指标；采用机器学习算法，系统不断优化评估模型，确保其准确性和时效性。通过数据可视化，直观地了解各项科创指标的变化趋势,并开展不同公司之间的对比分析。

三是本研究是首个全国性、全产业、多维度的上市公司科创能力评价指标体系。不同于以往围绕特定产业、特定园区、特定企业类型的上市公司科创能力评价研究,本研究旨在突出全面性和全覆盖,以全部 A 股上市公司为第一层研究对象池,通过行业等科创属性筛选出 4000 余家进入研究范围,实现超过 80% 上市公司覆盖。同时,作为评价体系,构建了包括三大分项研究分析、十个模型因子研究分析、五个专题研究分析等整体多维度评价,形成了较为完备的上市公司科创能力全方位研究分析体系,成果可供不同机构和研究人员参考。

## 二、国内外上市公司科创能力评价研究现状

本研究充分学习、参考国内外科技公司、上市公司科创能力研究分析成果,提供了大量实证支撑和参照。

### (一)国外上市公司科创能力评价分析

国外现有上市公司科创能力评价研究成果丰富,这些报告通常由专业研究机构发布,旨在评估和分析上市公司的科技创新能力和表现。国外上市公司科创能力评价研究主要包括:

1.《福布斯》科技创新企业榜单:《福布斯》每年均会发布科技创新企业榜单,该榜单基于企业的创新投入、技术突破、市场表现等多个维度进行综合评价,旨在表彰那些在科技创新领域取得杰出成就的企业。其评价

指标主要包括：技术创新、企业治理、企业成长性、创新驱动的市场优势、企业社会形象。

2. 彭博创新指数：彭博科技创新指数是一种综合性的评价指标，它结合了上市公司的研发投入、专利数量、新产品推出速度等多个因素，以量化方式评估公司的科创能力。其评价指标主要包括：研发强度、制造业附加值、生产率、高科技密度、高等教育率、研发人员密集度、专利活动。

3. 标普全球创新指数：标普全球创新指数是一个全球性的创新评估体系，它涵盖了众多上市公司，通过多个维度的数据分析和评估，为企业提供科创能力的全面评价。其评价指标主要包括：研发投入、专利情况、新产品推出、技术合作与联盟、人才储备、市场价值、企业治理结构。

4. 波士顿咨询集团（BCG）科技创新报告：BCG经常发布关于科技创新的报告，这些报告深入分析了不同行业、不同地区的上市公司在科技创新方面的表现，提供了有价值的见解和建议。其评价指标主要包括：研发投入与强度、专利与创新产出、市场应用与商业化能力、合作与生态系统、组织与文化。

5. 德勤高科技、高成长500强报告：德勤每年发布高科技、高成长500强报告，报告主要关注那些具有高成长性和高科技创新能力的企业，通过一系列指标来评估这些企业的科创实力。其评价指标主要包括：营收增长率、技术创新能力、市场扩张能力、管理效能与组织结构、行业影响力与竞争优势、可持续发展与社会责任。

国外上市公司科创能力评价的特色主要体现在：综合性与多维度的评价框架、强调创新与商业化并重、重视专利与知识产权、行业特色与差异性考量、全球视野与国际化标准、动态性与时效性。

尽管国外机构在上市公司科创能力评价方面已经建立了相对成熟的体系，但仍存在一些不足之处。

（1）评价标准的普适性问题：虽然这些榜单和报告提供了科创能力的评价标准，但这些标准往往过于通用，难以充分反映不同行业、不同公司之间的科创特色。不同行业和公司面临的市场环境、技术挑战和发展阶段各不相同，因此需要更加细化和个性化的评价标准。

（2）数据质量和来源的可靠性：科创能力评价依赖于大量的数据支持，包括研发投入、专利申请、新产品发布等。然而，数据的质量和来源的可靠性往往存在问题。一些公司可能夸大其科创成果，或者隐瞒一些关键信息，导致评价结果失真。此外，不同数据来源之间的数据可能存在差异，需要更加严谨的数据验证和整合机制。

（3）创新质量与商业化的平衡考量：在评价科创能力时，往往容易过于关注创新的数量和速度，而忽视了创新的质量和商业化前景。创新不仅需要具备新颖性和技术先进性，还需要满足市场需求、具备商业可行性。因此，在评价科创能力时，需要更加全面地考虑创新的质量和商业化潜力。

（4）静态与动态评价的平衡：现有的科创能力评价往往侧重于静态指标，如专利数量、研发投入等，而忽视了公司的动态发展能力和持续创新能力。科创能力是一个不断发展的过程，需要持续投入和更新，因此，在评价时应该更加注重公司的动态发展潜力和创新能力。

（5）国际视野与本土特色的结合：在全球化背景下，上市公司的科创能力评价需要具有国际视野，但同时也需要充分考虑本土特色和市场需求。不同国家和地区的创新环境、政策支持和市场需求各不相同，因此在评价时需要结合本土实际情况进行分析和判断。

综上所述，上市公司科创能力评价需要在评价标准、数据质量和来源、创新质量与商业化平衡、静态与动态评价平衡以及国际视野与本土特色结合等方面进行改进和完善，以更准确地反映公司的科创实力和市场竞争力。

## （二）国内上市公司科创评级研究分析

1.《科创板上市公司科创力排行榜》(简称"锐科创"）：锐科创由同济大学上海市产业创新生态系统研究中心和同济大学上海国际知识产权学院联合打造，主要关注科创板上市公司的科创能力，通过一系列评价指标，如研发投入、专利数量、研发人员占比等，对科创板上市公司进行排名和评价。

2.《中国企业科创力100强榜单》：由南方周末科创力研究中心发布。这个榜单旨在寻找当前最具科创力的企业，并且不以行业类别设限。其评价指标主要包括：研发投入、专利情况、研发人员情况、技术创新成果、市场价值、合作与生态系统。

3.《中国制造业上市公司科创能力评价报告》：由中国科学院科技战略咨询研究院中国高新区研究中心发布。报告专注于制造业上市公司的科创能力评价，通过深入分析企业的研发投入、技术创新成果、市场竞争力等因素，为投资者提供有价值的参考信息。其评价指标主要包括：研发投入、专利情况、技术创新成果、研发人员情况、产学研合作、经济效益。

4.《中国高新技术企业创新能力评价报告》：由北京中关村高新技术企业协会（简称高企协）牵头发布。高企协联合多家机构共同制定这一评价标准，旨在促进北京市高新技术企业的创新发展，提高高新技术企业的核心竞争力。报告从企业基础情况、知识产权、持续创新能力、创新管理等四个维度共二十七个指标对高新技术企业创新能力进行量化评价。

5.《国家高新区上市公司创新能力评价报告》：由中国科学院科技战略咨询研究院中国高新区研究中心发布，报告旨在全面评估国家高新区上市公司的创新能力，为政策制定、投资决策和企业发展提供重要参考。报告从研发投入、专利数量、研发人员占比等多个维度进行综合评价。

国内上市公司科创能力评价的特色主要体现在多维度综合性评估、强调创新成果与市场应用、重视人才与团队建设、关注管理与战略、行业特色与差异性、政策导向与市场趋势。

国内上市公司科创能力评价在近年虽然取得较多进展，但仍然存在不足之处。

（1）评价指标的局限性：过于依赖传统的财务指标和专利数量等硬性指标，而忽视了创新过程中的软性指标，如创新文化、创新机制、创新氛围等。这些软性指标对于公司的科创能力同样具有重要影响，但往往难以量化和评估。

（2）行业差异性的考虑不足：不同行业在科技创新方面存在显著的差异，但现有的评价体系可能未充分考虑到这种差异性。例如，高新技术产业与传统制造业在科技创新方面有着不同的需求和挑战，因此需要有针对性地设置评价指标和权重。

（3）数据获取和处理的难度：科创能力评价涉及大量的数据收集和处理工作，包括研发投入、专利数据、人才结构等多个方面。然而，这些数据可能存在难以获取、不完整或质量不高等问题，从而影响了评价的准确性和可靠性。

（4）缺乏对创新过程的评价：科创能力不仅仅体现在创新成果上，更重要的是创新过程。然而，现有的评价体系往往只关注创新成果，如新产品、新技术等，而忽视了创新过程中的团队协作、项目管理、风险控制等方面。

（5）静态评价的问题：科创能力是一个动态变化的过程，但现有的评价体系可能过于静态，无法及时反映公司的创新进展和变化。这可能导致评价结果与实际情况存在偏差。

综上所述，上市公司科创能力评价在评价指标、行业差异性、数据获取与处理、创新过程评价以及静态评价等方面存在不足。为了更准确地评估公司的科创能力，需要进一步完善评价体系，充分考虑各种因素，并采用更加科学、客观的方法进行评价。

## 三、上市公司科创能力评价体系研究成果的特点

本报告科创能力评价研究的特色主要体现在：

### （一）全面性与系统性

评价模型从科创投入、科创产出及科创保障三个维度构建了完整的一级指标，再细化为科创经费投入、科创人员投入、科创专利产出、科创绩效产出、专利保障能力、资金保障能力、营运保障能力等二级指标，体现了评价体系的全面性和系统性。这种多维度、多层次的评价方式能够更全面地反映企业在科技创新方面的综合实力和潜力。

### （二）强调投入与产出的平衡

评价模型不仅关注科创投入，包括经费和人员的投入，还重视科创产

出，包括专利和绩效的产出。这种平衡考虑的方式能够更准确地评估企业在科技创新方面的效率和效果，避免单一关注投入或产出而导致的片面评价。

### （三）注重保障能力的评估

除了投入和产出，评价模型还特别强调了科创保障能力的重要性，包括专利保障能力、资金保障能力和营运保障能力。上述保障能力是企业在科技创新过程中不可或缺的支持因素，对于确保科技创新的顺利进行和取得良好成果具有重要意义。

### （四）灵活性与可定制性

该评价模型虽然设定了明确的一级、二级和三级指标，但也可以根据具体行业、企业特点和评价需求进行灵活调整和优化，使得模型具有一定的可定制性，能够更好地适应不同情境下的科创能力评价需求。

### （五）实践性与指导性

该评价模型不仅具有理论上的合理性，还具有较强的实践性和指导性。通过实际应用该模型，企业可以清晰地了解自身在科技创新方面的优势和不足，从而有针对性地制定改进措施和发展战略，提升科创能力。

综上所述，本报告科创能力评价模型的特色在于其全面性与系统性、投入与产出的平衡考虑、注重保障能力的评估、灵活性与可定制性以及实践性与指导性。这些特色使得该模型能够更准确地评估企业的科创能力，为企业的科技创新发展提供有力支持。

# 第二章

## 上市公司科创能力评价体系

## 一、主要概念定义

上市公司科创能力评价所涉主要概念包括：

### （一）上市公司

根据《中华人民共和国公司法》（2023年修订）第一百三十四条规定，上市公司，是指其股票在证券交易所上市交易的股份有限公司。

### （二）A股市场

A股市场现阶段主要包括三个交易所：上海证券交易所、深圳证券交易所和北京证券交易所。根据定位，分为主板（上海主板、深圳主板）、科创板、创业板、北交所四大板块。

主板：也称一板市场，又分为沪市主板和深市主板。突出"大盘蓝筹"特色，重点支持业务模式成熟、经营业绩稳定、规模较大、具有行业代表性的优质企业。主板大多为大型企业，具有较大的资本规模和较稳定的盈利能力。主板市场又称一板市场，准入门槛最高，传统行业偏多。

沪市科创板：以"支持和鼓励'硬科技'企业上市"为核心目标，专注服务"硬科技"。其主要针对世界科技前沿、经济主战场和国家重大需求。科创板优先支持符合国家战略，拥有关键核心技术，科技创新能力突出，主要依靠核心技术开展生产经营，具有稳定的商业模式，市场认可度高，社会形象良好，是具有较强成长性的企业。

深市创业板：又称二板市场，创业板主要服务成长型创新创业企业，创业板适应发展更多依靠创新、创造、创意的大趋势，支持传统产业与新技术、新产业、新业态、新模式深度融合。

北交所：主要服务创新型中小企业，重点支持先进制造业和现代服务业，推动传统产业转型升级，培育经济发展新动能，促进经济高质量发展。

## （三）科创属性

是指根据证监会《科创属性评价指引（试行）》，通过知识产权等创新要素评价科创板上市企业的科创属性。提出以下内容。

支持和鼓励科创板定位规定的相关行业领域中，同时符合下列4项指标的企业可以申报科创板上市：1）最近三年研发投入占营业收入比例5%以上，或最近三年研发投入金额累计在6000万元以上；2）研发人员占当年员工总数的比例不低于10%；3）应用于公司主营业务的发明专利5项以上；4）最近三年营业收入复合增长率达到20%，或最近一年营业收入金额达到3亿元。

在支持和鼓励科创板定位规定的相关行业领域中，虽未达到前述指标，但符合下列情形之一的企业可以申报科创板上市：1）发行人拥有的核心技术经国家主管部门认定具有国际领先、引领作用或者对于国家战略具有重大意义；2）发行人作为主要参与单位或者发行人的核心技术人员作为主要参与人员，获得国家科技进步奖、国家自然科学奖、国家技术发明奖，并将相关技术运用于公司主营业务；3）发行人独立或者牵头承担与主营业务和核心技术相关的国家重大科技专项项目；4）发行人依靠核心技术形成的主要产品（服务），属于国家鼓励、支持和推动的关键设备、关键产品、关键零部件、关键材料等，并实现了进口替代；5）形成核心技术和应用于主营业务的发明专利（含国防专利）合计50项以上。

## （四）上市公司科创能力

上市公司科创能力是指企业在科学技术领域具备科技创新的综合能力，这种能力体现在企业研发新技术、新产品，并将其应用于商业活动中的效率和效果。它是企业核心竞争力的重要组成部分。上市企业科创能力包括诸多方面，涵盖研发能力、技术创新能力、成果转化能力等，共同构成企业在科技创新方面的综合实力，反映了企业把握市场需求、开展研发活动、推出创新产品并实现商业化的能力。此外，上市企业的科创能力还受到政策环境、市场需求、技术发展趋势等诸多因素影响。

## （五）上市公司科创能力评价

上市公司科创能力评价是一个复杂且多维度的过程，涉及多方面考量。以下是一些关键的评价指标和方法：

1. 研发投入与占比：企业需要具备较高的研发投入能力，这是保证科技创新持续进行的基础。研发投入是企业进行科技创新的基础。通过分析企业研发投入占营业收入的比例，或者研发投入金额的绝对值，可以判断企业在科技创新方面的投入程度。

2. 专利数量与质量：专利是企业科技创新成果的重要体现。评价企业的专利数量、发明专利占比、专利布局领域以及专利的转化和应用情况，可以反映企业在科技创新方面的实力和成果。

3. 新产品与新技术：企业推出新产品或新技术的速度和频率，以及产品或技术在市场上的表现和竞争力。

4. 技术团队与人才结构：企业的技术团队规模、人才结构、研发人员情况。

## 二、上市公司科创能力评价方法

在评价上市公司科创能力时，采用分析式研究方法与实证式研究方法共同完成，将分析式研究方法与实证式研究方法相结合，可以更全面、深入地评估上市公司的科创能力。分析式研究方法可以提供对公司科创活动的深入理解和洞察，而实证式研究方法则可以通过数据验证和公司科创能力的评估，这种综合应用的方法可以确保评估结果的客观性和准确性。

### （一）分析式研究方法

分析式研究方法是一个综合性的方法体系，它结合了定性和定量分析的优势，能够更全面地揭示研究对象的本质和规律。定性分析基于描述性，关注研究对象的特征、现象和关系，通过对文字、图像等非数值数据进行解释、诠释和理解。定量分析则是基于数值数据的分析，通过收集和处理数量化的数据，运用统计学方法来解释和理解现象之间的关系。

通过梳理有关上市公司科创能力评价的科学研究文献，从不同维度、不同视角下归纳整理、分析鉴别研究信息资料，基于上市公司工商数据、财务数据、专利数据，结合上市公司实地调研走访评价指标的反馈，设立系统性、典型性、全面性、科学性、合理性、可比性、综合性的上市公司科创能力评价指标体系，对 A 股上市公司的科创能力进行全面系统、公平公正的评价，为后续上市公司科创能力评价实证研究和相关理论发展奠定坚实基础。

## （二）实证研究方法

实证研究方法是一种科学、客观、严谨的研究方法，通过实证分析法评价上市公司的科创能力，需要综合运用一系列分析工具和方法，以确保评价的客观性和准确性。以下是一个可能的评价流程：

首先，明确评价目的和范围，确定需要关注的科创领域和具体指标。科创能力包括研发投入、专利申请数量、科技成果转化率、新产品开发速度等多个方面，相关方面均需要纳入考虑范围。

其次，收集相关数据，包括上市公司的年度报告、财务报表、专利数据库中的信息，以及相关市场调研数据等，数据应涵盖公司的研发投入、专利活动、技术创新成果等多个方面。

另外，运用实证分析方法对数据进行处理和分析，包括描述性统计分析，以了解公司在科创方面的基本情况；也包括相关性分析或回归分析，以探究不同指标之间的关联程度或影响因素。此外，还可以运用经济模型等工具，对公司的科创能力进行更深入地分析和预测。

在分析过程中，需要注意控制其他可能影响结果的因素，以确保分析的准确性。例如，公司规模、行业特性、市场环境等因素均可能对科创能力产生影响，需要在分析中进行适当地控制，包括对公司在研发投入、专利活动、技术创新成果等方面的表现进行评分或排名，根据分析结果，对公司的科创能力进行评价。

基于分析式研究，通过对大量样本多次实证的方法，进行上市公司科创能力量化研究分析。通过描述性统计分析、相关系数分析、多元线性回归模型、聚类分析法、层次分析法、因子分析法、差异性检验等计量方法构建 A 股上市公司科创能力评价模型，进行实证分析。实证基础数据来源于中国统计信息网、Wind 数据库、Incopat 专利数据库、点链云全球产业数智系统、东方财富网等官方渠道，部分数据通过人工归集。

经过多轮建模测试，最终模型选择因子分析法对 A 股上市公司进行科创能力评价。因子分析是一种统计技术，主要用于从变量群中提取共性因子。该技术最早由英国心理学家 C.E. 斯皮尔曼提出，其发现学生的各科成绩之间存在一定相关性，从而推想是否存在潜在共性因子影响学生的学习成绩，其基本思想是根据相关性大小把原始变量进行分组，使得同组内的变量之间相关性较高，而不同组的变量间的相关性则较低，每组变量代表一个基本结构，并用一个不可观测的综合变量表示，该基本结构就称为公共因子。其主要目的是用来描述隐藏在一组测量到的变量中的一些更基本，但无法直接测量到的隐性变量。

因子分析法具备以下优势。

1. 信息整合与降维：因子分析法能够充分利用指标群的综合信息，通过提取公共因子，将多个变量整合为少数几个关键因子。其不仅降低了数据的维度，简化了数据结构，还有助于避免由于单项指标选择不合理而影响评价结果的准确性。

2. 消除相关性：因子分析法能够排除各实测指标之间的相关性重复，使提取出的因子之间相互独立，但又能描述原始数据的本质信息。其有助于研究者更清晰地理解变量之间的关系，避免信息重叠和冗余。

3. 权重确定：各因子的相对重要程度（即权重）可以由各因子的方差贡献率求得，其消除了人为因素带来的偏差，使评价结果更加客观、准确。

4. 操作性与解释性：因子分析法的处理过程规范，可以采用专业统计软件进行计算机处理，如 SPSS 等，可保证运算的可靠性和较高的评价精度。同时，因子分析法的结果具有较好的可解释性，有助于发现高维变量下的潜在影响因子，为决策提供有力支持。

5. 适用性强：因子分析法不仅适用于综合评价，还可处理多变量问题，提高模型的复杂度和准确率。此外，因子分析还可以进行数据压缩，减少存储和传输数据的成本，同时，其能够处理缺失数据，提高模型的鲁棒性。

A 股上市公司科创能力评价模型建模主要步骤包括：

1. 确定原有变量是否适合进行因子分析。该步骤需要对原有变量进行相关分析，计算变量之间的相关系数矩阵并进行统计检验。如果相关系数矩阵中的大部分相关系数均小于 0.3，且未通过统计检验，那么相关变量就不适合作因子分析。

2. 构造因子变量。是因子分析的关键步骤之一，有多种确定因子变量的方法，如主成分分析法、公因子分析法等。

3. 利用旋转方法使因子变量更具有可解释性。

4. 计算因子变量得分。

研究方法流程图如下。

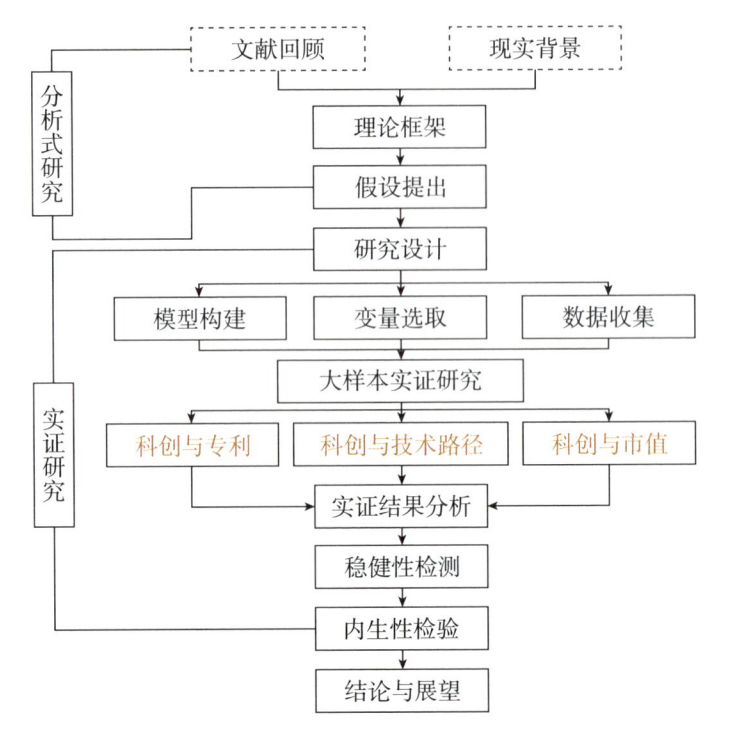

图 1-2-1　研究方法流程图

## 三、上市公司科创能力评价对象范围

### （一）评估对象遴选

本研究选取包含已在主板、科创板、创业板以及北证上市的全部中国A股上市公司为基础样本，为保证科创模型输入数据的可得性、合理性、连续性和完整性，本研究删减了一些低科创属性的行业，选取科创属性突出的行业上市公司，覆盖国民经济行业分类 8 大门类和 53 大类，同时，剔除数据不完整的噪声样本及数据的噪声企业样本，删减和剔除过程中的规则依据如下。

1. 剔除科创属性不明显的上市公司：199家批发和零售行业上市公司，124家金融行业上市公司，104家房地产行业上市公司，83家采矿业上市公司，67家文化、体育和娱乐业上市公司以及其他科创属性不明显的近100家上市公司。

2. 剔除财务状况或其他状况出现异常而进行特别处理的上市公司。

3. 剔除未公布重要指标信息从而导致关键数据缺失的上市公司，如财务报表缺失的上市公司。

最终从全量A股上市公司中遴选出适合进行科创能力评价的上市公司4157家，其企业数据均完整可得。

## （二）评估对象行业分类及区域分布

1. 行业分类

（1）国民经济行业门类

从国民经济行业门类分类来看，4157家A股上市公司分布于8大国民经济行业门类中，包括制造业，信息传输、软件和信息技术服务业，科学研究和技术服务业，电力、热力、燃气及水生产和供应业，建筑业，水利、环境和公共设施管理业，交通运输、仓储和邮政业，租赁和商务服务业（如图1-2-2）所示。其中，上市公司数量超过100家的行业分别是：第一名为制造业，上市公司数量3335家，占比80.23%；第二名为信息传输、软件和信息技术服务业，上市公司数量378家，占比9.09%；第三名为科学研究和技术服务业，上市公司110家，占比2.65%。以上三大行业上市公司数量合计3823家，占比高达91.97%，其他5个行业上市公司数量均

小于100家，总计334家，占总量比重较小，仅为8.03%。

| 行业 | 数量 |
|---|---|
| 制造业 | 3335 |
| 信息传输、软件和信息技术服务业 | 378 |
| 科学研究和技术服务业 | 110 |
| 电力、热力、燃气及水生产和供应业 | 86 |
| 建筑业 | 82 |
| 水利、环境和公共设施管理业 | 79 |
| 交通运输、仓储和邮政业 | 57 |
| 租赁和商务服务业 | 30 |

图 1-2-2　上市公司样本行业门类分布

（2）国民经济行业大类

从国民经济行业大类分类来看，4157家A股上市公司分布于上述8大门类下属53个国民经济行业大类中，企业数量占比位列前十位的行业分别为计算机、通信和其他电子设备制造业，专用设备制造业，化学原料和化学制品制造业，电气机械和器材制造业，软件和信息技术服务业，医药制造业，通用设备制造业，汽车制造业，橡胶和塑料制品业，金属制品业。其中仅计算机、通信和其他电子设备制造业上市公司数量超过500家，上市公司数量为579家，占比为13.93%，位居第一。

上市公司数量超过300家的行业有5个：专用设备制造业，上市公司数量为351家，占比8.44%；化学原料和化学制品制造业，上市公司数量为339家，占比8.15%；电气机械和器材制造业，上市公司数量324家，占比7.79%；软件和信息技术服务业，上市公司数量为308家，占比7.41%；医药制造业，上市公司数量为303家，占比7.29%，以上5大行业上市公司数量合计1625家，合计占比39.09%。

上市公司数量超过100家的行业有5个：通用设备制造业，上市公司数量227家，占比5.46%；汽车制造业，上市公司数量为171家，占比4.11%；橡胶和塑料制品业，上市公司数量为119家，占比2.86%；金属制品业，上市公司数量为109家，占比2.62%；非金属矿物制品业，上市公司数量为104家，占比2.50%，以上5大行业上市公司数量合计730家，合计占比17.56%。

其余42个国民经济行业大类行业上市公司数量均小于100家，合计1223家，合计占比29.42%（图1-2-3）。

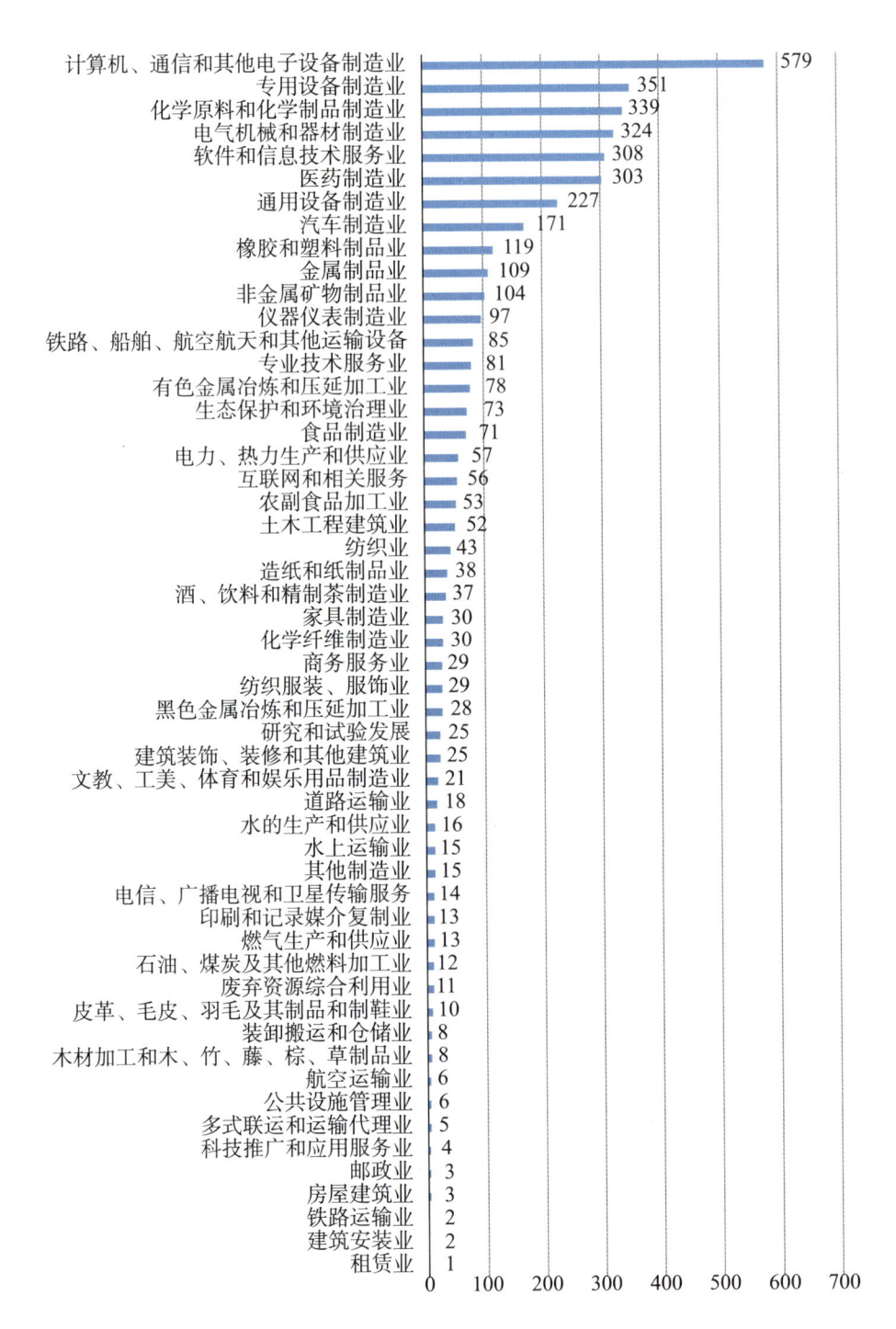

| 行业 | 数量 |
|---|---|
| 计算机、通信和其他电子设备制造业 | 579 |
| 专用设备制造业 | 351 |
| 化学原料和化学制品制造业 | 339 |
| 电气机械和器材制造业 | 324 |
| 软件和信息技术服务业 | 308 |
| 医药制造业 | 303 |
| 通用设备制造业 | 227 |
| 汽车制造业 | 171 |
| 橡胶和塑料制品业 | 119 |
| 金属制品业 | 109 |
| 非金属矿物制品业 | 104 |
| 仪器仪表制造业 | 97 |
| 铁路、船舶、航空航天和其他运输设备 | 85 |
| 专业技术服务业 | 81 |
| 有色金属冶炼和压延加工业 | 78 |
| 生态保护和环境治理业 | 73 |
| 食品制造业 | 71 |
| 电力、热力生产和供应业 | 57 |
| 互联网和相关服务 | 56 |
| 农副食品加工业 | 53 |
| 土木工程建筑业 | 52 |
| 纺织业 | 43 |
| 造纸和纸制品业 | 38 |
| 酒、饮料和精制茶制造业 | 37 |
| 家具制造业 | 30 |
| 化学纤维制造业 | 30 |
| 商务服务业 | 29 |
| 纺织服装、服饰业 | 29 |
| 黑色金属冶炼和压延加工业 | 28 |
| 研究和试验发展 | 25 |
| 建筑装饰、装修和其他建筑业 | 25 |
| 文教、工美、体育和娱乐用品制造业 | 21 |
| 道路运输业 | 18 |
| 水的生产和供应业 | 16 |
| 水上运输业 | 15 |
| 其他制造业 | 15 |
| 电信、广播电视和卫星传输服务 | 14 |
| 印刷和记录媒介复制业 | 13 |
| 燃气生产和供应业 | 13 |
| 石油、煤炭及其他燃料加工业 | 12 |
| 废弃资源综合利用业 | 11 |
| 皮革、毛皮、羽毛及其制品和制鞋业 | 10 |
| 装卸搬运和仓储业 | 8 |
| 木材加工和木、竹、藤、棕、草制品业 | 8 |
| 航空运输业 | 6 |
| 公共设施管理业 | 6 |
| 多式联运和运输代理业 | 5 |
| 科技推广和应用服务业 | 4 |
| 邮政业 | 3 |
| 房屋建筑业 | 3 |
| 铁路运输业 | 2 |
| 建筑安装业 | 2 |
| 租赁业 | 1 |

图 1-2-3　上市公司样本行业大类分布

2.区域分布

从省级行政区域分布情况来看，4157家A股上市公司中，上市公司数量排名前十的依次为：广东省、浙江省、江苏省、北京市、上海市、山东省、安徽省、四川省、福建省和湖北省。广东省、浙江省、江苏省、北京市、上海市，以上5个区域的上市公司数量占总样本的比重为61.68%，在31个省级行政区内占比超半数（如图1-2-4）所示。

其中，广东省的上市公司数量达到732家，居全国第一，约占全样本A股上市公司的17.61%，与其作为中国经济最发达地区之一密切相关，同时，广东拥有众多优秀的制造业企业，在高科技和服务业领域也有显著发展。

其次是浙江省和江苏省，上市公司数量均具有相当规模，分别拥有超过500家的上市公司，两个省份在制造业领域具有深厚基础，尤其民营企业发展活跃，不少企业通过上市实现跨越式发展，显示出强大的经济实力和企业活力。

北京和上海两大直辖市，上市公司数量均超过300家，数量也较多，北京市和上海市的上述企业涵盖金融、科技等诸多领域，反映这两座城市经济的多元化和高端化发展和在经济、金融方面的重要地位。

山东、安徽、四川、福建和湖北等省份的上市公司数量虽然不及前述地区，但也均超过100家，显示出上述地区经济的稳步发展和企业实力的不断提升。特别是山东省的上市公司数量排名第六，与其作为传统工业大省的地位相符，其在制造业、能源等领域拥有众多优势企业，相关企业通过上市进一步提升了自身的竞争力。其他省份的上市公司数量虽然不及前述地区省份，但在各自的特色领域和优势产业中，均培育出了一批具有竞争力的上市公司。

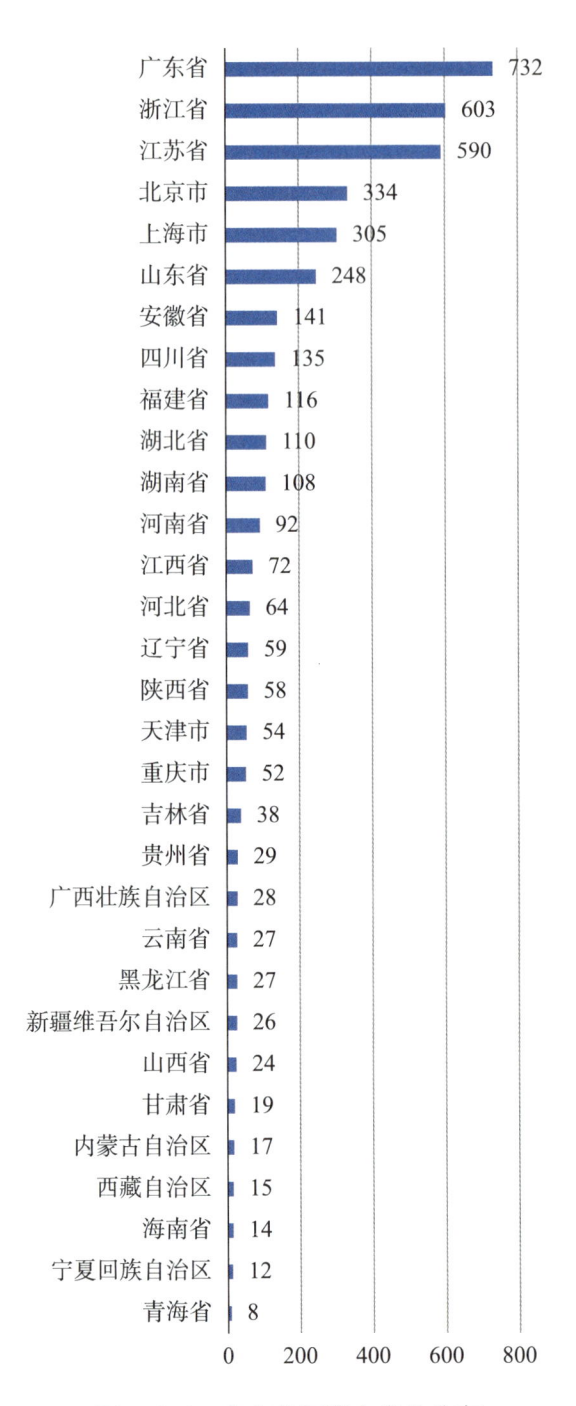

| 省份 | 数量 |
|---|---|
| 广东省 | 732 |
| 浙江省 | 603 |
| 江苏省 | 590 |
| 北京市 | 334 |
| 上海市 | 305 |
| 山东省 | 248 |
| 安徽省 | 141 |
| 四川省 | 135 |
| 福建省 | 116 |
| 湖北省 | 110 |
| 湖南省 | 108 |
| 河南省 | 92 |
| 江西省 | 72 |
| 河北省 | 64 |
| 辽宁省 | 59 |
| 陕西省 | 58 |
| 天津市 | 54 |
| 重庆市 | 52 |
| 吉林省 | 38 |
| 贵州省 | 29 |
| 广西壮族自治区 | 28 |
| 云南省 | 27 |
| 黑龙江省 | 27 |
| 新疆维吾尔自治区 | 26 |
| 山西省 | 24 |
| 甘肃省 | 19 |
| 内蒙古自治区 | 17 |
| 西藏自治区 | 15 |
| 海南省 | 14 |
| 宁夏回族自治区 | 12 |
| 青海省 | 8 |

图 1-2-4 上市公司样本省份分布

## 四、上市公司科创能力评价指标及模型构建

A股上市公司科创能力评价体系研究，是一个用于衡量和评价上市公司在科技创新方面能力的综合指标和模型体系，旨在打造能够全面、客观、创新地反映我国A股上市公司科技创新能力、技术发展潜力和科创体系运行有效性的综合性研究成果。该评价体系基于一系列与科技创新相关的数据和指标，包括研发投入、专利申请数量、知识产权保护、新产品开发以及科技成果转化等多个方面。

上市公司科创能力评价研究通过收集和整理上市公司的科创数据，对数据进行收集、分析和整合，运用科学的评价方法和模型，计算出各公司的科创能力，对公司之间的科创能力进行横向比较和排名，客观地评估上市公司在科技创新领域的实力、潜力和表现。

### （一）评价体系指标构建方法

本报告在构建上市公司科创能力评价指标体系时，综合考虑科创投入、科创产出、科创保障三大方面。具体而言，科创投入主要包括研发投入、研发人员数量及结构等；科创产出则关注专利数量及质量、研发效率、科创绩效产出、企业人均创收与人均创利等；科创保障则通过专利保障、资金保障、企业营运能力保障等指标来衡量。本研究的A股上市公司科创能力评价指标体系具备以下特点：

1. 本科创能力评价指标体系不依赖于专家的主观判断；

2. 评价体系中各指标数值均进行无量纲处理，使不同行业之间具有可比性；

3.评价模型以科学方式提取出各指标间的公共因素，消除指标之间信息重复性干扰；

本评估体系具有较低的评估成本，且可在较长时间内追踪评价样本，评估和预测上市公司过去、现在和未来的科创能力。

## （二）评价体系指标构建原则

构建上市公司科创能力评价指标体系，主要遵循以下原则：

1.系统性原则。依据体系应能全面反映建设项目的综合情况，从中找出主要方面的指标，既能反映直接效果，又能反映间接效果，以保证综合评价的全面性与可信度。

2.指标可测性原则。指标含义明确，计算指标所需的数据资料便于收集、计算方法简便、易于掌握。

3.指标与目标的相关性原则。目标是项目期望在宏观或高层能实现的要求，指标往往是操作层面可度量的或可感知的结果。只有实现多个指标才能实现项目的总目标，因此要求指标与目标一定要有某种程度的相关性，指标的实现一定要对目标的实现作出实质性的贡献。切忌选用与项目目标无大关系甚至风马牛不相及的指标。

4.定量指标与定性指标结合使用的原则。用定量指标计算，可使评价具有客观性，便于用数学方法处理；与定性指标结合，又可弥补单纯定量指标评价的不足，以防失之偏颇。

5.绝对指标与相对指标结合使用的原则。绝对指标反映总量、规模，相对指标反映某些方面的强度或密度。

6.避免内生性陷阱。寻找更好的外生冲击，从而更好地解决识别问题。

在进行实证研究时，最难解决的问题是变量的内生性问题。

7. 科学判定变量特征。早期学术界使用国家或企业的研发投入衡量企业创新。但研究人员发现，单纯用研发投入衡量创新存在很大弊端。当前主流的研究方法是加入专利数量衡量创新的数量，用专利引用次数衡量创新的质量，但该方法也有弱点和局限性。据此本研究采取"财务数据＋专利数据"混合变量方案，同时，加入企业行为数据变量，务求最大程度提高计算精度和实证合理性。

8. 前瞻性思考的价值导向。当前研究人员关注如何寻找激励企业创新的要素，但对企业创新给社会和企业带来的后果却鲜有关注。比如，对企业创新是否可以提升企业的业绩水平和股票表现，是否可以刺激就业，是否可以促进国家经济发展和社会福利水平的提高等问题关注较少。

## （三）评价体系三级指标

在选择指标时，避免指标之间存在明显关联和重叠关系。对隐含的相关关系，在模型中用适当的方法消除。指标设置有侧重点，有层次性，对重要指标设置细化。综合评价指标体系包括多个层次的指标，指标的设立与目标所处的层次相关。选定指标后，制定相应的判别准则，作为评价尺度。定量指标有量的标准，定性指标只设定性陈述。

本研究中科创能力评价指标体系中主要包括三级指标：一级指标3个、二级指标7个、三级指标27个。一、二级指标如表1-2-1所示。

表 1-2-1　指标体系

| 一级（3） | 二级（7） | 三级（27） |
| --- | --- | --- |
| 科创能力评价模型 | 科创投入 | 研发经费总额 |
| | 科创经费投入 | 研发经费投入强度 |
| | 科创人员投入 | 研发人员投入 |
| | | 研发人员占比 |
| | 科创产出 | 累计专利申请量 |
| | 科创专利产出 | 累计专利授权量 |
| | | 累计发明专利申请量 |
| | | 累计发明专利授权量 |
| | | 权利要求数 |
| | | 当前影响指数 |
| | | 研发效率 |
| | | 专利维持率 |
| | | 发明专利授权占比 |
| | | 研发人员人均发明专利授权量 |
| | | 合享价值度 |
| | 科创绩效产出 | 无形资产总额占总资产比重 |
| | | 10万元研发经费投入的发明专利申请量 |
| | | 企业人均创收 |
| | | 企业人均创利 |
| | 科创保障 | |
| | 专利保障能力 | 每百万元营业收入有效专利量 |
| | 资金保障能力 | 销售毛利率 |
| | | 销售净利率 |
| | | 企业营业收入近三年增长率 |
| | | 企业净利润近三年增长率 |
| | 营运保障能力 | 净资产收益率 |
| | | 总资产周转率 |
| | | 每股经营活动现金净流量 |

其中，一级指标包括科创投入、科创产出以及科创保障三大维度。

1. 科创投入指标主要衡量企业在科技创新方面的资源投入情况。具体包括以下指标。

科创经费投入：该指标反映企业对科技创新的重视程度，是企业创新投入的基础。经费投入越高，说明企业在科技创新方面的投入越大，越有可能取得突破性的创新成果。

科创人员投入：研发人员是企业创新活动的核心力量，其数量和结构直接关系到企业的创新能力和水平，该指标可以衡量企业在人才方面的投入和创新团队的实力。

2. 科创产出指标主要衡量企业在科技创新方面的成果产出情况。具体包括以下指标。

科创专利产出：反映创新主体在技术研发、产品创新等方面的实力和水平，专利是企业创新成果的重要体现，专利数量和质量的提升反映企业在科技创新方面的成果和实力，可提升品牌形象和市场竞争力，为企业的长远发展奠定基础。

科创绩效产出：反映公司科技创新对盈利性指标的贡献程度，企业创新成果转化为经济效益是科创绩效的直接体现，同时，也可反映企业科创活动的市场价值。

3. 科创保障指标主要衡量企业所处的外部创新环境情况。具体包括以下指标。

专利保障能力：该指标将有效专利量与营业收入相结合，可计算出每单位营业收入背后所支持的有效专利数量，从而评估企业在科技创新方面的投入产出比。拥有高的每百万元营业收入有效专利量指标意味着企业在创造每单位营业收入时,能够产生更多创新成果,显示出企业高效的创新能力。

资金保障能力:科创活动需要大量资金投入,特别是在研发阶段,充足的资金可确保企业拥有足够的资源进行技术探索、产品开发和试验,另外,充足的资金可为企业提供一定的风险承担能力,使企业在面对失败时能够有更多的容错空间,继续进行创新尝试。

营运保障能力:营运能力强的企业通常具备更高效的资源配置和利用能力。企业能够更有效地将资源投入到科创活动中,包括研发资金、人力资源、技术设备等,有效的资源配置可加速科技创新的进程,提高创新成果的质量和数量。

## (四)评价体系指标数据来源

1. 数据来源渠道

为了确保指标体系的准确性和可靠性,本研究采取多种数据来源渠道收集和整理相关数据,以下是主要数据来源渠道:

官方统计机构:本研究从国家统计局、各行业主管部门等官方统计机构获取宏观经济数据、行业统计数据等。相关数据具有权威性和公信力,能够为本研究提供准确的背景信息和行业趋势。

专利数据库:主要数据来源于国家知识产权局、INCOPAT 专利数据库,相关数据库收录全国范围内的专利申请、授权及法律状态等信息,具有权威性和准确性。

Wind 数据库:Wind 数据库是综合性金融数据库,涵盖上市公司多个方面的数据,包括资产负债表、利润表、现金流量表等核心财务报表,以及各项财务指标,如毛利率、净利率、ROE(净资产收益率)等,全方位支撑上市公司科创能力评价体系建设。

科研机构与高校报告：部分数据来源于国内知名科研机构、高等院校等发布的年度科研报告或专利统计报告，相关报告通常基于详细的调研和数据分析，具有较高的参考价值。

行业协会与统计机构：通过行业协会、统计机构等发布的行业研究报告和统计数据，获取关于科创专利产出的行业趋势、分布特点等信息。

点链云全球产业数智系统：立足全球产业链视角，基于人工智能技术分析处理海量产业数据，生成权威的评价科创企业的相关模型和评价指标，实现对企业科创能力、综合经营能力、经营风险在区域、产业链等维度矩阵式评价分析。

2. 数据获取方式

在线检索：通过访问专利数据库、科研机构网站等在线平台，检索并下载相关专利数据、科研报告等。

订购服务：对于部分需要深度分析或定制化的数据，通过订购专业机构提供的数据服务获取。

3. 数据可靠性与有效性

数据验证：在获取数据后，本研究进行数据清洗、去重、验证等步骤，确保数据的准确性和一致性。

交叉比对：将不同来源的数据进行交叉比对，验证数据的可靠性和一致性，减少误差。

动态更新：随着数据库和科研报告的更新，定期对数据进行更新和维护，确保数据的时效性和准确性。

综上所述，本研究通过多种数据来源渠道收集和整理相关数据，确保指标体系的准确性和可靠性。数据来源渠道不仅提供丰富的数据资源，还为本研究提供多角度、全方位的信息支持，有助于本研究更准确地评估和分析相关指标，为后续的数据分析和研究提供坚实的基础支撑。

## （五）评价体系指标设定特点

在充分研究和分析大量上市和非上市主体科创能力相关评价指数优势、劣势的基础上，通过对样本数据分类、指标条件优化和数据测度验证，使得指标体系具有时间连续性、测度有效性和评价科学性。

本次指标体系与现有科研院所和商业研究机构相关成果对比，具有以下特点和优势：

第一，科创能力评价指标体系在宏观、中观和微观的考量上弱化专家权重打分法，叠加多项数理统计分析模型；在指标设计和选取过程中，忽略政策影响、弱化财务影响、强化科研比重，实现科创能力评价的独特性、客观性和实用性。

第二，指标体系在空间和时间的考量上，采用大区间、大跨度、多领域和全覆盖的设计标准，实现科创能力评价的严谨性、规范性和全面性。

第三，指标体系在商业应用的考量上，采用多源数据相关性拼图技术，结合产业链、供应链、创新链等多链融合市场热点需求，实现科创能力评价的价值性、稀缺性和前瞻性。

# 第三章
## 上市公司科创能力综合评价结果

## 一、上市公司科创能力评价总体情况

在全球化和市场化的背景下,企业之间的竞争愈发激烈,企业自身的创新能力和技术水平能够增强企业的竞争力。对上市公司的科技创新能力进行评价,有助于企业了解自身在创新方面的优势和不足,进而制定更加科学的创新战略。指数结果,有助于了解当前科技创新的整体状况和发展趋势,从而制定出更加符合实际、具有针对性的政策措施,推动科技创新的快速发展。同时,上市公司科技创新评价指数能够引导社会资源的优化配置。通过评价指数的引导,社会资金、人才等资源可以更加精准地流向具有创新能力和发展潜力的企业,推动企业快速发展,进而促进整个社会的科技进步和经济发展。最后,具有高科技创新评价指数的企业往往能够获得更多投资者的关注和信任,从而更容易获得融资支持和市场认可。此次科创评价排名不仅反映了企业当前的科技创新状况,也为政府、投资者、研究机构等提供了有价值的参考信息。

本章节选取科创能力排行榜 TOP 500 企业进行科创能力总体评分指数分析,分别从区域、行业以及板块三个层面观察上市公司的表现与特性,理由如下。(1)统计显著性:选取 500 家企业作为样本,能够在一定程度上代表整体公司的总体特征。(2)多样性覆盖：允许在样本中涵盖不同类型、不同规模、不同行业、不同地区的企业，从而确保样本的多样性。这种多样性有助于更全面地了解整体近 5000 家上市公司的状况，避免单一类型或行业企业的过度代表。(3)比较和分析：500 家企业的样本量足够进行各种统计分析和比较。例如，可以对不同行业、不同区域企业的科创能力进行比较分析，从而揭示不同群体之间的差异和趋势。

## 二、上市公司科创能力 TOP500 评价结果

### （一）总体评价结果

上市公司科创能力综合排名如表 1-3-1 所示。

**表 1-3-1 综合排名（前 500）**

（完整表单详见证券日报官网）

| 证券代码 | 证券简称 | 公司中文名称 | 全国排名 |
| --- | --- | --- | --- |
| 000063.SZ | 中兴通讯 | 中兴通讯股份有限公司 | 1 |
| 688176.SH | 亚虹医药 –U | 江苏亚虹医药科技股份有限公司 | 2 |
| 000725.SZ | 京东方 A | 京东方科技集团股份有限公司 | 3 |
| 000651.SZ | 格力电器 | 珠海格力电器股份有限公司 | 4 |
| 000333.SZ | 美的集团 | 美的集团股份有限公司 | 5 |
| 601390.SH | 中国中铁 | 中国中铁股份有限公司 | 6 |
| 002594.SZ | 比亚迪 | 比亚迪股份有限公司 | 7 |
| 601766.SH | 中国中车 | 中国中车股份有限公司 | 8 |

续表

| 证券代码 | 证券简称 | 公司中文名称 | 全国排名 |
| --- | --- | --- | --- |
| 601186.SH | 中国铁建 | 中国铁建股份有限公司 | 9 |
| 833575.BJ | 康乐卫士 | 北京康乐卫士生物技术股份有限公司 | 10 |
| 600019.SH | 宝钢股份 | 宝山钢铁股份有限公司 | 11 |
| 688302.SH | 海创药业-U | 海创药业股份有限公司 | 12 |
| 000100.SZ | TCL科技 | TCL科技集团股份有限公司 | 13 |
| 601800.SH | 中国交建 | 中国交通建设股份有限公司 | 14 |
| 600690.SH | 海尔智家 | 海尔智家股份有限公司 | 15 |
| 601669.SH | 中国电建 | 中国电力建设股份有限公司 | 16 |
| 002432.SZ | 九安医疗 | 天津九安医疗电子股份有限公司 | 17 |
| 600104.SH | 上汽集团 | 上海汽车集团股份有限公司 | 18 |
| 688091.SH | 上海谊众 | 上海谊众药业股份有限公司 | 19 |
| 002241.SZ | 歌尔股份 | 歌尔股份有限公司 | 20 |
| 300750.SZ | 宁德时代 | 宁德时代新能源科技股份有限公司 | 21 |
| 000050.SZ | 深天马A | 天马微电子股份有限公司 | 22 |
| 601868.SH | 中国能建 | 中国能源建设股份有限公司 | 23 |
| 002415.SZ | 海康威视 | 杭州海康威视数字技术股份有限公司 | 24 |
| 002466.SZ | 天齐锂业 | 天齐锂业股份有限公司 | 25 |
| 601633.SH | 长城汽车 | 长城汽车股份有限公司 | 26 |
| 688373.SH | 盟科药业-U | 上海盟科药业股份有限公司 | 27 |
| 688075.SH | 安旭生物 | 杭州安旭生物科技股份有限公司 | 28 |
| 601360.SH | 三六零 | 三六零安全科技股份有限公司 | 29 |
| 002724.SZ | 海洋王 | 海洋王照明科技股份有限公司 | 30 |
| 601138.SH | 工业富联 | 富士康工业互联网股份有限公司 | 31 |
| 688177.SH | 百奥泰 | 百奥泰生物制药股份有限公司 | 32 |

续表

| 证券代码 | 证券简称 | 公司中文名称 | 全国排名 |
|---|---|---|---|
| 688387.SH | 信科移动-U | 中信科移动通信技术股份有限公司 | 33 |
| 688197.SH | 首药控股-U | 首药控股（北京）股份有限公司 | 34 |
| 000338.SZ | 潍柴动力 | 潍柴动力股份有限公司 | 35 |
| 002932.SZ | 明德生物 | 武汉明德生物科技股份有限公司 | 36 |
| 600406.SH | 国电南瑞 | 国电南瑞科技股份有限公司 | 37 |
| 600170.SH | 上海建工 | 上海建工集团股份有限公司 | 38 |
| 002308.SZ | 威创股份 | 威创集团股份有限公司 | 39 |
| 000625.SZ | 长安汽车 | 重庆长安汽车股份有限公司 | 40 |
| 688520.SH | 神州细胞-U | 北京神州细胞生物技术集团股份公司 | 41 |
| 000670.SZ | 盈方微 | 盈方微电子股份有限公司 | 42 |
| 688443.SH | 智翔金泰-U | 重庆智翔金泰生物制药股份有限公司 | 43 |
| 600309.SH | 万华化学 | 万华化学集团股份有限公司 | 44 |
| 000425.SZ | 徐工机械 | 徐工集团工程机械股份有限公司 | 45 |
| 600498.SH | 烽火通信 | 烽火通信科技股份有限公司 | 46 |
| 002841.SZ | 视源股份 | 广州视源电子科技股份有限公司 | 47 |
| 003816.SZ | 中国广核 | 中国广核电力股份有限公司 | 48 |
| 688347.SH | 华虹公司 | 华虹半导体有限公司 | 49 |
| 603296.SH | 华勤技术 | 华勤技术股份有限公司 | 50 |

1. 上市公司科创能力500强综合排名

企业是创新驱动发展的核心力量。在整体分布上，科创能力强的上市公司存在着明显的区域集中态势，主要集中于华东大区、华北大区、华南大区三大区域，三大区域科创能力500强上市公司数量总计399家，占500强总量的79.80%。具体情况如图1-3-1：

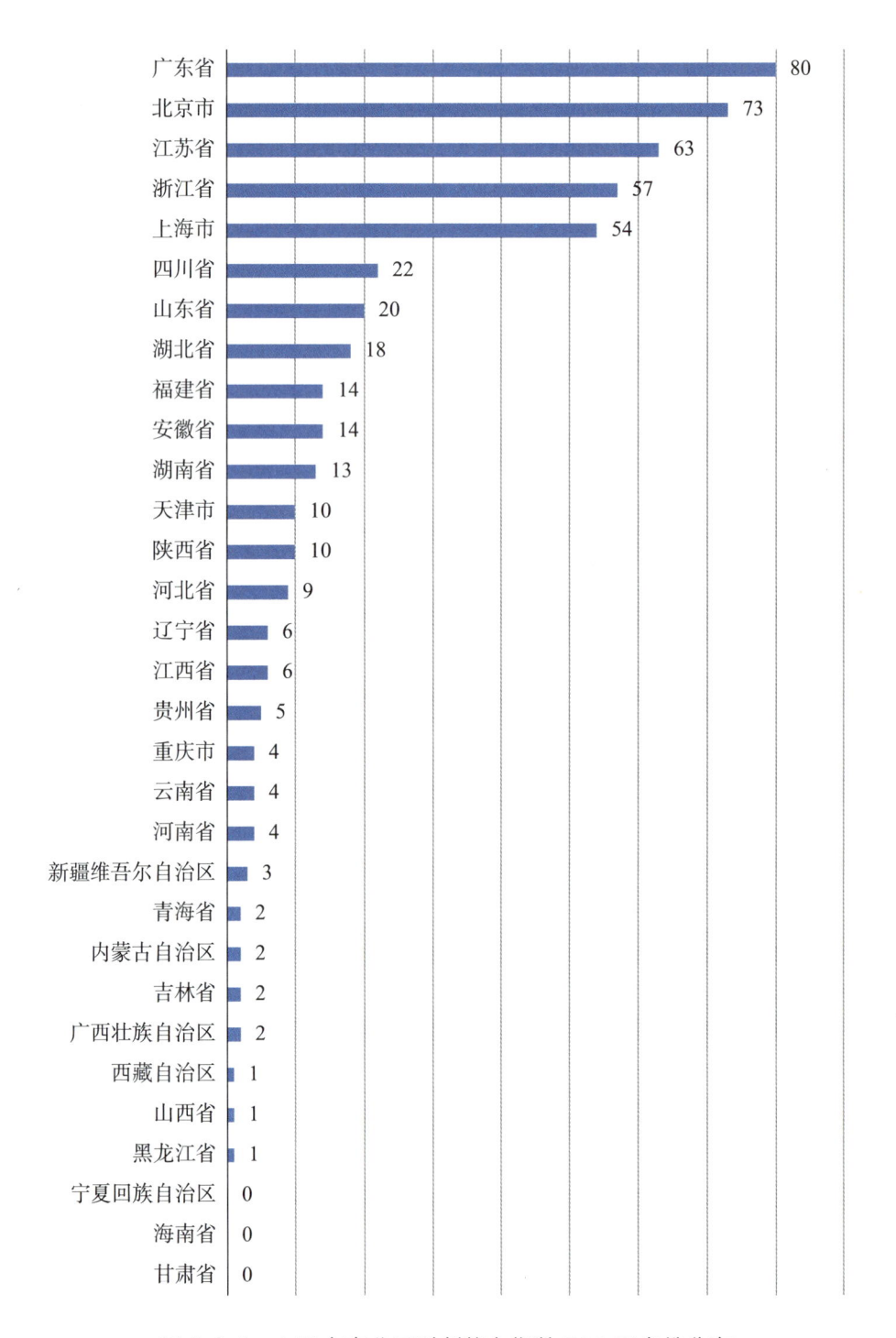

| 省份 | 数量 |
|---|---|
| 广东省 | 80 |
| 北京市 | 73 |
| 江苏省 | 63 |
| 浙江省 | 57 |
| 上海市 | 54 |
| 四川省 | 22 |
| 山东省 | 20 |
| 湖北省 | 18 |
| 福建省 | 14 |
| 安徽省 | 14 |
| 湖南省 | 13 |
| 天津市 | 10 |
| 陕西省 | 10 |
| 河北省 | 9 |
| 辽宁省 | 6 |
| 江西省 | 6 |
| 贵州省 | 5 |
| 重庆市 | 4 |
| 云南省 | 4 |
| 河南省 | 4 |
| 新疆维吾尔自治区 | 3 |
| 青海省 | 2 |
| 内蒙古自治区 | 2 |
| 吉林省 | 2 |
| 广西壮族自治区 | 2 |
| 西藏自治区 | 1 |
| 山西省 | 1 |
| 黑龙江省 | 1 |
| 宁夏回族自治区 | 0 |
| 海南省 | 0 |
| 甘肃省 | 0 |

图 1-3-1　A 股上市公司科创能力指数 500 强省份分布

华东地区经济发达，拥有众多上市公司，其中进入 A 股上市公司科创能力指数 500 强的上市公司数量为 188 家，占比达 37.60%。这些上市公司涉及多个行业，包括制造业、金融业、信息技术等。其中，上海市、江苏省、浙江省等地的上市公司数量较多，且不乏一些行业龙头企业，如上海和辉光电股份有限公司、江苏亚虹医药科技股份有限公司、浙江中欣氟材股份有限公司、东方通信股份有限公司、安徽合力股份有限公司等。

华北地区科创能力 500 强的上市公司主要集中在经济较为发达的城市，如北京、天津等，华北地区进入 A 股上市公司科创能力指数 500 强的上市公司数量为 115 家，占比 23.00%。这些上市公司涉及能源、制造业、交通运输等多个领域。其中，一些国有企业和大型民营企业占据重要地位，如中国中铁股份有限公司、中国中车股份有限公司、中节能万润股份有限公司、中国铁建股份有限公司、中国交通建设股份有限公司等。

华南地区，特别是广东和福建，是中国上市公司的重要聚集地，但海南省暂无科创能力指数 500 强上市公司。华南地区进入 A 股上市公司科创能力指数 500 强的上市公司数量为 96 家，占比 19.20%。这些地区的上市公司涵盖了高科技、制造业、服务业等多个领域，反映了华南地区经济的多元化和活力，如中兴通讯股份有限公司、深圳市财富趋势科技股份有限公司、华帝股份有限公司、珠海格力电器股份有限公司、比亚迪股份有限公司等。

华中地区的上市公司数量虽然不如沿海地区多，但也有一些表现突出的上市公司，华中地区进入 A 股上市公司科创能力 500 强的上市公司数量为 41 家，占比 8.20%。这些上市公司主要集中在武汉、长沙、郑州等城市，涉及电子信息、生物医药、新材料等新兴产业，如湖南新威凌金属新材料科技股份有限公司、湖北盛天网络技术股份有限公司、人福医药集团股份公司、闻泰科技股份有限公司、新乡市瑞丰新材料股份有限公司等。

西南地区上市公司主要分布在四川、重庆、贵州等地，西南地区进入A股上市公司科创能力指数500强的上市公司数量为36家，占比7.20%。这些上市公司涵盖了能源、化工、农业等多个领域，对当地经济发展起到了重要推动作用，如贵州航天电器股份有限公司、四川大西洋焊接材料股份有限公司、盛和资源控股股份有限公司、利尔化学股份有限公司、四川科伦药业股份有限公司等。

西北地区的上市公司数量相对较少，特别是甘肃、宁夏两地暂无科创能力指数500强上市公司。但也有一些具有地区特色的企业，西北地区进入A股上市公司科创能力指数500强的上市公司数量为15家，占比3.00%。这些上市公司主要集中在能源、农业等领域，反映了西北地区丰富的自然资源和独特的地理优势，如陕西莱特光电材料股份有限公司、藏格矿业股份有限公司、青海盐湖工业股份有限公司、农心作物科技股份有限公司、新疆大全新能源股份有限公司等。

东北地区进入A股上市公司科创能力500强的上市公司数量仅为9家，占比1.80%。这些上市公司涉及汽车制造、钢铁、化工等传统产业，也有一些新兴产业的企业在崛起。虽然近年来东北地区的经济发展面临一些挑战，但一些上市公司仍展现出较强的竞争力和发展潜力，如中触媒新材料股份有限公司、拓荆科技股份有限公司、沈阳芯源微电子设备股份有限公司、一汽解放集团股份有限公司、鞍钢股份有限公司等。

2. 上市公司科创能力评价体系分项评价 TOP20

（1）科创产出 TOP20

科创产出能力是指通过科技创新活动所取得的具体成果和效益。这种能力体现在多个方面，如科研项目数量和质量、知识产权数量和质量、科技成果转化和应用等。这些成果和效益的取得，不仅体现了科技创新的实际效果，也为企业的竞争力和市场地位提供了重要支撑。

科创产出 TOP20 具体情况如表 1-3-2 所示。

表 1-3-2　科创产出 TOP20

| 证券代码 | 证券简称 | 公司中文名称 | 科创产出排名 | 综合排名 | 排名差 |
| --- | --- | --- | --- | --- | --- |
| 000063.SZ | 中兴通讯 | 中兴通讯股份有限公司 | 1 | 1 | 0 |
| 000725.SZ | 京东方A | 京东方科技集团股份有限公司 | 2 | 3 | -1 |
| 000651.SZ | 格力电器 | 珠海格力电器股份有限公司 | 3 | 4 | -1 |
| 000333.SZ | 美的集团 | 美的集团股份有限公司 | 4 | 5 | -1 |
| 601766.SH | 中国中车 | 中国中车股份有限公司 | 5 | 8 | -3 |
| 600019.SH | 宝钢股份 | 宝山钢铁股份有限公司 | 6 | 11 | -5 |
| 000100.SZ | TCL科技 | TCL科技集团股份有限公司 | 7 | 13 | -6 |
| 002594.SZ | 比亚迪 | 比亚迪股份有限公司 | 8 | 7 | 1 |
| 601186.SH | 中国铁建 | 中国铁建股份有限公司 | 9 | 9 | 0 |
| 600690.SH | 海尔智家 | 海尔智家股份有限公司 | 10 | 15 | -5 |
| 601390.SH | 中国中铁 | 中国中铁股份有限公司 | 11 | 6 | 5 |
| 000050.SZ | 深天马A | 天马微电子股份有限公司 | 12 | 22 | -10 |
| 600104.SH | 上汽集团 | 上海汽车集团股份有限公司 | 13 | 18 | -5 |
| 601800.SH | 中国交建 | 中国交通建设股份有限公司 | 14 | 14 | 0 |

续表

| 证券代码 | 证券简称 | 公司中文名称 | 科创产出排名 | 综合排名 | 排名差 |
|---|---|---|---|---|---|
| 002241.SZ | 歌尔股份 | 歌尔股份有限公司 | 15 | 20 | −5 |
| 601360.SH | 三六零 | 三六零安全科技股份有限公司 | 16 | 29 | −13 |
| 601669.SH | 中国电建 | 中国电力建设股份有限公司 | 17 | 16 | 1 |
| 688387.SH | 信科移动–U | 中信科移动通信技术股份有限公司 | 18 | 33 | −15 |
| 600418.SH | 江淮汽车 | 安徽江淮汽车集团股份有限公司 | 19 | 57 | −38 |
| 002724.SZ | 海洋王 | 海洋王照明科技股份有限公司 | 20 | 30 | −10 |

（2）科创绩效TOP20

科创绩效能力是指上市公司通过技术创新活动实现经济效益提升的能力。这种能力主要体现在提高产品竞争力、降低生产成本、拓展新市场以及提升品牌影响力等方面，是企业核心竞争力的重要组成部分，也是企业实现可持续发展的重要保障。

科创绩效TOP20企业具体情况如表1-3-3所示。

表1-3-3 科创绩效TOP20

| 证券代码 | 证券简称 | 公司中文名称 | 科创绩效因子 | 全国排名 | 排名差 |
|---|---|---|---|---|---|
| 002432.SZ | 九安医疗 | 天津九安医疗电子股份有限公司 | 1 | 17 | −16 |
| 002466.SZ | 天齐锂业 | 天齐锂业股份有限公司 | 2 | 25 | −23 |
| 688075.SH | 安旭生物 | 杭州安旭生物科技股份有限公司 | 3 | 28 | −25 |
| 002932.SZ | 明德生物 | 武汉明德生物科技股份有限公司 | 4 | 36 | −32 |
| 688303.SH | 大全能源 | 新疆大全新能源股份有限公司 | 5 | 54 | −49 |

续表

| 证券代码 | 证券简称 | 公司中文名称 | 科创绩效因子 | 全国排名 | 排名差 |
|---|---|---|---|---|---|
| 688399.SH | 硕世生物 | 江苏硕世生物科技股份有限公司 | 6 | 51 | -45 |
| 002756.SZ | 永兴材料 | 永兴特种材料科技股份有限公司 | 7 | 76 | -69 |
| 300390.SZ | 天华新能 | 苏州天华新能源科技股份有限公司 | 8 | 62 | -54 |
| 601919.SH | 中远海控 | 中远海运控股股份有限公司 | 9 | 65 | -56 |
| 600519.SH | 贵州茅台 | 贵州茅台酒股份有限公司 | 10 | 106 | -96 |
| 000408.SZ | 藏格矿业 | 藏格矿业股份有限公司 | 11 | 159 | -148 |
| 002240.SZ | 盛新锂能 | 盛新锂能集团股份有限公司 | 12 | 178 | -166 |
| 002594.SZ | 比亚迪 | 比亚迪股份有限公司 | 13 | 7 | 6 |
| 688606.SH | 奥泰生物 | 杭州奥泰生物技术股份有限公司 | 14 | 77 | -63 |
| 002460.SZ | 赣锋锂业 | 江西赣锋锂业集团股份有限公司 | 15 | 104 | -89 |
| 000792.SZ | 盐湖股份 | 青海盐湖工业股份有限公司 | 16 | 153 | -137 |
| 002709.SZ | 天赐材料 | 广州天赐高新材料股份有限公司 | 17 | 60 | -43 |
| 603444.SH | 吉比特 | 厦门吉比特网络技术股份有限公司 | 18 | 99 | -81 |
| 002030.SZ | 达安基因 | 广州达安基因股份有限公司 | 19 | 93 | -74 |
| 002738.SZ | 中矿资源 | 中矿资源集团股份有限公司 | 20 | 427 | -407 |

（3）科创转化TOP20

科创转化能力是指将科技创新活动中产生的科技成果转化为实际经济效益和社会效益的能力，是企业科技创新实力的重要体现，包括将新技术、新工艺、新产品等科技成果从研发阶段顺利过渡到应用阶段，并通过市场推广、产业化生产等方式实现其经济价值和社会价值。

科创转化TOP20企业具体情况如表1-3-4所示。

表 1-3-4  科创转化 TOP20

| 证券代码 | 证券简称 | 公司中文名称 | 科创转化因子 | 全国排名 | 排名差 |
|---|---|---|---|---|---|
| 688176.SH | 亚虹医药 –U | 江苏亚虹医药科技股份有限公司 | 1 | 2 | −1 |
| 688443.SH | 智翔金泰 –U | 重庆智翔金泰生物制药股份有限公司 | 2 | 43 | −41 |
| 688302.SH | 海创药业 –U | 海创药业股份有限公司 | 3 | 12 | −9 |
| 833575.BJ | 康乐卫士 | 北京康乐卫士生物技术股份有限公司 | 4 | 10 | −6 |
| 688197.SH | 首药控股 –U | 首药控股（北京）股份有限公司 | 5 | 34 | −29 |
| 002432.SZ | 九安医疗 | 天津九安医疗电子股份有限公司 | 6 | 17 | −11 |
| 688075.SH | 安旭生物 | 杭州安旭生物科技股份有限公司 | 7 | 28 | −21 |
| 000063.SZ | 中兴通讯 | 中兴通讯股份有限公司 | 8 | 1 | 7 |
| 002594.SZ | 比亚迪 | 比亚迪股份有限公司 | 9 | 7 | 2 |
| 688399.SH | 硕世生物 | 江苏硕世生物科技股份有限公司 | 10 | 51 | −41 |
| 600519.SH | 贵州茅台 | 贵州茅台酒股份有限公司 | 11 | 106 | −95 |
| 601919.SH | 中远海控 | 中远海运控股股份有限公司 | 12 | 65 | −53 |
| 300558.SZ | 贝达药业 | 贝达药业股份有限公司 | 13 | 298 | −285 |
| 301206.SZ | 三元生物 | 山东三元生物科技股份有限公司 | 14 | 94 | −80 |
| 002932.SZ | 明德生物 | 武汉明德生物科技股份有限公司 | 15 | 36 | −21 |
| 603444.SH | 吉比特 | 厦门吉比特网络技术股份有限公司 | 16 | 99 | −83 |
| 688013.SH | 天臣医疗 | 天臣国际医疗科技股份有限公司 | 17 | 304 | −287 |
| 002466.SZ | 天齐锂业 | 天齐锂业股份有限公司 | 18 | 25 | −7 |
| 002183.SZ | 怡亚通 | 深圳市怡亚通供应链股份有限公司 | 19 | 293 | −274 |
| 688606.SH | 奥泰生物 | 杭州奥泰生物技术股份有限公司 | 20 | 77 | −57 |

(4）科创基础 TOP20

科创基础能力是指一个组织、企业或个人在科技创新领域所具备的基础性、支撑性的能力和条件。这些能力和条件为科技创新活动提供了必要的保障和支持，主要包括技术储备和科研实力基础、人才梯队基础、创新意识基础、科技资源配置基础等方面。

科创基础 TOP20 企业具体情况如表 1-3-5 所示。

表 1-3-5　科创基础 TOP20

| 证券代码 | 证券简称 | 公司中文名称 | 科创基础因子 | 全国排名 | 排名差 |
| --- | --- | --- | --- | --- | --- |
| 601390.SH | 中国中铁 | 中国中铁股份有限公司 | 1 | 6 | -5 |
| 601186.SH | 中国铁建 | 中国铁建股份有限公司 | 2 | 9 | -7 |
| 002594.SZ | 比亚迪 | 比亚迪股份有限公司 | 3 | 7 | -4 |
| 601669.SH | 中国电建 | 中国电力建设股份有限公司 | 4 | 16 | -12 |
| 601138.SH | 工业富联 | 富士康工业互联网股份有限公司 | 5 | 31 | -26 |
| 601800.SH | 中国交建 | 中国交通建设股份有限公司 | 6 | 14 | -8 |
| 301236.SZ | 软通动力 | 软通动力信息技术（集团）股份有限公司 | 7 | 78 | -71 |
| 601868.SH | 中国能建 | 中国能源建设股份有限公司 | 8 | 23 | -15 |
| 300750.SZ | 宁德时代 | 宁德时代新能源科技股份有限公司 | 9 | 21 | -12 |
| 601633.SH | 长城汽车 | 长城汽车股份有限公司 | 10 | 26 | -16 |
| 600104.SH | 上汽集团 | 上海汽车集团股份有限公司 | 11 | 18 | -7 |
| 002415.SZ | 海康威视 | 杭州海康威视数字技术股份有限公司 | 12 | 24 | -12 |
| 833575.BJ | 康乐卫士 | 北京康乐卫士生物技术股份有限公司 | 13 | 10 | 3 |

续表

| 证券代码 | 证券简称 | 公司中文名称 | 科创基础因子 | 全国排名 | 排名差 |
|---|---|---|---|---|---|
| 603259.SH | 药明康德 | 无锡药明康德新药开发股份有限公司 | 14 | 87 | -73 |
| 600170.SH | 上海建工 | 上海建工集团股份有限公司 | 15 | 38 | -23 |
| 601611.SH | 中国核建 | 中国核工业建设股份有限公司 | 16 | 244 | -228 |
| 002475.SZ | 立讯精密 | 立讯精密工业股份有限公司 | 17 | 75 | -58 |
| 601766.SH | 中国中车 | 中国中车股份有限公司 | 18 | 8 | 10 |
| 600690.SH | 海尔智家 | 海尔智家股份有限公司 | 19 | 15 | 4 |
| 600795.SH | 国电电力 | 国电电力发展股份有限公司 | 20 | 249 | -229 |

（5）科创效率TOP20

科创效率是指在科技创新研发过程中，以更短的时间、更低的成本、更高的质量实现研发目标和成果的能力。这种能力体现了研发团队或组织在科技创新研发方面的综合效率，包括项目管理、资源配置、团队协作、技术创新能力等多个方面。

科创效率TOP20企业具体情况如表1-3-6所示。

表1-3-6　科创效率TOP20

| 证券代码 | 证券简称 | 公司中文名称 | 科创效率因子 | 全国排名 | 排名差 |
|---|---|---|---|---|---|
| 002308.SZ | 威创股份 | 威创集团股份有限公司 | 1 | 39 | -38 |
| 002724.SZ | 海洋王 | 海洋王照明科技股份有限公司 | 2 | 30 | -28 |
| 001231.SZ | 农心科技 | 农心作物科技股份有限公司 | 3 | 128 | -125 |
| 002652.SZ | 扬子新材 | 苏州扬子江新型材料股份有限公司 | 4 | 300 | -296 |

续表

| 证券代码 | 证券简称 | 公司中文名称 | 科创效率因子 | 全国排名 | 排名差 |
| --- | --- | --- | --- | --- | --- |
| 605033.SH | 美邦股份 | 陕西美邦药业集团股份有限公司 | 5 | 218 | -213 |
| 834261.BJ | 一诺威 | 山东一诺威聚氨酯股份有限公司 | 6 | 81 | -75 |
| 688013.SH | 天臣医疗 | 天臣国际医疗科技股份有限公司 | 7 | 304 | -297 |
| 688102.SH | 斯瑞新材 | 陕西斯瑞新材料股份有限公司 | 8 | 186 | -178 |
| 833575.BJ | 康乐卫士 | 北京康乐卫士生物技术股份有限公司 | 9 | 10 | -1 |
| 688337.SH | 普源精电 | 普源精电科技股份有限公司 | 10 | 119 | -109 |
| 600892.SH | 大晟文化 | 大晟时代文化投资股份有限公司 | 11 | 248 | -237 |
| 300475.SZ | 香农芯创 | 香农芯创科技股份有限公司 | 12 | 66 | -54 |
| 688181.SH | 八亿时空 | 北京八亿时空液晶科技股份有限公司 | 13 | 268 | -255 |
| 688302.SH | 海创药业-U | 海创药业股份有限公司 | 14 | 12 | 2 |
| 300386.SZ | 飞天诚信 | 飞天诚信科技股份有限公司 | 15 | 237 | -222 |
| 301033.SZ | 迈普医学 | 广州迈普再生医学科技股份有限公司 | 16 | 435 | -419 |
| 688347.SH | 华虹公司 | 华虹半导体有限公司 | 17 | 49 | -32 |
| 688150.SH | 莱特光电 | 陕西莱特光电材料股份有限公司 | 18 | 477 | -459 |
| 002709.SZ | 天赐材料 | 广州天赐高新材料股份有限公司 | 19 | 60 | -41 |
| 603722.SH | 阿科力 | 无锡阿科力科技股份有限公司 | 20 | 305 | -285 |

（6）科创投入TOP20

科创投入能力是指为了实现科技创新目标，企业、机构或个人在研究与开发过程中投入的资金、人力、物力等资源，这些资源主要用于支持科研项目的开展、研发设备的购置、研发人员的薪酬等方面。

科创投入TOP20企业具体情况如表1-3-7所示。

表 1-3-7　科创投入 TOP20

| 证券代码 | 证券简称 | 公司中文名称 | 科创投入因子 | 全国排名 | 排名差 |
| --- | --- | --- | --- | --- | --- |
| 688302.SH | 海创药业-U | 海创药业股份有限公司 | 1 | 12 | -11 |
| 833575.BJ | 康乐卫士 | 北京康乐卫士生物技术股份有限公司 | 2 | 10 | -8 |
| 688091.SH | 上海谊众 | 上海谊众药业股份有限公司 | 3 | 19 | -16 |
| 688197.SH | 首药控股-U | 首药控股（北京）股份有限公司 | 4 | 34 | -30 |
| 300377.SZ | 赢时胜 | 深圳市赢时胜信息技术股份有限公司 | 5 | 258 | -253 |
| 688373.SH | 盟科药业-U | 上海盟科药业股份有限公司 | 6 | 27 | -21 |
| 688520.SH | 神州细胞-U | 北京神州细胞生物技术集团股份公司 | 7 | 41 | -34 |
| 300532.SZ | 今天国际 | 深圳市今天国际物流技术股份有限公司 | 8 | 397 | -389 |
| 301236.SZ | 软通动力 | 软通动力信息技术（集团）股份有限公司 | 9 | 78 | -69 |
| 688318.SH | 财富趋势 | 深圳市财富趋势科技股份有限公司 | 10 | 498 | -488 |
| 688503.SH | 聚和材料 | 常州聚和新材料股份有限公司 | 11 | 168 | -157 |
| 300674.SZ | 宇信科技 | 北京宇信科技集团股份有限公司 | 12 | 207 | -195 |
| 688228.SH | 开普云 | 开普云信息科技股份有限公司 | 13 | 392 | -379 |
| 688066.SH | 航天宏图 | 航天宏图信息技术股份有限公司 | 14 | 367 | -353 |
| 000063.SZ | 中兴通讯 | 中兴通讯股份有限公司 | 15 | 1 | 14 |
| 688052.SH | 纳芯微 | 苏州纳芯微电子股份有限公司 | 16 | 243 | -227 |
| 603206.SH | 嘉环科技 | 嘉环科技股份有限公司 | 17 | 340 | -323 |
| 688107.SH | 安路科技 | 上海安路信息科技股份有限公司 | 18 | 373 | -355 |
| 688177.SH | 百奥泰 | 百奥泰生物制药股份有限公司 | 19 | 32 | -13 |
| 300458.SZ | 全志科技 | 珠海全志科技股份有限公司 | 20 | 165 | -145 |

（7）科创营运 TOP20

科创营运能力主要指上市公司运用各项资产以赚取利润的能力，即企业的经营运行能力。这包括企业基于外部市场环境的约束，通过内部人力资源和生产资料的配置组合而对财务目标实现所产生作用的大小。

科创营运 TOP20 企业具体情况如表 1-3-8 所示。

表 1-3-8　科创营运 TOP20

| 证券代码 | 证券简称 | 公司中文名称 | 科创营运因子 | 全国排名 | 排名差 |
| --- | --- | --- | --- | --- | --- |
| 601816.SH | 京沪高铁 | 京沪高速铁路股份有限公司 | 1 | 160 | -159 |
| 603613.SH | 国联股份 | 北京国联视讯信息技术股份有限公司 | 2 | 84 | -82 |
| 601609.SH | 金田股份 | 宁波金田铜业（集团）股份有限公司 | 3 | 109 | -106 |
| 300475.SZ | 香农芯创 | 香农芯创科技股份有限公司 | 4 | 66 | -62 |
| 600459.SH | 贵研铂业 | 贵研铂业股份有限公司 | 5 | 116 | -111 |
| 600612.SH | 老凤祥 | 老凤祥股份有限公司 | 6 | 223 | -217 |
| 000670.SZ | 盈方微 | 盈方微电子股份有限公司 | 7 | 42 | -35 |
| 603995.SH | 甬金股份 | 甬金科技集团股份有限公司 | 8 | 189 | -181 |
| 000034.SZ | 神州数码 | 神州数码集团股份有限公司 | 9 | 214 | -205 |
| 600362.SH | 江西铜业 | 江西铜业股份有限公司 | 10 | 113 | -103 |
| 000878.SZ | 云南铜业 | 云南铜业股份有限公司 | 11 | 138 | -127 |
| 830974.BJ | 凯大催化 | 杭州凯大催化金属材料股份有限公司 | 12 | 226 | -214 |
| 600361.SH | 创新新材 | 创新新材料科技股份有限公司 | 13 | 195 | -182 |
| 600101.SH | 明星电力 | 四川明星电力股份有限公司 | 14 | 82 | -68 |
| 301116.SZ | 益客食品 | 江苏益客食品集团股份有限公司 | 15 | 470 | -455 |
| 833575.BJ | 康乐卫士 | 北京康乐卫士生物技术股份有限公司 | 16 | 10 | 6 |
| 603527.SH | 众源新材 | 安徽众源新材料股份有限公司 | 17 | 266 | -249 |

续表

| 证券代码 | 证券简称 | 公司中文名称 | 科创营运因子 | 全国排名 | 排名差 |
|---|---|---|---|---|---|
| 000985.SZ | 大庆华科 | 大庆华科股份有限公司 | 18 | 284 | -266 |
| 301395.SZ | 仁信新材 | 惠州仁信新材料股份有限公司 | 19 | 416 | -397 |
| 600961.SH | 株冶集团 | 株洲冶炼集团股份有限公司 | 20 | 183 | -163 |

（8）科创质量TOP20

科创质量能力是指科技创新活动所产出的成果在先进性、实用性、经济性和可靠性等方面的特性，以及这些特性满足一定需求和用途的程度。科技创新成果的质量不仅决定了其本身的价值和意义，也影响着科技创新活动的整体效果和社会影响。

科创质量TOP20企业具体情况如表1-3-9所示。

表1-3-9　科创质量TOP20

| 证券代码 | 证券简称 | 公司中文名称 | 科创质量因子 | 全国排名 | 排名差 |
|---|---|---|---|---|---|
| 600101.SH | 明星电力 | 四川明星电力股份有限公司 | 1 | 82 | -81 |
| 002308.SZ | 威创股份 | 威创集团股份有限公司 | 2 | 39 | -37 |
| 833575.BJ | 康乐卫士 | 北京康乐卫士生物技术股份有限公司 | 3 | 10 | -7 |
| 688302.SH | 海创药业-U | 海创药业股份有限公司 | 4 | 12 | -8 |
| 002724.SZ | 海洋王 | 海洋王照明科技股份有限公司 | 5 | 30 | -25 |
| 002652.SZ | 扬子新材 | 苏州扬子江新型材料股份有限公司 | 6 | 300 | -294 |
| 688197.SH | 首药控股-U | 首药控股（北京）股份有限公司 | 7 | 34 | -27 |
| 001231.SZ | 农心科技 | 农心作物科技股份有限公司 | 8 | 128 | -120 |

续表

| 证券代码 | 证券简称 | 公司中文名称 | 科创质量因子 | 全国排名 | 排名差 |
|---|---|---|---|---|---|
| 605033.SH | 美邦股份 | 陕西美邦药业集团股份有限公司 | 9 | 218 | -209 |
| 688013.SH | 天臣医疗 | 天臣国际医疗科技股份有限公司 | 10 | 304 | -294 |
| 301206.SZ | 三元生物 | 山东三元生物科技股份有限公司 | 11 | 94 | -83 |
| 834261.BJ | 一诺威 | 山东一诺威聚氨酯股份有限公司 | 12 | 81 | -69 |
| 601390.SH | 中国中铁 | 中国中铁股份有限公司 | 13 | 6 | 7 |
| 002242.SZ | 九阳股份 | 九阳股份有限公司 | 14 | 64 | -50 |
| 688235.SH | 百济神州-U | 百济神州有限公司 | 15 | 72 | -57 |
| 688102.SH | 斯瑞新材 | 陕西斯瑞新材料股份有限公司 | 16 | 186 | -170 |
| 688329.SH | 艾隆科技 | 苏州艾隆科技股份有限公司 | 17 | 375 | -358 |
| 688269.SH | 凯立新材 | 西安凯立新材料股份有限公司 | 18 | 88 | -70 |
| 601186.SH | 中国铁建 | 中国铁建股份有限公司 | 19 | 9 | 10 |
| 836422.BJ | 润普食品 | 江苏润普食品科技股份有限公司 | 20 | 404 | -384 |

（9）科创传播TOP20

科创传播能力是指将科技创新成果有效地传递给目标受众，包括科研人员、企业、投资者、政策制定者以及公众等，并促使他们理解、接受和应用这些成果的能力。科创传播能力对于促进科技创新成果的转化和应用、推动科技进步和经济发展具有重要意义。

科创传播TOP20企业具体情况如表1-3-10所示。

表 1-3-10  科创传播 TOP20

| 证券代码 | 证券简称 | 公司中文名称 | 科创传播因子 | 全国排名 | 排名差 |
| --- | --- | --- | --- | --- | --- |
| 688177.SH | 百奥泰 | 百奥泰生物制药股份有限公司 | 1 | 32 | -31 |
| 688373.SH | 盟科药业-U | 上海盟科药业股份有限公司 | 2 | 27 | -25 |
| 688091.SH | 上海谊众 | 上海谊众药业股份有限公司 | 3 | 19 | -16 |
| 688520.SH | 神州细胞-U | 北京神州细胞生物技术集团股份公司 | 4 | 41 | -37 |
| 301206.SZ | 三元生物 | 山东三元生物科技股份有限公司 | 5 | 94 | -89 |
| 688235.SH | 百济神州-U | 百济神州有限公司 | 6 | 72 | -66 |
| 688578.SH | 艾力斯 | 上海艾力斯医药科技股份有限公司 | 7 | 70 | -63 |
| 300558.SZ | 贝达药业 | 贝达药业股份有限公司 | 8 | 298 | -290 |
| 000670.SZ | 盈方微 | 盈方微电子股份有限公司 | 9 | 42 | -33 |
| 002183.SZ | 怡亚通 | 深圳市怡亚通供应链股份有限公司 | 10 | 293 | -283 |
| 301358.SZ | 湖南裕能 | 湖南裕能新能源电池材料股份有限公司 | 11 | 56 | -45 |
| 688278.SH | 特宝生物 | 厦门特宝生物工程股份有限公司 | 12 | 125 | -113 |
| 688515.SH | 裕太微-U | 裕太微电子股份有限公司 | 13 | 212 | -199 |
| 603378.SH | 亚士创能 | 亚士创能科技（上海）股份有限公司 | 14 | 347 | -333 |
| 601919.SH | 中远海控 | 中远海运控股股份有限公司 | 15 | 65 | -50 |
| 300442.SZ | 润泽科技 | 润泽智算科技集团股份有限公司 | 16 | 105 | -89 |
| 603790.SH | 雅运股份 | 上海雅运纺织化工股份有限公司 | 17 | 209 | -192 |
| 600556.SH | 天下秀 | 天下秀数字科技（集团）股份有限公司 | 18 | 362 | -344 |
| 688197.SH | 首药控股-U | 首药控股（北京）股份有限公司 | 19 | 34 | -15 |
| 000063.SZ | 中兴通讯 | 中兴通讯股份有限公司 | 20 | 1 | 19 |

（10）科创维护 TOP20

科创维护能力是指对科技创新成果进行有效保护，确保其知识产权得到合理维护，防止被非法复制、盗用或滥用的能力。科技创新成果保护能力对于企业和组织具有重要意义。通过提高科技创新成果保护能力，可以确保科技创新成果的知识产权得到有效保护，避免成果被非法复制、盗用或滥用，维护企业和组织的合法权益。

科创维护 TOP20 企业具体情况如表 1-3-11 所示。

表 1-3-11　科创维护 TOP20

| 证券代码 | 证券简称 | 公司中文名称 | 科创维护因子 | 全国排名 | 排名差 |
| --- | --- | --- | --- | --- | --- |
| 833575.BJ | 康乐卫士 | 北京康乐卫士生物技术股份有限公司 | 1 | 10 | -9 |
| 600101.SH | 明星电力 | 四川明星电力股份有限公司 | 2 | 82 | -80 |
| 688302.SH | 海创药业-U | 海创药业股份有限公司 | 3 | 12 | -9 |
| 688197.SH | 首药控股-U | 首药控股（北京）股份有限公司 | 4 | 34 | -30 |
| 688091.SH | 上海谊众 | 上海谊众药业股份有限公司 | 5 | 19 | -14 |
| 688373.SH | 盟科药业-U | 上海盟科药业股份有限公司 | 6 | 27 | -21 |
| 600892.SH | 大晟文化 | 大晟时代文化投资股份有限公司 | 7 | 248 | -241 |
| 601816.SH | 京沪高铁 | 京沪高速铁路股份有限公司 | 8 | 160 | -152 |
| 688259.SH | 创耀科技 | 创耀（苏州）通信科技股份有限公司 | 9 | 494 | -485 |
| 603815.SH | 交建股份 | 安徽省交通建设股份有限公司 | 10 | 312 | -302 |
| 002748.SZ | 世龙实业 | 江西世龙实业股份有限公司 | 11 | 171 | -160 |
| 603378.SH | 亚士创能 | 亚士创能科技（上海）股份有限公司 | 12 | 347 | -335 |
| 301518.SZ | 长华化学 | 长华化学科技股份有限公司 | 13 | 103 | -90 |

| 证券代码 | 证券简称 | 公司中文名称 | 科创维护因子 | 全国排名 | 排名差 |
|---|---|---|---|---|---|
| 603790.SH | 雅运股份 | 上海雅运纺织化工股份有限公司 | 14 | 209 | -195 |
| 688372.SH | 伟测科技 | 上海伟测半导体科技股份有限公司 | 15 | 201 | -186 |
| 300377.SZ | 赢时胜 | 深圳市赢时胜信息技术股份有限公司 | 16 | 258 | -242 |
| 688318.SH | 财富趋势 | 深圳市财富趋势科技股份有限公司 | 17 | 498 | -481 |
| 301080.SZ | 百普赛斯 | 北京百普赛斯生物科技股份有限公司 | 18 | 393 | -375 |
| 688112.SH | 鼎阳科技 | 深圳市鼎阳科技股份有限公司 | 19 | 217 | -198 |
| 688787.SH | 海天瑞声 | 北京海天瑞声科技股份有限公司 | 20 | 365 | -345 |

# 第四章

## 上市公司科创能力评价体系专题分析

# 一、科创能力评价体系区域分布比较分析

## （一）省级行政区划比较分析

科创能力是推动中国区域经济高质量发展的关键因素，通过科技创新能够促进各地区产业升级、提高竞争优势、同时能够提升国际影响力。重视科技创新工作，加强科技研发投入，提高科技创新能力，以帮助各省份应对未来发展的挑战和机遇。

基于科创能力评价体系入围的4157家上市公司，各省级行政区科创能力排名结果显示（见表1-4-1），广东省科创能力排名在31个省级行政区中位居第一，浙江省第二名，江苏省第三名，北京市和上海市分别位居第四名和第五名。山东省、安徽省、四川省、福建省以及湖北省分别位列第六到第十名。经济较为发达的华东地区的省份，在此次科创排名中均位于15名之前（浙江省第2名、江苏省第3名、上海市第5名、山东省第6名、安徽省第7名、福建省第9名、江西省第13名），华中地区各省排名相对集中，分别是湖北省第10名，湖南省第11名，河南省第12名；华南地区科创排名呈现两极分化严重的现象，广东省作为经济强省，科创能力同样居于榜首，广西壮族自治区则排在第21名，海南省第29名；华北地区，北京市

作为经济和政治中心，具有较好的资源优势，在科创排名中排在第4名，河北省位于第14名，天津市第17名，山西省位于第25名；西南地区，四川省在区域内领先，位于第8名，重庆市第18名，贵州省第20名，云南省第22名，西藏自治区第28名；西北和东北地区在此次科创排名中都相对落后，西北地区中，陕西省第16名，新疆维吾尔自治区第24名，甘肃省第26名，宁夏回族自治区和青海分别为第30名和第31名；东北地区中，排名最靠前的是辽宁省第15名，吉林省第19名，黑龙江省第23名，内蒙古自治区第27名。

表 1-4-1 科创能力 - 科创质量区域排名

| 省份 | 科创排名 | 科创平均排名 | 排名差 | 上市公司科创平均分 | 企业总数 | 排名 | 样本量 | 占比 ‰ | 排名 | 排名差 | 22 GDP | 市值 | 市值/GDP |
|---|---|---|---|---|---|---|---|---|---|---|---|---|---|
| 广东 | 1 | 6 | -5 | 10.007 | 8,153,278 | 1 | 732 | 0.90 | 1 | 0 | 12.9 | 94,064 | 73% |
| 浙江 | 2 | 13 | -11 | 9.993 | 3,694,667 | 4 | 603 | 1.63 | 2 | 2 | 7.57 | 56,653 | 75% |
| 江苏 | 3 | 12 | -9 | 9.994 | 4,600,839 | 3 | 590 | 1.28 | 3 | 0 | 12.2 | 53,343 | 44% |
| 北京 | 4 | 1 | 3 | 10.079 | 2,104,064 | 12 | 334 | 1.59 | 4 | 8 | 4.1 | 70,225 | 171% |
| 上海 | 5 | 4 | 1 | 10.015 | 2,896,378 | 6 | 305 | 1.05 | 5 | 1 | 4.45 | 42,836 | 95% |
| 山东 | 6 | 17 | 11 | 9.985 | 5,063,425 | 2 | 248 | 0.49 | 6 | -4 | 8.7 | 29,587 | 34% |
| 安徽 | 7 | 21 | -11 | 9.977 | 2,515,533 | 9 | 141 | 0.56 | 7 | 2 | 4.5 | 15,829 | 35 |
| 四川 | 8 | 3 | -14 | 10.017 | 2,824,422 | 8 | 135 | 0.48 | 8 | 5 | 5.6 | 23,993 | %43% |
| 福建 | 9 | 11 | 5 | 9.995 | 2,121,993 | 11 | 116 | 0.55 | 9 | 2 | 5.3 | 19,939 | 38% |
| 湖北 | 10 | 5 | -2 | 10.013 | 2,365,798 | 10 | 110 | 0.46 | 10 | 0 | 5.3 | 11,323 | 21% |
| 湖南 | 11 | 16 | -5 | 9.987 | 2,074,155 | 13 | 108 | 0.52 | 11 | 2 | 4.8 | 10,313 | 21% |
| 河南 | 12 | 23 | -11 | 9.960 | 3,247,935 | 5 | 92 | 0.28 | 12 | -7 | 6.1 | 8,737 | 14% |
| 江西 | 13 | 18 | -5 | 9.983 | 1,555,984 | 15 | 72 | 0.46 | 13 | 2 | 3.2 | 7,238 | 23% |
| 河北 | 14 | 14 | – | 9.988 | 2,825,248 | 7 | 64 | 0.23 | 14 | -7 | 4.2 | 10,528 | 25% |

续表

| 省份 | 科创排名 | 科创平均排名 | 排名差 | 上市公司科创平均分 | 企业总数 | 排名 | 样本量 | 占比‰ | 排名 | 排名差 | 22GDP | 市值 | 市值/GDP |
|---|---|---|---|---|---|---|---|---|---|---|---|---|---|
| 辽宁 | 15 | 19 | −49 | 9.980 | 1,412,278 | 17 | 59 | 0.42 | 15 | 2 | 2.89 | 7,243 | 25% |
| 陕西 | 16 | 7 | 15 | 10.005 | 1,682,355 | 14 | 58 | 0.34 | 16 | −2 | 3.27 | 7,243 | 26% |
| 天津 | 17 | 2 | 9 | 10.034 | 770,932 | 24 | 54 | 0.70 | 17 | 7 | 1.6 | 8,436 | 64% |
| 重庆 | 18 | 9 | −8 | 9.998 | 1290,623 | 19 | 52 | 0.40 | 18 | 1 | 2.9 | 10,270 | 29% |
| 吉林 | 19 | 27 | 12 | 9.912 | 825,571 | 23 | 38 | 0.46 | 19 | 1 | 1.3 | 8,383 | 28% |
| 贵州 | 20 | 8 | −7 | 10.001 | 1,213,275 | 21 | 29 | 0.24 | 20 | 1 | 2.02 | 3,671 | 127% |
| 广西 | 21 | 28 | 7 | 9.885 | 1,277,925 | 20 | 29 | 0.22 | 21 | −1 | 2.6 | 25,583 | 6% |
| 云南 | 22 | 15 | −1 | 9.987 | 1,414,375 | 16 | 27 | 0.19 | 22 | −6 | 2.89 | 1,659 | 21% |
| 黑龙江 | 23 | 24 | 14 | 9.938 | 756,141 | 25 | 27 | 0.36 | 23 | 2 | 1.59 | 1,962 | 12% |
| 新疆 | 24 | 10 | − | 9.998 | 569,497 | 28 | 26 | 0.46 | 24 | 4 | 1.7 | 4,202 | 25% |
| 山西 | 25 | 25 | −5 | 9.934 | 1,300,547 | 18 | 24 | 0.18 | 25 | −7 | 2.5 | 5,702 | 23% |
| 甘肃 | 26 | 31 | 7 | 9.847 | 748,734 | 26 | 19 | 0.25 | 26 | 0 | 1.1 | 1,767 | 16% |
| 内蒙古 | 27 | 20 | 6 | 9.979 | 723,813 | 27 | 17 | 0.23 | 27 | 0 | 2.2 | 5,078 | 23% |
| 西藏 | 28 | 22 | −1 | 9.972 | 136,880 | 31 | 15 | 1.10 | 28 | 3 | 0.22 | 1,394 | 63% |
| 海南 | 29 | 30 | 1 | 9.857 | 949,521 | 22 | 14 | 0.15 | 29 | −7 | 0.68 | 1,618 | 24% |
| 宁夏 | 30 | 29 |  | 9.881 | 237,090 | 29 | 12 | 0.51 | 30 | −1 | 0.5 | 1,608 | 32% |
| 青海 | 31 | 26 | 5 | 9.928 | 173,572 | 30 | 8 | 0.46 | 31 | −1 | 0.36 | 1,550 | 43% |
| 总计 | — | — | — | 10.000 | 61,526,648 | — | 4157 | 0.68 | — | — | 119.24 | 550,907 | 46% |

此次的上市公司科创能力排名首次提出了科创平均排名的概念，在减少企业数量因素的影响后，科创平均排名能够表现区域的科创质量。位于科创平均排名前三位的是北京市、天津市和四川省。2022年华北地区在我国七大

区域GDP总量排名第4，但在此次科创平均排名前三位中占据了两个席位，第4至第6名依次是上海市第4名，湖北省第5名，广东省第6名，陕西省第7名，贵州省第8名，重庆市第9名，新疆维吾尔自治区第10名。GDP总量较好的华东地区在科创平均排名中除上海市排名第4名之外，其他省没有进入到前10名的排名中，分别是福建省第11名、江苏省第12名、浙江省第13名、山东省第17名、江西省第18名、安徽省第21名；华中地区在科创排名中较为集中，但在科创平均排名中相对比较分散，湖北省在科创平均排名中再次名列前十，位于第5名，湖南省第16名，河南省第23名。华南地区科创平均排名分布与其科创排名分布近似，均呈现较为明显的两极分化，广东省科创平均排名第6名，广西壮族自治区第28名，海南省第30名。华北地区除北京市和天津市在前三名外，河北省和山西省为第14和第25名与科创排名表现一致。西南地区，四川省第三名，同样排名靠前的还有贵州省，在此前科创排名中贵州省位于第20名，但在科创平均排名第8名，说明贵州省的整体科创质量较好，重庆市的科创平均排名也同样靠前，为第9名，云南省第15名，西藏自治区第22名。西北地区排名同样呈现两极分化，陕西省和新疆维吾尔自治区排名较为靠前，分别为第7名和第10名，宁夏回族自治区和甘肃省分别为第29名和第31名。东北地区，辽宁省第19名，内蒙古自治区第20名，黑龙江省第24名，吉林省第27名。

将科创排名与科创平均排名对比可发现，同一区域的科创排名与科创平均排名存在较大的差异，只以一个地区的科创能力总量不足以判断一个地区的科创能力，要同时结合地区科创质量整体分析。从七大区域的科创排名以及科创平均排名来看，省区（市）的科技创新水平整体呈现"东南强、西北弱"的特征。

根据区域的科创排名与科创平均排名，形成了新的矩阵图（图1-4-1），横轴代表科创排名，纵轴代表科创平均排名，根据排名形成4个象限。在第一象限的区域科创能力与整体科创质量都属于相对良好，越靠近0点的区域，其科创能力与科创质量越优质。若区域呈现在第二象限，则说明该区域的科技创新质量良好，但区域的企业数量不足，需引进更多科创能力优质的企业。坐落在第三象限的，多数为区域经济较为落后的地区，多数区域具有资源密集和劳动密集型的特征，在整体科创能力和质量上都有所欠缺，需加大对科创能力强的优质企业的引育力度，同时加强本地企业科技创新能力建设。当区域出现在第四象限，其科创综合能力尚可，但科技创新质量需要进一步提升，可通过加大研发投入以及先进技术人才引进，提高科技创新品质。

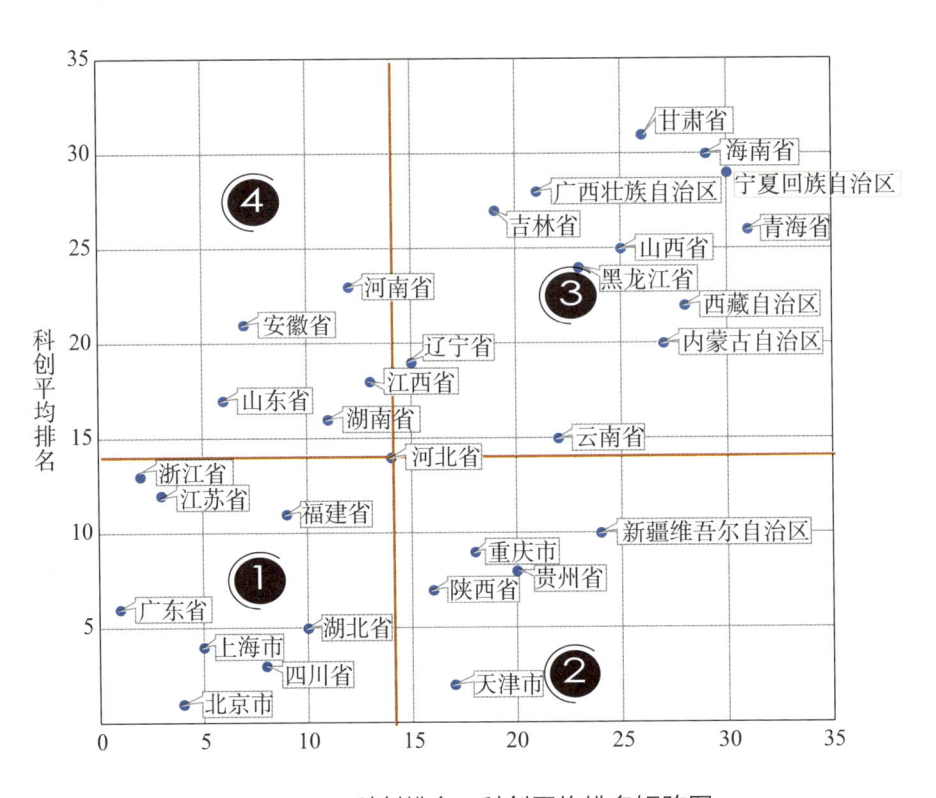

图1-4-1 科创排名-科创平均排名矩阵图

如图1-4-1，位于第一象限的9个区域，其中汇集了6大城市群，分别是京津冀城市群、长三角城市群、珠三角城市群、长江中游城市群、成渝城市群、以及海峡西岸城市群。这六大城市群中同时还拥有三个国际科创中心，分别位于北京、上海、广州。长三角、珠三角、京津冀、长江中游、成渝以及海峡西岸城市群刚好对应了城市群GDP 1—6名的排名，这六个城市群的区域经济水平位于全国前列，对于科技创新的投入以及对科技产品的需求也同样要高于其他区域。

第二象限，共有5个省市落在此象限，分别是天津、陕西省、重庆、贵州省、新疆维吾尔自治区。同时结合图4-3，发现此象限内的区域科创质量均高于总体科创均值，其中天津在此象限中具有最高的科创质量，其原因一方面是受到区域经济辐射的影响，北京发挥科技创新资源对津冀的辐射带动作用，截至北京流向津冀技术合同成交额累计超2200亿元，天津滨海—中关村科技园新增注册企业中，北京企业占1/3，北京企业中科技型企业超50%。同时初步形成了一定的高新技术聚集规模，形成了石油化工三千亿级产业集群、汽车和装备制造2个两千亿级产业集群和新一代信息技术、新能源新材料2个千亿级产业集群，使得天津的上市公司具有较为优质的科技创新技术；另一方面天津的高校毕业人才，以及北京外溢人才，为天津的科技创新工作源源不断的输送血液，不断提升其科技创新质量，天津接下来仍需加强对上市公司的引进与"小巨人"企业辅导上市的工作，强化天津的科技创新综合实力。

贵州省在科创综合排名中虽相对靠后，但在科创质量排名中却名列前十，一方面北京在2014年扶持贵州省发展大数据产业，另一方面贵州省成为国家"东数西算"工程中8个获批建设全国一体化算力网络国家枢纽节点之一，大数据产业的发展已初见成效，贵州目前有 11 个超大型数据中心，投入运营及在建的数据中心已达 23 个。贵阳贵安成为全世界聚集超大型数据中心最多的地区之一，以华为云、世纪恒通等为代表的一批云计算服务营业收入在短短两年超过了 200 亿元，大数据产业已形成本地聚集发展规模效应。贵州省上市公司市值与 GDP 的比值为 127%，高于其他区域，经过数据分析，发现贵州的上市公司合计市值为 25583 亿元，其中贵州茅台市值为 22753 亿元，占比高达 89%，去除贵州茅台后，贵州省其科创平均排名为第 14 名。贵州省的科创平均值排名良好，得益于贵州茅台的加持，属于一家独大企业贡献了较大的科创能力，提升了贵州省平均科技创新质量。研究发现位于第二象限的区域虽具有一定的优质科创能力，但目前所形成的产业集群体量以及种类还与第一象限的区域具有一定差异，还需在扩充产业集群的种类，以及上下游企业的数量，从而达到科创能力提升的效果。

第三象限，共有 12 个省市出现在该象限，分别是吉林省、广西壮族自治区、甘肃省、海南省、宁夏回族自治区、青海省、山西省、黑龙江省、内蒙古自治区、西藏自治区、云南省、辽宁省。落在该象限的区域都具有较为明显的特征，即经济水平较落后，产业结构较为单一，且以上区域产业仍以资源密集型和劳动密集型为主，对科技创新的投入和要求都较低。

以黑龙江省为例，黑龙江省作为传统的工业基地，长期以能源、重工业等产业为主导，对科技创新的需求和驱动力相对较弱。同时，新兴产业发展相对滞后，没有形成多元化的经济结构，导致科技创新缺乏足够的土壤和环境；由于经济发展相对滞后，人才流失问题一直是黑龙江面临的一个难题。许多优秀的科技人才选择到其他地区发展，导致黑龙江的科技创新人才储备不足，难以支撑科技创新的发展；同样因为经济的落后没有足够的资金支持科技创新能力建设，很大程度上限制了科技创新的发展；传统的计划经济体制在黑龙江的影响较深，企业的市场主体地位没有得到充分体现，科技创新的激励机制不完善，创新主体活力不足。此外，科技创新服务体系也不够健全，缺乏有效的技术转移和成果转化机制。

第四象限，共有 5 个区域落在此象限，分别是山东省、湖南省、江西省、安徽省、河南省。第四象限的区域其综合科创能力优质，但其科创质量较第一象限区域还有一定差距。该象限内区域的科技创新质量相对落后，但科创综合排名较强。其中较为有特色的为安徽省。

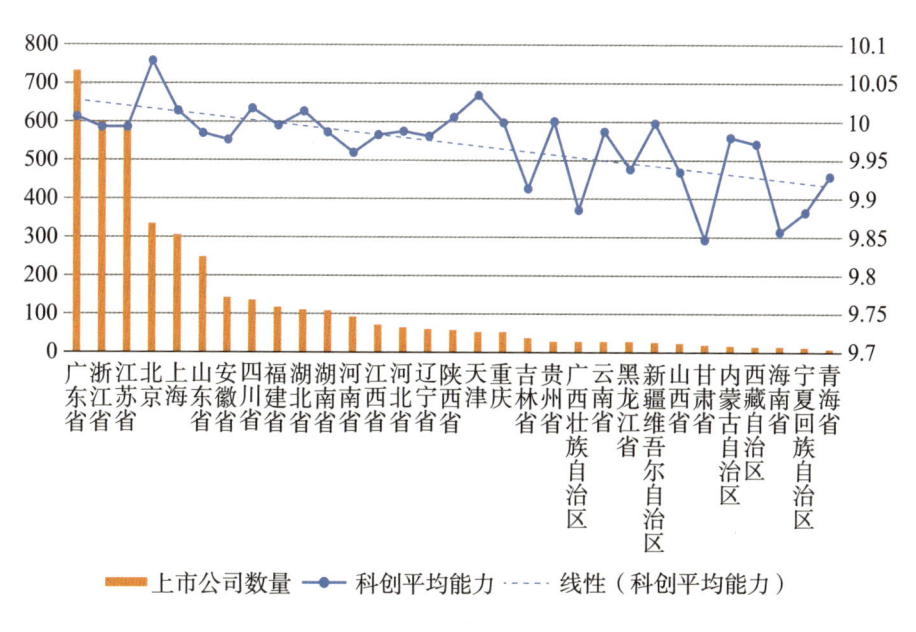

图 1-4-2　上市公司数量 - 科创平均能力

安徽省近五年 GDP 连年攀升，从过去的第 13 名如今已赶超上海，进入全国前十，在经济实力领先的前提下，在企业招引和科技能力建设上资本投入显著，使上市公司数量保持领先地位。一方面，安徽省大力开展"双招双引""以投带引"等招商模式，充分发挥政府投资基金引导作用，用股权投资的思维来做产业导入，再用投行的方式做产业培育，通过这种方式引进培育了京东方、合肥长鑫、蔚来汽车等一批龙头上市企业；另一方面，中科大已经孵化出34家上市公司，其中不乏超级独角兽科大讯飞、芯片黑马寒武纪等优质科创企业，因此安徽省在科创综合能力较其他区域较有优势。根据图1-4-2，在科创质量方面安徽处于平均水平以下，在上市公司规划层面，以人口数量和GDP水平相近的浙江省作为参照对象，安徽省在研发投入比例、专业技术人才投入比例、专利数量等方面均与浙江省存在明显差距。同时通过上市公司科创指数排名可以发现，排名在全国前500名的上市企业安徽省有14家，占安徽省整体上市公司数量的10%，浙江省上市公司在科创指数排名前500的企业共有57家，占浙江省上市公司数量的9.4%，安徽省在上市公司科创指数前500名的占比要略好于浙江省。在上市公司科创指数后2000名占比表现中，安徽省处于科创指数2000名以后的企业共77家，占该区域上市公司54%，其中3000名以后的上市企业共有46家占比32%。浙江省在科创指数2000名以后的企业共有311家，占比51%，其中3000名以后的上市企业共有139家占比仅为23%。安徽省科技创新质量落后于浙江省，其主要原因是多数上市公司处于指数排名末位，从而影响整体科创质量。安徽省需要继续加强龙头企业与高校之间的合作，通过产学研合作，实现资源共享、优势互补，推动产业链和创新链的深度融合，同时投入更多专项资金用于推动科技创新，支持企业科技创新和成果转化，从而提升企业科技创新竞争力。

## （二）地市级行政区划比较分析

科创能力评价体系入围的4157家上市公司分布在382个城市，上市公司数量排名靠前的城市主要集中在华东地区以及各直辖市。深圳市上市公司科创能力在城市排名中位居第一，北京市和上海市紧随其后。杭州市（第4名）、广州市（第5名）、苏州市（第6名）、南京市（第8名）、宁波市（第9名）、无锡市（第10名）。由此可以看出科创能力较强的区域集中在长三角、珠三角为代表的东南沿海与一线城市。中西部有部分城市拥有较强的科技创新能力，但整体数量较少且分布较为零散。前15名的城市包括成都市（第7名）、重庆市（第14名）。

上市公司科创能力评价体系各城市数量分布如表1-4-2所示。

表1-4-2　上市公司科创能力评价体系各城市数量分布

（完整表单详见证券日报官网）

| 城市名称 | 城市综合排名 | 上市公司数量 |
| --- | --- | --- |
| 深圳市 | 1 | 350 |
| 北京市 | 2 | 334 |
| 上海市 | 3 | 305 |
| 杭州市 | 4 | 177 |
| 广州市 | 5 | 127 |
| 苏州市 | 6 | 125 |
| 成都市 | 7 | 86 |
| 南京市 | 8 | 86 |
| 宁波市 | 9 | 75 |
| 无锡市 | 10 | 66 |

综合科创能力TOP500的企业在各城市的分布（如图1-4-3所示），综合科创能力前500名中，有267家企业分布在10个城市（北京市73家、

上海市54家、深圳市46家、杭州市24家、苏州市21家、广州市13家、成都市13家、武汉市11家、天津市10家、西安市9家）。排名前10的城市均为我国一线与新一线城市，经济越发达的地区上市公司的科创能力越强，优秀的上市公司也相对越多。同时优秀的企业也会带动区域的经济发展，形成可持续的良性循环体系。

■ 进入科创综合能力排名TOP500的企业数量

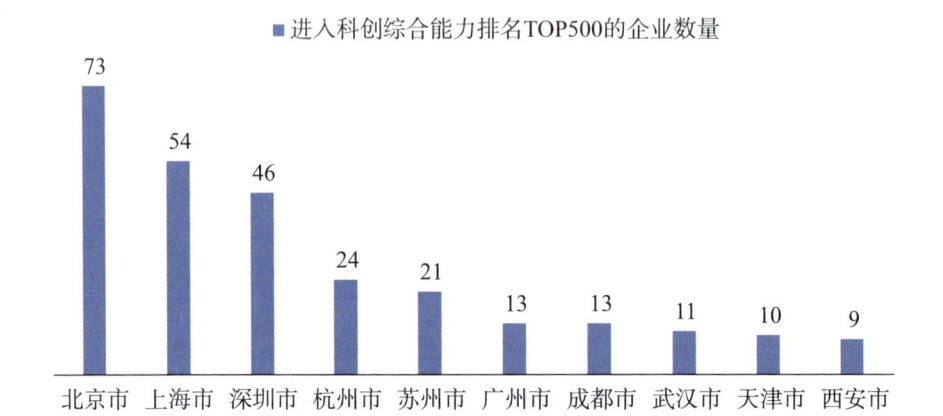

|  |  |
| --- | --- |
| 北京市 | 73 |
| 上海市 | 54 |
| 深圳市 | 46 |
| 杭州市 | 24 |
| 苏州市 | 21 |
| 广州市 | 13 |
| 成都市 | 13 |
| 武汉市 | 11 |
| 天津市 | 10 |
| 西安市 | 9 |

图 1-4-3　综合科创能力 TOP500 的企业城市前 10 强

值得注意的是，无锡市是前15名中唯一的二线城市，在一众一线与新一线城市中显得格外亮眼（如图1-4-4所示）。经济层面，无锡市GDP常年居于我国城市排名前15名，地方财政能够在较大程度上给予企业支持，从而增加企业在研发和技术上的投入。产业基础层面，产业集群对上市公司的科创能力具有促进作用。无锡市作为中国的制造业重镇，拥有完善的产业链和产业集群，其中，物联网、集成电路、生物医药、软件与信息技术服务等四个产业规模优势突出，产业链条完整，产业生态完备，被定位为"高而强"的地标产业。同时，高端装备、高端纺织服装、节能环保、新材料、新能源、汽车及零部件（含新能源汽车）等六个产业基础较好，在国内具有竞争优势，被视为"大而强"的优势产业，

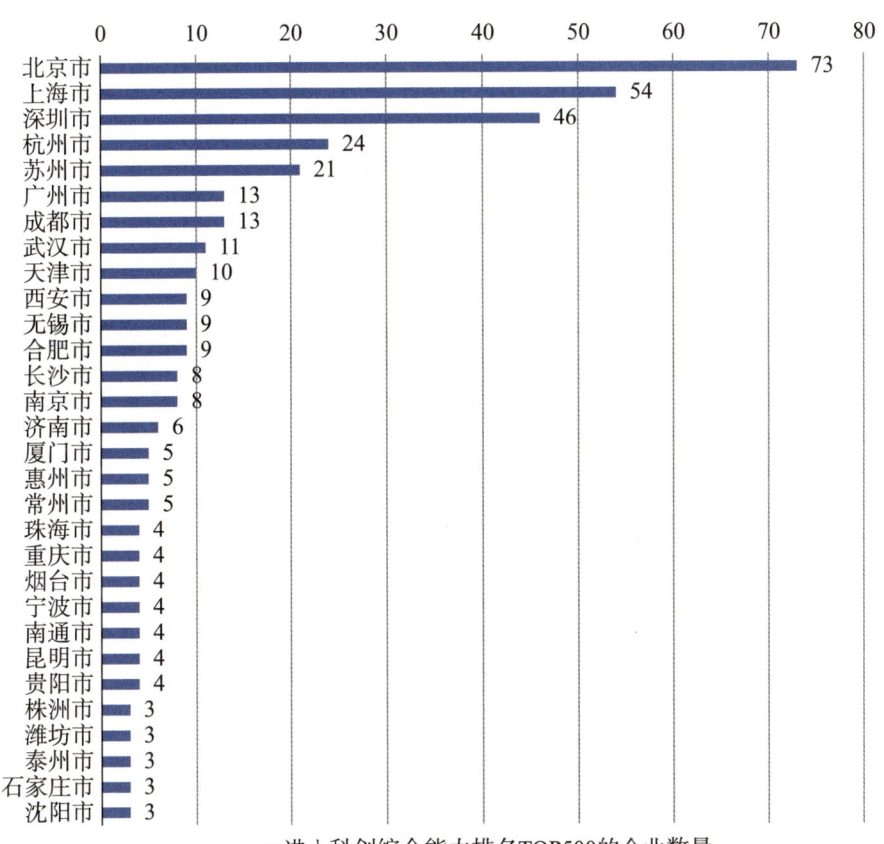

| 城市 | 数量 |
|---|---|
| 北京市 | 73 |
| 上海市 | 54 |
| 深圳市 | 46 |
| 杭州市 | 24 |
| 苏州市 | 21 |
| 广州市 | 13 |
| 成都市 | 13 |
| 武汉市 | 11 |
| 天津市 | 10 |
| 西安市 | 9 |
| 无锡市 | 9 |
| 合肥市 | 9 |
| 长沙市 | 8 |
| 南京市 | 8 |
| 济南市 | 6 |
| 厦门市 | 5 |
| 惠州市 | 5 |
| 常州市 | 5 |
| 珠海市 | 4 |
| 重庆市 | 4 |
| 烟台市 | 4 |
| 宁波市 | 4 |
| 南通市 | 4 |
| 昆明市 | 4 |
| 贵阳市 | 4 |
| 株洲市 | 3 |
| 潍坊市 | 3 |
| 泰州市 | 3 |
| 石家庄市 | 3 |
| 沈阳市 | 3 |

■ 进入科创综合能力排名TOP500的企业数量

图 1-4-4　综合科创能力 TOP500 的企业城市前 30 强

为科创企业的发展提供了坚实的产业基础。无锡市 9 家位列 TOP500 的上市公司（如表 1-4-3），其所属产业均在以上 10 个优势产业集群中。同时，无锡市还积极推动产业升级和转型，加快发展高新技术产业和战略性新兴产业，为科创企业提供了更广阔的发展空间。此外，无锡市的上市公司主要集中在民营制造业，民营企业间的竞争要强于国央企上市公司的竞争，因此更需要制造业企业具有极高的科技含量和产业先进性。这种产业结构的优势使得无锡市的上市公司在市场竞争中具有更强的竞争力、更广阔的发展空间和更强的科技创新能力。并且，无锡市政府也积极采取措施推动上市公司的发展。例如，通过实施公共就业服务能力提升示范项目，推动数据资源入表工作，发布投资、财政、金融政策等措施，为上市公司提供良好的发展环境和政策支持。

表 1-4-3　无锡市科创能力 TOP 500 企业名单

| 无锡市科创能力 TOP500 公司中文名称 | 所属国民经济行业分类行业级别大类 |
|---|---|
| 弘元绿色能源股份有限公司 | 专用设备制造业 |
| 江苏隆达超合金股份有限公司 | 有色金属冶炼和压延加工业 |
| 无锡阿科力科技股份有限公司 | 化学原料和化学制品制造业 |
| 无锡奥特维科技股份有限公司 | 专用设备制造业 |
| 无锡海达尔精密滑轨股份有限公司 | 金属制品业 |
| 无锡先导智能装备股份有限公司 | 专用设备制造业 |
| 无锡新洁能股份有限公司 | 计算机、通信和其他电子设备制造业 |
| 无锡药明康德新药开发股份有限公司 | 研究和试验发展 |
| 银邦金属复合材料股份有限公司 | 有色金属冶炼和压延加工业 |
| 总计 | 9 |

## 二、行业分布与比较

科技创新能力的行业分布特点呈现出多元化和高度集中的趋势。受到行业特点、市场需求、政策支持等多种因素的影响，不同行业在科技创新方面的投入和成果产出存在较大差异。高新技术产业是科技创新最为活跃和集中的领域，如信息技术、生物技术、新材料技术等。这些行业具有技术更新快、市场需求旺盛、创新风险高等特点，因此吸引了大量的科技创新资源和人才。互联网、人工智能、半导体等行业近年来在科技创新方面取得了显著突破，对全球经济发展产生了深远影响。传统行业也在积极寻求科技创新的突破口，以提高生产效率、降低成本、拓展市场等。例如，制造业通过引入智能化、自动化技术，实现了从传统制造向智能制造的转型。一些传统服务业也在利用互联网、大数据等技术手段提升服务质量和效率。不同国家和地区的行业分布特点也存在差异。发达国家在高新技术产业方面的科技创新实力较强，而发展中国家则可能在一些具有比较优势的领域，如农业、能源等领域实现科技创新的突破。总的来说，科技创新能力的行业分布特点呈现出多元化和高度集中的趋势，不同行业在科技创新方面的投入和成果产出受到多种因素的影响。同时，随着科技的不断进步和市场的不断变化，行业分布特点也将不断发生变化。

在上市公司科技创新指数行业排名中，上市公司按照国民经济行业分类涉及53类，照此行业分类，将各行业的上市公司数量进行排名，排名前25名的行业企业数量占总样本的91%，具备统计效力。这前10个行业分别是：计算机通信和其他电子设备制造业、专用设备制造业、化学原料和化学制品制造业、电气机械和器材制造业、软件和信息技术服务业、医药制造业、通用设备制造业、汽车制造业、橡胶和塑料制品业、金属制品业（如图1-4-5所示）。

在25大行业基础上，各行业的科创排名以及科创平均排名如表1-4-4所示，科技创新指数排名与企业数量呈正相关。

科技创新平均指数排除企业数量干扰因素，科创平均指数排名较科创指数排名名次有较大变化。科创平均指数行业第1名为土木工程建筑业，而计算机、通信和其他电子设备制造业在科创平均指数中排名第4。有色金属行业和医药制造业为科创平均指数的第 2 名和第 3 名。在科创指数排名中排名末尾的化学纤维制造业在科创平均指数中处于第 11 名。科创平均指数行业排名后 3 位则是酒、饮料和精制茶制造业，纺织业以及生态保护和环境治理业。

| 行业 | 公司数量 |
|---|---|
| 计算机、通信和其他电子设备制造业 | 579 |
| 专用设备制造业 | 351 |
| 化学原料和化学制品制造业 | 339 |
| 电气机械和器材制造业 | 324 |
| 软件和信息技术服务业 | 308 |
| 医药制造业 | 303 |
| 通用设备制造业 | 227 |
| 汽车制造业 | 171 |
| 橡胶和塑料制品业 | 119 |
| 金属制品业 | 109 |
| 非金属矿物制品业 | 104 |
| 仪器仪表制造业 | 97 |
| 铁路、船舶、航空航天和其他运输设备制造业 | 85 |
| 专业技术服务业 | 81 |
| 有色金属冶炼和压延加工业 | 78 |
| 生态保护和环境治理业 | 73 |
| 食品制造业 | 71 |
| 电力、热力生产和供应业 | 57 |
| 互联网和相关服务 | 56 |
| 农副食品加工业 | 53 |
| 土木工程建筑业 | 52 |
| 纺织业 | 43 |
| 造纸和纸制品业 | 38 |
| 酒、饮料和精制茶制造业 | 37 |
| 家具制造业 | 30 |

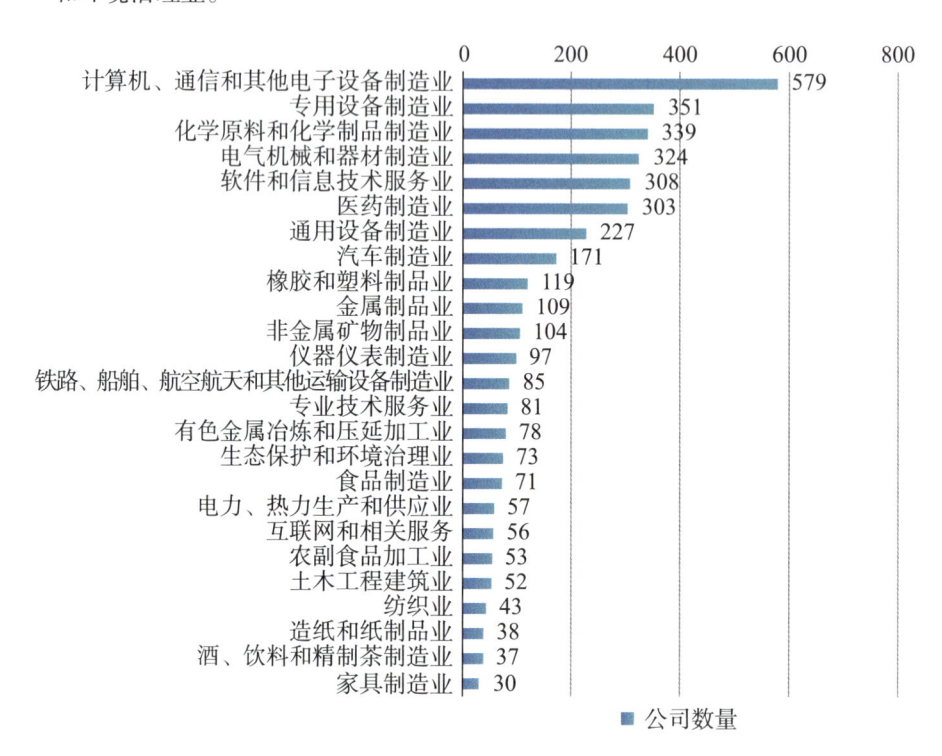

图 1-4-5　上市公司科技创新指数 25 大行业分布

表 1-4-4　国民经济行业大分类科技创新指数及科技创新平均指数

| 所属国民经济行业分类行业级别大类 | 科技创新指数排名 | 科创平均指数 | 企业数量 |
|---|---|---|---|
| 计算机、通信和其他电子设备制造业 | 1 | 4 | 579 |
| 专用设备制造业 | 2 | 8 | 351 |

续表

| 所属国民经济行业分类行业级别大类 | 科技创新指数排名 | 科创平均指数 | 企业数量 |
|---|---|---|---|
| 化学原料和化学制品制造业 | 3 | 7 | 339 |
| 电气机械和器材制造业 | 4 | 5 | 324 |
| 软件和信息技术服务业 | 5 | 9 | 308 |
| 医药制造业 | 6 | 3 | 303 |
| 通用设备制造业 | 7 | 17 | 227 |
| 汽车制造业 | 8 | 12 | 171 |
| 橡胶和塑料制品业 | 9 | 14 | 119 |
| 金属制品业 | 10 | 15 | 109 |
| 非金属矿物制品业 | 11 | 21 | 104 |
| 仪器仪表制造业 | 12 | 10 | 97 |
| 铁路、船舶、航空航天和其他运输设备制造业 | 13 | 6 | 85 |
| 专业技术服务业 | 14 | 20 | 81 |
| 有色金属冶炼和压延加工业 | 15 | 2 | 78 |
| 生态保护和环境治理业 | 16 | 25 | 73 |
| 食品制造业 | 17 | 16 | 71 |
| 电力、热力生产和供应业 | 18 | 18 | 57 |
| 互联网和相关服务 | 19 | 13 | 56 |
| 土木工程建筑业 | 20 | 1 | 52 |
| 农副食品加工业 | 21 | 19 | 53 |
| 纺织业 | 22 | 24 | 43 |
| 造纸和纸制品业 | 23 | 22 | 38 |
| 酒、饮料和精制茶制造业 | 24 | 23 | 37 |
| 化学纤维制造业 | 25 | 11 | 30 |

土木工程建筑业在平均科技创新指数上相比其他行业更强，土木工程建筑业作为基础性行业，对科技创新的需求和应用更为直接和迫切。一方面随着城市化进程的加速和基础设施建设的不断推进，土木工程建筑业面临着一系列新的挑战和问题，如工程质量、施工效率、资源利用、环境保护等方面的问题。这些问题需要通过科技创新来解决，因此土木工程建筑业在科技创新方面具有较高的动力和积极性，这种积极性不断推动着土木工程建筑业的科技创新投入加大，从研发支出来看，土木工程建筑业的投入强度为所有行业中最多（如图1-4-6所示），平均每个上市公司投入研发费用支出近2.8亿元。另一方面，土木工程建筑业还注重跨学科、跨领域的合作，通过整合不同领域的知识和技术来推动科技创新，因此所涉及的不同领域的专利要远多于其他行业（如图1-4-7所示）。同时通过企业的属性可以注意到（如表1-4-5所示），土木工程建筑业的52家上市公司中有33家为国有企业和中央企业，土木工程建筑业的企业排名中，央企和国有企业几乎占据了前30名，前三名是中国中铁股份有限公司、中国铁建股份有限公司及中国交通建设股份有限公司。国企和央企在人才、技术和资金方面都具有显著优势，使得企业能够在科技创新事业上投入更多的资源，同时这些企业往往拥有庞大的产业链和供应链体系，能够为科技创新提供强大支持。与土木工程建筑业在企业属性分布上类似的还有有色金属冶炼和压延加工业，该行业同样具有央企和国企占比较多的情况，且行业平均科创能力排在第二名。

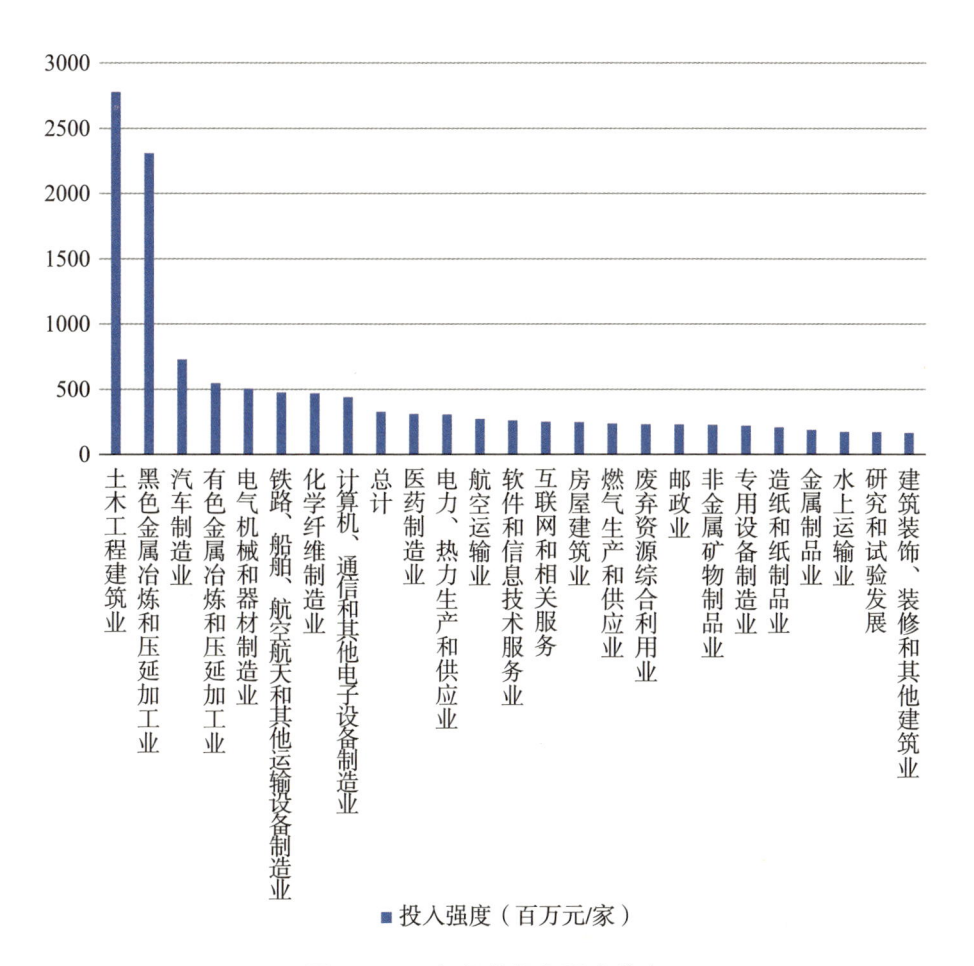

图 1-4-6 各行业投入强度分布

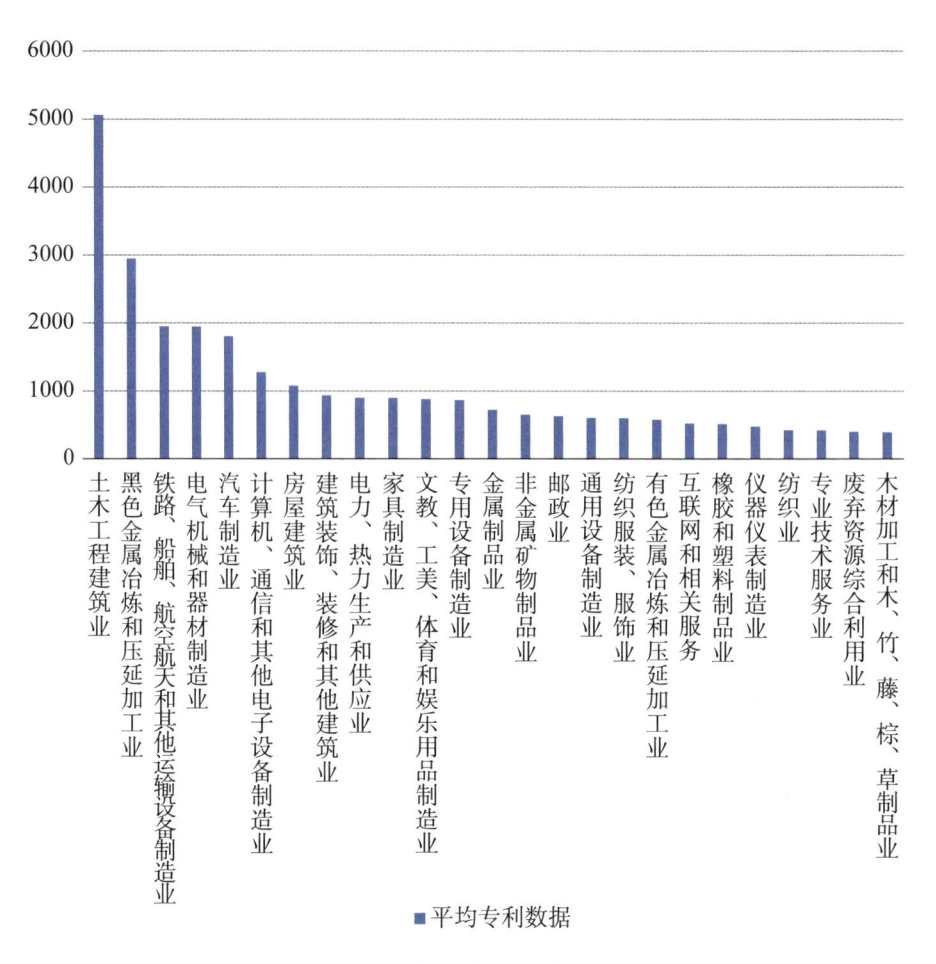

图 1-4-7　各行业平均专利数据

表 1-4-5　土木工程企业属性分布表

| 公司中文名称 | 企业属性 | 排名 |
| --- | --- | --- |
| 中国中铁股份有限公司 | 中央企业 | 1 |
| 中国铁建股份有限公司 | 中央企业 | 2 |
| 中国交通建设股份有限公司 | 中央企业 | 3 |
| 中国电力建设股份有限公司 | 中央企业 | 4 |
| 中国能源建设股份有限公司 | 中央企业 | 5 |

续表

| 公司中文名称 | 企业属性 | 排名 |
|---|---|---|
| 上海建工集团股份有限公司 | 地方国有企业 | 6 |
| 中国化学工程股份有限公司 | 中央企业 | 7 |
| 上海隧道工程股份有限公司 | 地方国有企业 | 8 |
| 中铝国际工程股份有限公司 | 中央企业 | 9 |
| 四川路桥建设集团股份有限公司 | 地方国有企业 | 10 |
| 中国中材国际工程股份有限公司 | 中央企业 | 11 |
| 中国核工业建设股份有限公司 | 中央企业 | 12 |
| 山东高速路桥集团股份有限公司 | 地方国有企业 | 13 |
| 安徽省交通建设股份有限公司 | 民营企业 | 14 |
| 上海浦东建设股份有限公司 | 地方国有企业 | 15 |
| 浙江交通科技股份有限公司 | 地方国有企业 | 16 |
| 浙江省建设投资集团股份有限公司 | 地方国有企业 | 17 |
| 陕西建工集团股份有限公司 | 地方国有企业 | 18 |
| 中钢国际工程技术股份有限公司 | 中央企业 | 19 |
| 广东水电二局股份有限公司 | 地方国有企业 | 20 |
| 新疆交通建设集团股份有限公司 | 地方国有企业 | 21 |
| 中工国际工程股份有限公司 | 中央企业 | 22 |
| 中船科技股份有限公司 | 中央企业 | 23 |
| 宏润建设集团股份有限公司 | 民营企业 | 24 |
| 东华工程科技股份有限公司 | 中央企业 | 25 |
| 海波重型工程科技股份有限公司 | 民营企业 | 26 |
| 武汉东湖高新集团股份有限公司 | 地方国有企业 | 27 |
| 深圳市天健（集团）股份有限公司 | 地方国有企业 | 28 |
| 金埔园林股份有限公司 | 民营企业 | 29 |

续表

| 公司中文名称 | 企业属性 | 排名 |
|---|---|---|
| 浙江东南网架股份有限公司 | 民营企业 | 30 |
| 龙建路桥股份有限公司 | 地方国有企业 | 31 |
| 汇通建设集团股份有限公司 | 民营企业 | 32 |
| 大千生态环境集团股份有限公司 | 民营企业 | 33 |
| 贵州中毅达股份有限公司 | 其他企业 | 34 |
| 腾达建设集团股份有限公司 | 民营企业 | 35 |
| 北方国际合作股份有限公司 | 中央企业 | 36 |
| 上海同济科技实业股份有限公司 | 地方国有企业 | 37 |
| 棕榈生态城镇发展股份有限公司 | 地方国有企业 | 38 |
| 苏文电能科技股份有限公司 | 民营企业 | 39 |
| 龙元建设集团股份有限公司 | 民营企业 | 40 |
| 杭州市园林绿化股份有限公司 | 民营企业 | 41 |
| 北京中岩大地科技股份有限公司 | 民营企业 | 42 |
| 中化岩土集团股份有限公司 | 地方国有企业 | 43 |
| 诚邦生态环境股份有限公司 | 民营企业 | 44 |
| 成都市路桥工程股份有限公司 | 民营企业 | 45 |
| 新疆北新路桥集团股份有限公司 | 地方国有企业 | 46 |
| 天域生态环境股份有限公司 | 民营企业 | 47 |
| 元成环境股份有限公司 | 民营企业 | 48 |
| 正平路桥建设股份有限公司 | 民营企业 | 49 |
| 山东美晨生态环境股份有限公司 | 地方国有企业 | 50 |
| 北京乾景园林股份有限公司 | 民营企业 | 51 |
| 深圳文科园林股份有限公司 | 地方国有企业 | 52 |

行业平均科创排名第三和第四的分别是医药制造业和计算机、通信和其他电子设备制造业。这两个行业的企业属性分布以民营企业为主，民营企业的资金能力和供应链能力虽可能稍显逊色，但民营企业对于科技创新的方向往往更贴近市场需求，民营企业更能够快速地捕捉到市场变化和消费者需求，从而更精准地定位科技创新方向。同时，民营企业在决策和行动上通常更加灵活，能够更快地调整创新策略，以适应市场的快速变化。其次，在条件资源有限的情况下，民营企业更加注重科技创新的投入产出比，因此民营企业在科技创新上的投入较低，但从转化效率和产出比例上要高。医药制造业和计算机、通信和其他电子设备制造业比土木工程建筑业的有色金属冶炼和压延加工业更适合民营企业发展，医药和计算机行业的商业模式更注重市场需求和消费者体验。

根据区域分析部分所提到的区域科创能力矩阵图，可以观察在第一象限科创综合能力以及平均能力都较强的9大区域（分别为：北京市、上海市、广东省、四川省、湖北省、福建省、江苏省、浙江省、河北省），科创能力排在前5名的行业分布图，在科创能力较为突出的9大区域中均涉及计算机、通信和其他电子设备制造业。根据图1-4-8所示，北京表现最为突出的行业是软件和信息技术服务业，上海市、广东省、四川省、湖北省、福建省、江苏省表现最为突出的均为计算机、通信和其他电子设备制造业，浙江省表现最为突出的行业为通用设备制造业，河北省表现最为突出的行业为化学原料和化学制品制造业。从行业分布在各个科创优秀区域来看，城市科创能力行业分布各具特色，计算机、通信和其他电子设备制造业在多个省市表现突出，其次表现较为优异的还有专用设备制造业，电气机械和器材制造业，软件和信息技术服务业，以及医药制造业，在9大区域中共有（北京市、上海市、广东省、湖北省、福建省、江苏省、浙江省、）7个区域的专用设备制造业科创能力处于领先地位，共有（上海市、广东省、福建省、江苏省、浙江省、河北省）6个区域的电气机械和器材制造业科创能力处于领先地位，共有（北京市、上海市、广东省、四川省、福建省）5个区域的软件和信息技术服务业的科创能力处于领先地位，共有（北京市、上海市、四川省、湖北省）4个区域的医药制造业的科创能力处于领先地位。

除一些共性的行业分布外，不同区域行业分布同样拥有各自的特色。北京市在铁路、船舶、航空航天和其他运输设备制造业表现较好，福建省和河北省在橡胶和塑料制品业的科创能力表现突出。以上省市是在行业分布上具备特定资源和行业优势的地区。北京市作为我国主要的交通枢纽，具备了得天独厚的地理和资源优势。同样，北京科研机构和高等学府为铁路、船舶、航空航天和其他运输设备制造业的发展提供了坚实的人才和技术支撑。随着全球化和中国经济的快速发展，铁路、船舶、航空航天和其他运输设备制造业的市场需求不断增长。北京市的企业凭借其技术实力和市场敏锐度，迅速抓住了这一发展机遇，不断推出创新产品和服务，进一步提升了市场份额。

福建省和河北省之所以在橡胶和塑料制品业的科创能力较为突出，其原因在于，福建省和河北省都具备优越的地理位置和便捷的交通网络。福建省位于中国东南沿海，拥有多个港口和机场，便于橡胶塑料产品的进出口运输。河北省则位于华北地区，连接京津冀等经济发达区域，交通便利，有助于橡胶塑料行业产品的市场拓展。其次，这两个省份都拥有较为完善的工业基础和产业链。福建省的橡胶塑料行业已经形成了从原材料供应、生产加工到销售环节的完整产业链，而河北省也在橡胶塑料领域拥有一定的产业规模和市场份额。这些条件为橡胶塑料行业的发展提供了坚实的基础。此外，福建省和河北省在橡胶塑料行业的技术研发和创新方面也具有一定的优势，二者都拥有一批优秀的科研机构和高校，为橡胶塑料行业的技术进步提供了有力支撑。同时，企业也积极引进先进技术和设备，提高产品质量和附加值，增强市场竞争力。最后，市场需求是推动橡胶塑料行业发展的重要因素。福建省和河北省的橡胶塑料产品广泛应用于汽车、电子、建筑等多个领域，随着这些行业的快速发展，对橡胶塑料产品的需求也不断增长。这为区域橡胶塑料行业的发展提供了广阔的市场空间。

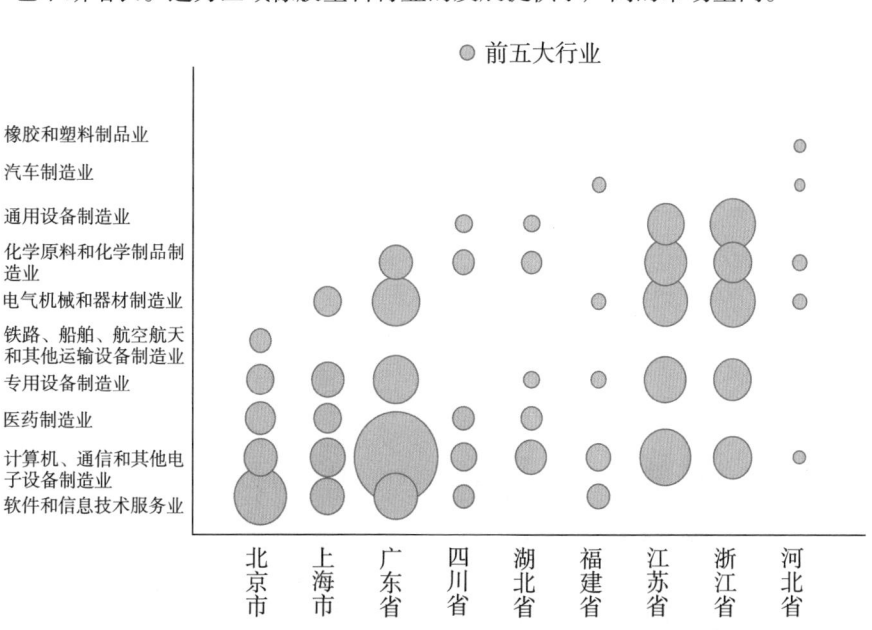

图 1-4-8　科创能力优异区域行业分布图

## 三、上市板块专题

### （一）各板块总体情况分析

上市公司科创能力评价体系中，共有主板上市企业2260家（上交所1138家、深交所1122家），创业板上市企业1174家，科创板上市企业524家，北交所上市企业199家。从发展趋势来看，尽管主板上市企业的总量始终保持领先，但近年来，每年新上市企业的数量却呈现下降趋势。相比之下，创业板和科创板在2021年分别达到了上市企业数量的高峰，2022年这一数字有所回落。北交所上市企业数量呈现出逐年增长的趋势，展现出较大的发展潜力（如图1-4-9所示）。

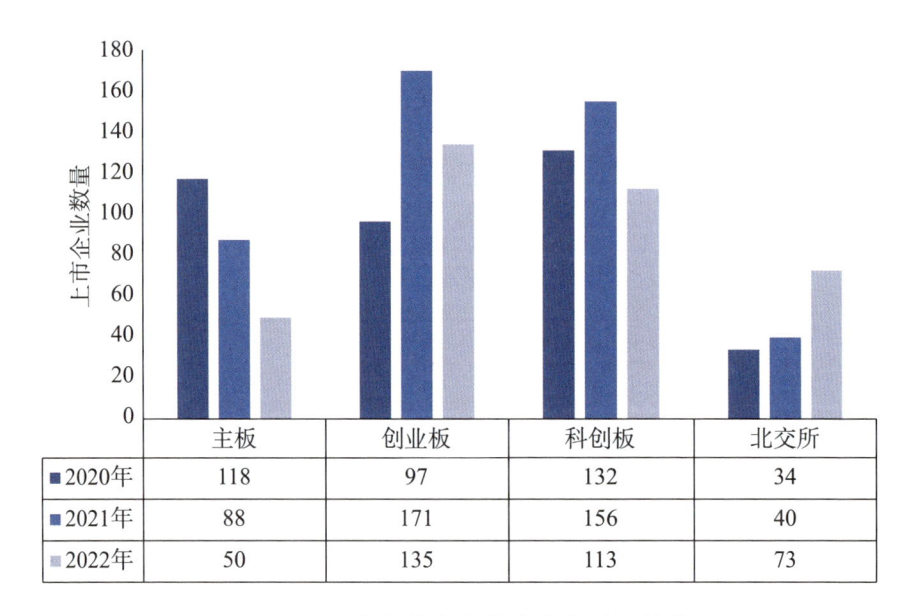

| | 主板 | 创业板 | 科创板 | 北交所 |
|---|---|---|---|---|
| 2020年 | 118 | 97 | 132 | 34 |
| 2021年 | 88 | 171 | 156 | 40 |
| 2022年 | 50 | 135 | 113 | 73 |

图1-4-9　各板块上市企业上市时间趋势

从各规模企业的上市板块情况来看，大型企业的上市板块主要集中在沪深主板，占大型企业上市公司总量的62.7%，远高于其他板块；中型企业的上市板块主要集中在创业板和主板，分别占中型企业上市公司总量的38.7%和34.9%；小型企业上市公司在四个板块的分布数量基本相当，其中创业板占比27.4%、北交所占比26.5%、科创板占比23.9%、主板占比22.1%；微型企业上市公司数量较少，上市板块均集中在科创板（如图1-4-10所示）。

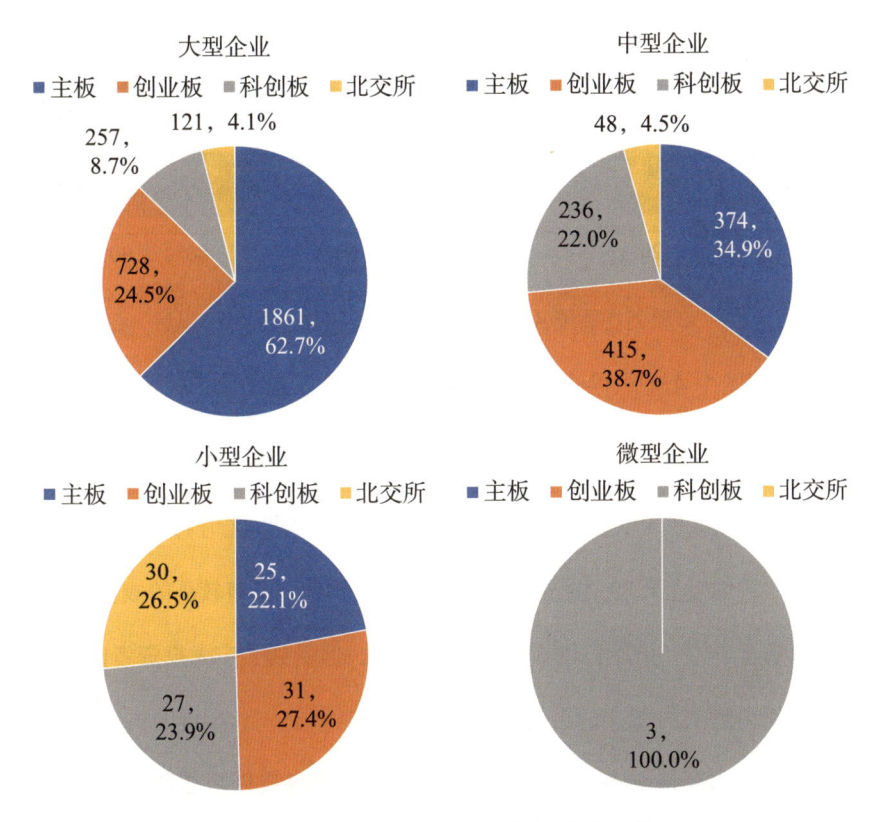

图1-4-10 各规模企业上市板块分布情况

## （二）各板块科创能力分析

将本研究中的A股上市公司分为四个梯队。通过数据对比可以看出，主板和创业板中处于第四梯队的企业数量最多，分别占比31.5%和28.6%；

北交所上市企业中处于第二梯队的企业数量最多，占比为32.7%；科创板中处于第一梯队的科创实力领先的企业数量最多，占科创板上市公司总量的44.5%，明显高于其他板块（如图1-4-11所示）。

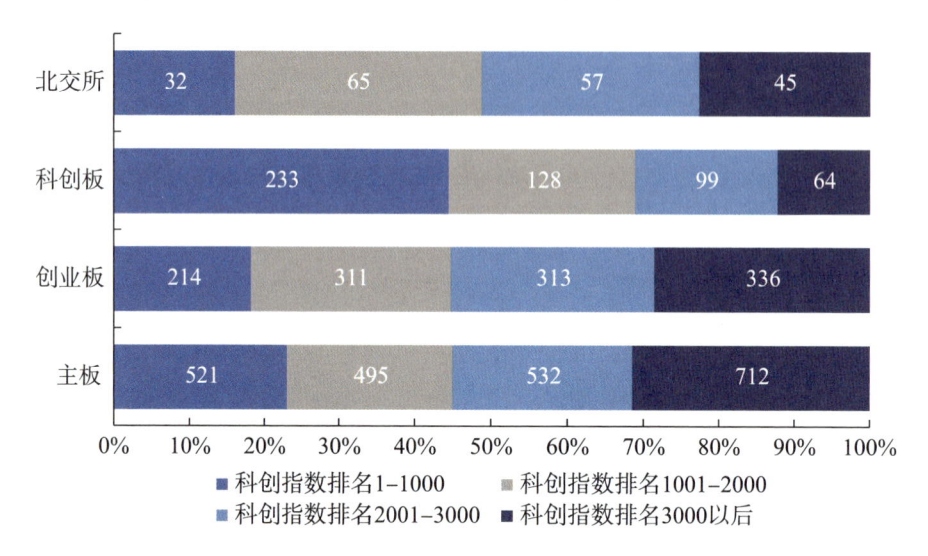

| 板块 | 科创指数排名1-1000 | 科创指数排名1001-2000 | 科创指数排名2001-3000 | 科创指数排名3000以后 |
|---|---|---|---|---|
| 北交所 | 32 | 65 | 57 | 45 |
| 科创板 | 233 | 128 | 99 | 64 |
| 创业板 | 214 | 311 | 313 | 336 |
| 主板 | 521 | 495 | 532 | 712 |

图1-4-11　各板块不同科创实力各梯队企业分布情况

科创板作为我国资本市场支持引导科技创新的重要平台，对于上市标准具有一定的创新性和灵活性，更加注重企业的科技创新能力和核心技术的研发成果。科创板上市的企业往往集中在高科技领域，具有较高的成长性和较强的市场竞争力。虽然科创板市场相对较新，但受到了广大投资者的关注。

对于科创实力领先的企业来说，科创板提供了一个难得的机遇，它们可以通过上市获得更多的资本支持，进一步加快科技创新和产业升级的步伐。因此，企业应当积极把握这一历史性机遇，通过强化自身的科技创新能力，争取在科创板上市，以此来实现更大的发展和跨越。

### （三）各板块区域分布分析

从各板块区域分布看，浙江、江苏、广东三省排名前列（如表1-4-6

所示）。江苏省具备科创属性的上市公司数量在科创板、北交所位居第一，浙江省、广东省分别在主板、创业板数量位居首位。

在沪深主板中，上市公司数量排名前五的是浙江省、广东省、江苏省、上海市、北京市；在创业板中，上市公司数量排名前五的是广东省、江苏省、浙江省、北京市、上海市；在科创板中，上市公司数量排名前五的是江苏省、广东省、上海市、北京市、浙江省；在北交所中，上市公司数量排名前五的是江苏省、广东省、浙江省、山东省、北京市。

表 1-4-6　各板块上市公司区域分布情况

| 科创属性上市公司数量 | 主板 | | 创业板 | | 科创板 | | 北交所 | |
|---|---|---|---|---|---|---|---|---|
| TOP1 | 浙江省 | 380 | 广东省 | 283 | 江苏省 | 103 | 江苏省 | 37 |
| TOP2 | 广东省 | 336 | 江苏省 | 178 | 广东省 | 86 | 广东省 | 27 |
| TOP3 | 江苏省 | 272 | 浙江省 | 157 | 上海市 | 71 | 浙江省 | 19 |
| TOP4 | 上海市 | 158 | 北京市 | 101 | 北京市 | 67 | 山东省 | 17 |
| TOP5 | 北京市 | 152 | 上海市 | 67 | 浙江省 | 47 | 北京市 | 14 |
| TOP6 | 山东省 | 152 | 山东省 | 59 | 安徽省 | 22 | 河南省 | 10 |
| TOP7 | 安徽省 | 79 | 福建省 | 37 | 山东省 | 20 | 上海市 | 9 |
| TOP8 | 四川省 | 71 | 四川省 | 37 | 四川省 | 18 | 四川省 | 9 |
| TOP9 | 福建省 | 69 | 湖北省 | 35 | 湖南省 | 16 | 湖北省 | 8 |
| TOP10 | 湖南省 | 61 | 安徽省 | 33 | 湖北省 | 14 | 安徽省 | 7 |
| TOP11 | 湖北省 | 53 | 湖南省 | 28 | 陕西省 | 14 | 河北省 | 5 |
| TOP12 | 河南省 | 50 | 河南省 | 27 | 福建省 | 8 | 辽宁省 | 5 |
| TOP13 | 河北省 | 41 | 江西省 | 24 | 辽宁省 | 8 | 陕西省 | 5 |
| TOP14 | 江西省 | 40 | 湖北省 | 18 | 天津市 | 7 | 重庆市 | 4 |

续表

| 科创属性上市公司数量 | 主板 | | 创业板 | | 科创板 | | 北交所 | |
|---|---|---|---|---|---|---|---|---|
| TOP15 | 重庆市 | 35 | 辽宁省 | 13 | 河南省 | 5 | 广西壮族自治区 | 3 |
| TOP16 | 辽宁省 | 33 | 陕西省 | 13 | 江西省 | 5 | 湖南省 | 3 |
| TOP17 | 天津市 | 32 | 天津市 | 13 | 贵州省 | 3 | 江西省 | 3 |
| TOP18 | 吉林省 | 28 | 重庆市 | 10 | 吉林省 | 3 | 山西省 | 2 |
| TOP19 | 陕西省 | 26 | 西藏自治区 | 6 | 重庆市 | 3 | 福建省 | 2 |
| TOP20 | 广西壮族自治区 | 23 | 吉林省 | 5 | 黑龙江省 | 2 | 吉林省 | 2 |
| TOP21 | 贵州省 | 22 | 云南省 | 5 | 海南省 | 1 | 天津市 | 2 |
| TOP22 | 黑龙江省 | 21 | 黑龙江省 | 4 | 新疆维吾尔自治区 | 1 | 云南省 | 2 |
| TOP23 | 新疆维吾尔自治区 | 21 | 山西省 | 4 | | | 贵州省 | 1 |
| TOP24 | 云南省 | 20 | 新疆维吾尔自治区 | 4 | | | 内蒙古自治区 | 1 |
| TOP25 | 山西省 | 17 | 甘肃省 | 3 | | | 宁夏回族自治区 | 1 |
| TOP26 | 甘肃省 | 16 | 贵州省 | 3 | | | | |
| TOP27 | 内蒙古自治区 | 14 | 广西壮族自治区 | 2 | | | | |
| TOP28 | 海南省 | 11 | 海南省 | 2 | | | | |
| TOP29 | 宁夏回族自治区 | 10 | 内蒙古自治区 | 2 | | | | |
| TOP30 | 西藏自治区 | 9 | 宁夏回族自治区 | 1 | | | | |
| TOP31 | 青海省 | 8 | | | | | | |

A股上市公司在各板块上主要表现为显著的聚集效应。经济发达、市场化程度高、区位优势独特的地区，各板块上市公司数量较多，形成了明显的聚集现象。这种现象得益于当地经济发展水平高、产业链完善、金融环境优越、人才资源丰富以及政策环境优越等多方面因素的共同作用。

第一，这些地区的经济发展水平较高，为上市公司的成长提供了良好的土壤。这些地区的GDP总量和人均GDP均处于全国前列，这为企业的创新和发展提供了强大的经济支撑。第二，这些地区拥有完善的产业链和供应链体系，为上市公司提供了稳定的业务来源。这些地区的制造业、服务业等产业发达，形成了完整的产业链条，使得企业能够在本地找到优质的供应商和客户，降低了运营成本，提高了竞争力。第三，这些地区的金融环境优越，为上市公司提供了便捷的融资渠道。这些地区的金融机构众多，金融市场活跃，为企业提供了多种融资方式，包括银行贷款、债券发行、股权融资等，使得企业能够获得所需资金，实现快速发展。第四，这些地区的人才资源丰富，为上市公司提供了强有力的人才支持。这些地区拥有众多高等院校和科研机构，培养了大量高素质的人才，为企业提供了源源不断的人才储备。同时，这些地区还吸引了大量的外来人才，使得企业能够从中选拔到最优秀的人才，提高企业的核心竞争力。第五，这些地区的政策环境优越，为上市公司提供了良好的发展环境。这些地区的政府高度重视企业发展，出台了一系列优惠政策，包括税收优惠、土地供应、资金扶持等，为企业提供了有力的政策支持。同时，这些地区的法律法规体系完善，为企业提供了稳定的法律保障。

在各板块呈现上市公司数量聚集现象的同时也可以看出A股上市公司地域分布并不均衡，主要还是集中在我国经济发展最快、经济实力最强的地区。其中，广东一直是我国经济体量最大的地区，江苏和浙江民营经济发达、科技水平高，北京、上海新兴产业蓬勃发展，成为创新创业的热土，由此也造成了上市公司集聚现象。

上市公司地区分布不均也带来了一些问题。一方面，这可能导致资源配置的不均衡，使得一些地区的经济发展更加依赖于上市公司，而其他地区则相对滞后。另一方面，这也可能加剧地区间的发展差距，不利于实现经济的均衡和协调发展。

因此，政府和企业应共同努力，通过加强政策支持、优化产业结构、提升人才素质、改善金融环境等措施，促进上市公司地区分布的均衡发展。同时，也应加强地区间的合作与交流，推动资源共享和优势互补，实现经济的共赢发展。

### （四）各板块行业分布分析

从国民经济行业分布情况来看，在 A 股各上市板块中，科创属性上市公司数量分布最多的行业均为计算机、通信和其他电子设备制造业，其次，电气机械和器材制造业的科创属性上市公司数量排名也在各板块中均位列前五位（如表 1-4-7 所示）。

具体来看，在沪深主板中，上市公司数量排名前五的行业是计算机、通信和其他电子设备制造业，化学原料和化学制品制造业，电气机械和器材制造业，医药制造业，汽车制造业；在创业板中，上市公司数量排名前五的行业是计算机、通信和其他电子设备制造业，软件和信息技术服务业，专用设备制造业，电气机械和器材制造业，化学原料和化学制品制造业；在科创板中，上市公司数量排名前五的行业是计算机、通信和其他电子设备制造业，专用设备制造业，软件和信息技术服务业，医药制造业，电气机械和器材制造业；在北交所中，上市公司数量排名前五的行业是计算机、通信和其他电子设备制造业，专用设备制造业，电气机械和器材制造业，软件和信息技术服务业，通用设备制造业。

表1-4-7 各板块上市公司行业分布情况

（完整榜单详见证券日报官网）

| 科创属性上市公司数量 | 行业大类 | 主板企业数量 | 行业大类 | 创业板企业数量 | 行业大类 | 科创板企业数量 | 行业大类 | 北交所企业数量 |
| --- | --- | --- | --- | --- | --- | --- | --- | --- |
| TOP1 | 计算机、通信和其他电子设备制造业 | 233 | 计算机、通信和其他电子设备制造业 | 194 | 计算机、通信和其他电子设备制造业 | 130 | 计算机、通信和其他电子设备制造业 | 22 |
| TOP2 | 化学原料和化学制品制造业 | 211 | 软件和信息技术服务业 | 136 | 专用设备制造业 | 101 | 专用设备制造业 | 19 |
| TOP3 | 电气机械和器材制造业 | 182 | 专用设备制造业 | 109 | 软件和信息技术服务业 | 73 | 电气机械和器材制造业 | 17 |
| TOP4 | 医药制造业 | 166 | 电气机械和器材制造业 | 100 | 医药制造业 | 50 | 软件和信息技术服务业 | 15 |
| TOP5 | 汽车制造业 | 124 | 化学原料和化学制品制造业 | 94 | 电气机械和器材制造业 | 25 | 通用设备制造业 | 14 |

续表

| 科创属性上市公司数量 | 行业大类 | 主板企业数量 | 行业大类 | 创业板企业数量 | 行业大类 | 科创板企业数量 | 行业大类 | 北交所企业数量 |
|---|---|---|---|---|---|---|---|---|
| TOP6 | 专用设备制造业 | 122 | 通用设备制造业 | 77 | 化学原料和化学制品制造业 | 22 | 橡胶和塑料制品业 | 14 |
| TOP7 | 通用设备制造业 | 119 | 医药制造业 | 73 | 仪器仪表制造业 | 22 | 医药制造业 | 14 |
| TOP8 | 软件和信息技术服务业 | 84 | 专业技术服务业 | 43 | 铁路、船舶、航空航天和其他运输设备制造业 | 17 | 仪器仪表制造业 | 14 |
| TOP9 | 金属制品业 | 70 | 橡胶和塑料制品业 | 41 | 通用设备制造业 | 17 | 化学原料和化学制品制造业 | 12 |
| TOP10 | 非金属矿物制品业 | 67 | 汽车制造业 | 37 | 研究和试验发展 | 12 | 非金属矿物制品业 | 10 |

根据中国上市公司科创能力评价研究结果显示，在沪深主板中，科创能力位于前十名的企业分别是中兴通讯、京东方A、格力电器、美的集团、中国中铁、比亚迪、中国中车、中国铁建、宝钢股份、TCL科技，其中有3家属于计算机、通信和其他电子设备制造业，2家属于电气机械和器材制造业，2家属于土木工程建筑业（如表1-4-8所示）。在创业板中，科创能力位于前十名的企业分别是宁德时代、湖南裕能、天华新能、锐捷

网络、香农芯创、迈瑞医疗、软通动力、三元生物、阳光电源、长华化学，其中有3家属于计算机、通信和其他电子设备制造业，3家属于电气机械和器材制造业。在科创板中，科创能力位于前十名的企业分别是亚虹医药–U、海创药业–U、上海谊众、盟科药业–U、安旭生物、百奥泰、信科移动–U、首药控股–U、神州细胞–U、智翔金泰–U，其中有9家属于医药制造业，1家属于计算机、通信和其他电子设备制造业。在北交所上市企业中，科创能力位于前十名的企业分别是康乐卫士、一诺威、安达科技、鼎智科技、贝特瑞、凯大催化、骏创科技、三元基因、视声智能、乐创技术，其中有2家属于电气机械和器材制造业，2家属于医药制造业，2家属于化学原料和化学制品制造业。

表1-4-8 各板块科创能力TOP10企业行业分布情况

| 板块 | 证券简称 | 排名 | 省份 | 城市 | 行业门类 | 行业大类 |
|---|---|---|---|---|---|---|
| 主板 | 中兴通讯 | 1 | 广东省 | 深圳市 | 制造业 | 计算机、通信和其他电子设备制造业 |
| | 京东方A | 2 | 北京市 | 北京市 | 制造业 | 计算机、通信和其他电子设备制造业 |
| | 格力电器 | 3 | 广东省 | 珠海市 | 制造业 | 电气机械和器材制造业 |
| | 美的集团 | 4 | 广东省 | 佛山市 | 制造业 | 电气机械和器材制造业 |
| | 中国中铁 | 5 | 北京市 | 北京市 | 建筑业 | 土木工程建筑业 |
| | 比亚迪 | 6 | 广东省 | 深圳市 | 制造业 | 汽车制造业 |
| | 中国中车 | 7 | 北京市 | 北京市 | 制造业 | 铁路、船舶、航空航天和其他运输设备制造业 |
| | 中国铁建 | 8 | 北京市 | 北京市 | 建筑业 | 土木工程建筑业 |
| | 宝钢股份 | 9 | 上海市 | 上海市 | 制造业 | 黑色金属冶炼和压延加工业 |

续表

| 板块 | 证券简称 | 排名 | 省份 | 城市 | 行业门类 | 行业大类 |
|---|---|---|---|---|---|---|
| 主板 | TCL科技 | 10 | 广东省 | 惠州市 | 制造业 | 计算机、通信和其他电子设备制造业 |
| 创业板 | 宁德时代 | 1 | 福建省 | 宁德市 | 制造业 | 电气机械和器材制造业 |
| 创业板 | 湖南裕能 | 2 | 湖南省 | 湘潭市 | 制造业 | 计算机、通信和其他电子设备制造业 |
| 创业板 | 天华新能 | 3 | 江苏省 | 苏州市 | 制造业 | 计算机、通信和其他电子设备制造业 |
| 创业板 | 锐捷网络 | 4 | 福建省 | 福州市 | 制造业 | 计算机、通信和其他电子设备制造业 |
| 创业板 | 香农芯创 | 5 | 安徽省 | 宁国市 | 制造业 | 电气机械和器材制造业 |
| 创业板 | 迈瑞医疗 | 6 | 广东省 | 深圳市 | 制造业 | 专用设备制造业 |
| 创业板 | 软通动力 | 7 | 北京市 | 北京市 | 信息传输、软件和信息技术服务业 | 软件和信息技术服务业 |
| 创业板 | 三元生物 | 8 | 山东省 | 滨州市 | 制造业 | 食品制造业 |
| 创业板 | 阳光电源 | 9 | 安徽省 | 合肥市 | 制造业 | 电气机械和器材制造业 |
| 创业板 | 长华化学 | 10 | 江苏省 | 张家港市 | 制造业 | 化学原料和化学制品制造业 |
| 科创板 | 亚虹医药-U | 1 | 江苏省 | 泰州市 | 制造业 | 医药制造业 |
| 科创板 | 海创药业-U | 2 | 四川省 | 成都市 | 制造业 | 医药制造业 |
| 科创板 | 上海谊众 | 3 | 上海市 | 上海市 | 制造业 | 医药制造业 |
| 科创板 | 盟科药业-U | 4 | 上海市 | 上海市 | 制造业 | 医药制造业 |
| 科创板 | 安旭生物 | 5 | 浙江省 | 杭州市 | 制造业 | 医药制造业 |
| 科创板 | 百奥泰 | 6 | 广东省 | 广州市 | 制造业 | 医药制造业 |

续表

| 板块 | 证券简称 | 排名 | 省份 | 城市 | 行业门类 | 行业大类 |
|---|---|---|---|---|---|---|
| 科创板 | 信科移动-U | 7 | 湖北省 | 武汉市 | 制造业 | 计算机、通信和其他电子设备制造业 |
| | 首药控股-U | 8 | 北京市 | 北京市 | 制造业 | 医药制造业 |
| | 神州细胞-U | 9 | 北京市 | 北京市 | 制造业 | 医药制造业 |
| | 智翔金泰-U | 10 | 重庆市 | 重庆市 | 制造业 | 医药制造业 |
| 北交所 | 康乐卫士 | 1 | 北京市 | 北京市 | 制造业 | 医药制造业 |
| | 一诺威 | 2 | 山东省 | 淄博市 | 制造业 | 化学原料和化学制品制造业 |
| | 安达科技 | 3 | 贵州省 | 贵阳市 | 制造业 | 电气机械和器材制造业 |
| | 鼎智科技 | 4 | 江苏省 | 常州市 | 制造业 | 电气机械和器材制造业 |
| | 贝特瑞 | 5 | 广东省 | 深圳市 | 制造业 | 非金属矿物制品业 |
| | 凯大催化 | 6 | 浙江省 | 杭州市 | 制造业 | 化学原料和化学制品制造业 |
| | 骏创科技 | 7 | 江苏省 | 苏州市 | 制造业 | 汽车制造业 |
| | 三元基因 | 8 | 北京市 | 北京市 | 制造业 | 医药制造业 |
| | 视声智能 | 9 | 广东省 | 广州市 | 制造业 | 计算机、通信和其他电子设备制造业 |
| | 乐创技术 | 10 | 四川省 | 成都市 | 信息传输、软件和信息技术服务业 | 软件和信息技术服务业 |

可见，在科创板上市的生物医药企业通常具有较高的科创能力，涉及创新药物的研发、生产以及生物技术的创新应用等多个方面。这些企业可能拥有领先的研发技术、具有市场潜力的新药品种或者独特的生物技术解决方案。

医药行业企业在科创板上市是当前资本市场的一个重要趋势。特别是医药制造业大类下的生物医药企业往往面临研发周期长、成本高、风险大的挑战。一个新药从研发到上市，往往需要经历数年甚至十几年的时间，期间需要投入大量的资金。医药行业企业在科创板上市不仅可以获得资金支持，推动企业的研发创新和市场拓展，还可以提升企业的知名度和品牌价值，吸引更多的人才和合作伙伴。更重要的是，科创板允许非盈利的创新资产上市，包括没有收入的临床 I 期以上新药资产，这有助于推动医药科技板块的价值发现。另一方面，科创板重研发轻盈利的导向，使得更多具有创新能力和研发实力的医药企业得以进入资本市场，从而加速医药行业的科技创新和产业升级。总之，科创板对于医药行业的科创能力发展具有显著的推动作用。同时科创能力是企业潜力的重要组成部分，是企业持续发展和增长的重要驱动力，它不仅能够提升企业的产品质量和核心竞争力，还能够开拓新市场、提高品牌认知度、增强抗风险能力，进而促进企业持续发展与增长。因此，企业应重视科创能力的培养和提升，以应对日益激烈的市场竞争和不断变化的市场需求。

## 四、战略性新兴产业专题分析

### （一）上市公司战略性新兴产业 100 强研究背景和目标

战略性新兴产业是指以重大技术突破和重大发展需求为基础，对经济社会全局和长远发展具有重大引领带动作用，成长潜力巨大的产业。这些产业是新兴科技和新兴产业的深度融合，既代表着科技创新的方向，也代表着产业发展的方向，具有科技含量高、市场潜力大、带动能力强、综合效益好等特征。具体来说，战略性新兴产业包括：高端装备制造产业、节能环保产业、生物产业、数字创意产业、相关服务业、新材料产业、新能源产业、新能源汽车产业、新一代信息技术产业，共计九大产业。这些产业在《国务院关于加快培育和发展战略性新兴产业的决定》中被列为现阶段重点发展的战略性新兴产业。战略性新兴产业具有全局性、长远性、导向性和动态性等四大特征。全局性体现在这些产业不仅自身具有很强的发展优势，对经济发展具有重大贡献，而且直接关系经济社会发展全局和国家安全，对带动经济社会进步、提升综合国力具有重要促进作用。长远性则是指这些产业在市场、产品、技术、就业、效率等方面拥有巨大的增长潜力，而且这种潜力对于经济社会发展的贡献是长期的、可持续的。战略性新兴产业作为新型工业化道路的必经之路，是推动产业结构升级的关键力量。它能够促进产业向高技术含量、高附加值方向发展，从而提升整个产业的竞争力。战略性新兴产业具备战略先导性，随着新技术的不断涌现和迭代，战略性新兴产业能够迅速吸收并应用新技术，从而保持其科创实力的领先地位。其次，战略性新兴产业对市场的高要求响应迅速，能够快速利用自身科创优势对产品进行迭代升级，具有未来主导性，有望成为未来的主导产业。战略性新兴产业在科技创新和产业发展方面具有一定的实力和优势，是推动经济社会发展的重要力量。

## （二）上市公司战略性新兴产业100强筛选的原则和方法

根据战略性新兴产业分类，共9个一级类别分类，41个二级类别分类，经过模型筛选，本次科技创新能力指数战略性新兴产业共计1600家，占比达到38.5%，未被纳入战略性新兴产业的上市公司共计2557家。科创100实力排名将围绕1600家战略性新兴产业的科技创新能力进行综合分析。战略性新兴产业科创能力排名前100名的即科技创新指数实力100（如表1-4-9所示）。

表1-4-9 战略性新兴产业上市公司数量

| 战略性新兴产业一级分类 | 战略性新兴产业二级分类 | 上市公司数量 |
| --- | --- | --- |
| 高端装备制造产业 | 高端装备制造产业 | 3 |
|  | 轨道交通装备产业 | 21 |
|  | 海洋工程装备产业 | 3 |
|  | 航空装备产业 | 18 |
|  | 卫星及应用产业 | 7 |
|  | 智能制造装备产业 | 228 |
|  | 总计 | 280 |
| 节能环保产业 | 高效节能产业 | 53 |
|  | 先进环保产业 | 66 |
|  | 资源循环利用产业 | 43 |
|  | 总计 | 162 |
| 生物产业 | 其他生物产业 | 16 |
|  | 生物农业及相关产业 | 28 |
|  | 生物医学工程产业 | 54 |
|  | 生物医药产业 | 134 |
|  | 生物质能产业 | 1 |
|  | 总计 | 233 |

续表

| 战略性新兴产业一级分类 | 战略性新兴产业二级分类 | 上市公司数量 |
| --- | --- | --- |
| 数字创意产业 | 设计服务 | 18 |
| | 数字创意技术设备制造 | 2 |
| | 数字创意与融合服务 | 1 |
| | 数字文化创意活动 | 8 |
| | 总计 | 29 |
| 相关服务业 | 其他相关服务 | 16 |
| | 相关服务业 | 2 |
| | 新技术与创新创业服务 | 8 |
| | 总计 | 26 |
| 新材料产业 | 高性能纤维及制品和复合材料 | 29 |
| | 前沿新材料 | 30 |
| | 先进钢铁材料 | 19 |
| | 先进石化化工新材料 | 96 |
| | 先进无机非金属材料 | 31 |
| | 先进有色金属材料 | 38 |
| | 总计 | 243 |
| 新能源产业 | 风能产业 | 9 |
| | 生物质能及其他新能源产业 | 4 |
| | 太阳能产业 | 20 |
| | 智能电网产业 | 24 |
| | 总计 | 57 |
| 新能源汽车产业 | 新能源汽车相关服务 | 1 |
| | 新能源汽车相关设施制造 | 14 |
| | 新能源汽车整车制造 | 1 |
| | 新能源汽车装置、配件制造 | 60 |
| | 总计 | 76 |

续表

| 战略性新兴产业一级分类 | 战略性新兴产业二级分类 | 上市公司数量 |
|---|---|---|
| 新一代信息技术产业 | 电子核心产业 | 249 |
| | 互联网与云计算、大数据服务 | 24 |
| | 人工智能 | 12 |
| | 下一代信息网络产业 | 59 |
| | 新兴软件和新型信息技术服务 | 149 |
| | 新一代信息技术产业 | 1 |
| | 总计 | 494 |
| 未纳入 | 非战略性新兴产业 | 2557 |
| 总计 | | 4157 |

## （三）上市公司战略性新兴产业 100 强评价结果及发现

从排名的产业来看，前四名均属于生物医药产业，江苏亚虹医药科技股份有限公司在战略性新兴产业中最具科技创新实力，之后分别是北京康乐卫士生物技术股份有限公司（第 2 名）、海创药业股份有限公司（第 3 名）、上海谊众药业股份有限公司（第 4 名）。共有 34 家医药企业在战略性新兴产业 100 强的榜单中，占比达 34%。企业数量占比第二的为新一代信息技术产业，该产业进入榜单的企业达 31 家，占总榜单的 31%，排名靠前的企业分别是中信科移动通信技术股份有限公司（第 9 名）、华虹半导体有限公司（第 13 名）、华勤技术股份有限公司（第 14 名）、锐捷网络股份有限公司（第 20 名）、苏州东微半导体股份有限公司（第 25 名）。企业数量占比第三的是新材料产业占比 16%，共计 16 家企业，排名靠前的分别为湖南裕能新能源电池材料股份有限公司（第 17 名）、山东一诺威聚氨酯股份有限公司（第 28 名）、贵州振华新材料股份有限公司（第 29 名）、西安凯立新材料股份有限公司（第 30 名）（如表 1-4-10 所示）。

2024 年政府工作报告多次提到积极培育新兴产业和未来产业。政府通过加大科研投入，建立重点工程，以及政府采购等方式加速战略性新兴产业的发展。对于生物医药、新一代信息技术以及新材料产业的支持力度尤为显著。

表 1-4-10　战略新兴产业科技创新能力 TOP100

（完整表单详见证券日报官网）

| 公司名称 | 排名 | 省份 | 战略性新兴产业分类一级 | 战略性新兴产业分类二级 |
| --- | --- | --- | --- | --- |
| 江苏亚虹医药科技股份有限公司 | 1 | 江苏省 | 生物产业 | 生物医药产业 |
| 北京康乐卫士生物技术股份有限公司 | 2 | 北京市 | 生物产业 | 生物医药产业 |
| 海创药业股份有限公司 | 3 | 四川省 | 生物产业 | 生物医药产业 |
| 上海谊众药业股份有限公司 | 4 | 上海市 | 生物产业 | 生物医药产业 |
| 宁德时代新能源科技股份有限公司 | 5 | 福建省 | 新能源汽车产业 | 新能源汽车装置、配件制造 |
| 上海盟科药业有限公司 | 6 | 上海市 | 生物产业 | 生物医药产业 |
| 杭州安旭生物科技股份有限公司 | 7 | 浙江省 | 生物产业 | 生物医药产业 |
| 百奥泰生物制药股份有限公司 | 8 | 广东省 | 生物产业 | 生物医药产业 |
| 中信科移动通信技术股份有限公司 | 9 | 湖北省 | 新一代信息技术产业 | 下一代信息网络产业 |

101

续表

| 公司名称 | 排名 | 省份 | 战略性新兴产业分类一级 | 战略性新兴产业分类二级 |
|---|---|---|---|---|
| 首药控股（北京）股份有限公司 | 10 | 北京市 | 生物产业 | 生物医药产业 |
| 北京神州细胞生物技术集团股份公司 | 11 | 北京市 | 生物产业 | 生物医药产业 |
| 重庆智翔金泰生物制药股份有限公司 | 12 | 重庆市 | 生物产业 | 生物医药产业 |
| 华虹半导体有限公司 | 13 | 上海市 | 新一代信息技术产业 | 电子核心产业 |
| 华勤技术股份有限公司 | 14 | 上海市 | 新一代信息技术产业 | 下一代信息网络产业 |
| 江苏硕世生物科技股份有限公司 | 15 | 江苏省 | 生物产业 | 生物医药产业 |
| 新疆大全新能源股份有限公司 | 16 | 新疆维吾尔自治区 | 新能源产业 | 太阳能产业 |
| 湖南裕能新能源电池材料股份有限公司 | 17 | 湖南省 | 新材料产业 | 先进无机非金属材料 |
| 株洲中车时代电气股份有限公司 | 18 | 湖南省 | 高端装备制造产业 | 轨道交通装备产业 |
| 上海联影医疗科技股份有限公司 | 19 | 上海市 | 高端装备制造产业 | 智能制造装备产业 |
| 锐捷网络股份有限公司 | 20 | 福建省 | 新一代信息技术产业 | 下一代信息网络产业 |

生物医药产业之所以具有较高的科技创新实力，原因之一是具有高度的知识密集性以及技术密集性。它涉及生物力学、生物材料、生物系统建模与仿真、物理因子在治疗中的应用、生物医学信号检测与传感器、医学图像技术、人工器官、生物医学信号处理等多个学科领域的交叉融合，需要深入探索生命的奥秘和疾病的本质。这种多学科交叉的特性使

得生物医药产业在科技创新方面具有天然的优势，能够不断推动科技前沿的发展（如图 1-4-12）。

图 1-4-12　生物医药技术涉及领域

其次，生物医药产业的市场需求巨大且持续增长。第七次人口普查显示，我国 65 岁及以上人口已经达到 13.5%，老龄化程度已经高于世界平均水平（9.3%）。同时我国人均 GDP 已超 1.2 万美元，生活水平不断提高，随着人口老龄化加剧以及生活水平的提高，人们对健康的需求越来越强烈，对生物医药产品和服务的需求也呈现出爆发式增长。这种市场需求为生物医药产业的科技创新提供了强大的动力，促使企业不断加大研发投入，推动技术的不断创新和升级。生物医药产业的创新链和产业链较为完善。从基础研究到临床应用，从药物研发到生产制造，生物医药产业形成了一条完整的创新链和产业链。这使得生物医药产业能够充分利用各环节的资源优势，实现科技创新的协同和高效。

新一代信息技术作为科创实力企业占比第二名的产业，带动了我国经济效益显著提升。在此次科创实力排名前 100 的企业中，包括电子核心产业，互联网与云计算、大数据服务产业，下一代信息网络产业和新兴软件以及新型信息技术服务产业四个战略性新兴产业二级分类。新一代信息技术的科创实力较强，一部分原因是我国不断加大在半导体、5G、6G等核心电子技术以及下一代通讯科技上的投资，工业和信息化部发布的2023年通信业统计公报显示，仅我国5G累计投资就超过7300亿元，其中包括5G定制化基站、5G轻量化技术的商用部署，以及手机直连卫星等创新服务的推出，在资本层面给了新一代信息技术产业较强的发展支撑。同时在应用层面，新一代信息技术行业的应用领域范围也在逐步扩大，从传统的行业应用，逐渐拓展至数字领域及制造业领域。比如，5G将在信息服务、机器人、自动驾驶等领域得到广泛应用，AI技术将参与智能家居及智慧城市等领域，具有物联网功能的传感设备、应用，也将受到越来越多企业及政府的重视，用于监测环境变化及人口分布情况等。信息技术正在深层次上改变工业、交通、医疗、能源和金融等诸多社会经济领域，成为引领其他领域创新不可或缺的重要动力和支撑。新一代信息技术产业要求以重大技术突破为基础，具备知识技术密集的特征，是科技创新的深度应用和产业化平台，对技术创新能力要求极高。这种高标准的创新要求，不断推动新一代信息技术实现发展。

战略性新兴产业100强名单中，共有17个省的上市公司进入此名单，科创实力100企业中北京市有16家企业位列榜单，为科创实力前100名中占比最多的区域，江苏省和上海市均上榜15家企业，广东省上榜企业12家，浙江省上榜企业共10家。上榜的前五名城市中，均在生物医药产业和新一代技术产业布局（如表1-4-11所示）。

值得注意的是，江苏省在战略性新兴产业100强的企业中共有15家企业上榜，较科创综合能力区域排名来看，超过了广东省和浙江省，这表明江苏省在战略性新兴产业中拥有更多科创实力优秀的上市公司。江苏省提出了"1650"和"51010"两大战略性新兴产业体系。其中,"1650"是指重点打造16个先进制造业集群和50条重点产业链,这些集群和产业链涵盖了新能源、新材料、高端装备、生物医药等多个领域,是江苏省战略性新兴产业发展的核心力量。而"51010"则是指打造5个具有国际竞争力的战略性新兴产业集群,建设10个国内领先的战略性新兴产业集群,以及培育10个引领突破的未来产业集群。这些集群旨在推动江苏省在新一代信息技术、生物技术、新能源等领域取得突破,形成一批具有全球影响力的产业集群。

表 1-4-11 战略性新兴产业科创能力 TOP100 区域分布

| 排名 | 省份 | 公司名称 |
| --- | --- | --- |
| 1 | 北京市 | 北京康乐卫士生物技术股份有限公司 |
| | | 首药控股(北京)股份有限公司 |
| | | 北京神州细胞生物技术集团股份有限公司 |
| | | 百济神州有限公司 |
| | | 软通动力信息技术(集团)股份有限公司 |
| | | 中国铁路通信信号股份有限公司 |
| | | 北京热景生物技术股份有限公司 |
| | | 北京怡和嘉业医疗科技股份有限公司 |
| | | 交控科技股份有限公司 |
| | | 北京经纬恒润科技股份有限公司 |
| | | 北京华大九天科技股份有限公司 |
| | | 北京宇信科技集团股份有限公司 |
| | | 爱美客技术发展股份有限公司 |
| | | 北京石头世纪科技股份有限公司 |
| | | 有研粉末新材料股份有限公司 |

续表

| 排名 | 省份 | 公司名称 |
|---|---|---|
| 1 | 北京市 | 北京八亿时空液晶科技股份有限公司 |
| 2 | 江苏省 | 江苏亚虹医药科技股份有限公司 |
|  |  | 江苏硕世生物科技股份有限公司 |
|  |  | 苏州东微半导体股份有限公司 |
|  |  | 长华化学科技股份有限公司 |
|  |  | 普源精电科技股份有限公司 |
|  |  | 天合光能股份有限公司 |
|  |  | 昆山龙腾光电股份有限公司 |
|  |  | 博众精工科技股份有限公司 |
|  |  | 常州聚和新材料股份有限公司 |
|  |  | 江苏鼎智智能控制科技股份有限公司 |
|  |  | 裕太微电子股份有限公司 |
|  |  | 江苏瑞泰新能源材料股份有限公司 |
|  |  | 南京诺唯赞生物科技股份有限公司 |
|  |  | 苏州纳芯微电子股份有限公司 |
|  |  | 徐州浩通新材料科技股份有限公司 |
| 3 | 上海市 | 上海谊众药业股份有限公司 |
|  |  | 上海盟科药业股份有限公司 |
|  |  | 华虹半导体有限公司 |
|  |  | 华勤技术股份有限公司 |
|  |  | 上海联影医疗科技股份有限公司 |
|  |  | 上海艾力斯医药科技股份有限公司 |
|  |  | 润泽智算科技集团股份有限公司 |
|  |  | 上海之江生物科技股份有限公司 |

续表

| 排名 | 省份 | 公司名称 |
|---|---|---|
| 3 | 上海市 | 上海复旦微电子集团股份有限公司 |
| | | 上海伟测半导体科技股份有限公司 |
| | | 上海富瀚微电子股份有限公司 |
| | | 上海派能能源科技股份有限公司 |
| | | 上海儒竞科技股份有限公司 |
| | | 上海柏楚电子科技股份有限公司 |
| | | 上海南芯半导体科技股份有限公司 |
| 4 | 广东省 | 百奥泰生物制药股份有限公司 |
| | | 深圳迈瑞生物医疗电子股份有限公司 |
| | | 深圳市亚辉龙生物科技股份有限公司 |
| | | 深圳传音控股股份有限公司 |
| | | 珠海全志科技股份有限公司 |
| | | 深圳天德钰科技股份有限公司 |
| | | 贝特瑞新材料集团股份有限公司 |
| | | 广东凯普生物科技股份有限公司 |
| | | 呈和科技股份有限公司 |
| | | 深信服科技股份有限公司 |
| | | 深圳市鼎阳科技股份有限公司 |
| | | 深圳华大智造科技股份有限公司 |
| 5 | 浙江省 | 杭州安旭生物科技股份有限公司 |
| | | 杭州奥泰生物技术股份有限公司 |
| | | 杭州博拓生物科技股份有限公司 |
| | | 浙江东方基因生物制品股份有限公司 |
| | | 杭州迪普科技股份有限公司 |

续表

| 排名 | 省份 | 公司名称 |
|---|---|---|
| 5 | 浙江省 | 杭州安杰思医学科技股份有限公司 |
| | | 万凯新材料股份有限公司 |
| | | 浙江帕瓦新能源股份有限公司 |
| | | 杭州凯大催化金属材料股份有限公司 |
| | | 天能电池集团股份有限公司 |
| 6 | 湖南省 | 湖南裕能新能源电池材料股份有限公司 |
| | | 株洲中车时代电气股份有限公司 |
| | | 湖南长远锂科股份有限公司 |
| | | 圣湘生物科技股份有限公司 |
| | | 中国铁建重工集团股份有限公司 |
| | | 安克创新科技股份有限公司 |
| 7 | 福建省 | 宁德时代新能源科技股份有限公司 |
| | | 锐捷网络股份有限公司 |
| | | 厦门特宝生物工程股份有限公司 |
| | | 龙岩卓越新能源股份有限公司 |
| | | 厦门亿联网络技术股份有限公司 |
| 8 | 陕西省 | 西安凯立新材料股份有限公司 |
| | | 农心作物科技股份有限公司 |
| | | 西部超导材料科技股份有限公司 |
| | | 陕西斯瑞新材料股份有限公司 |
| | | 陕西美邦药业集团股份有限公司 |
| 9 | 山东省 | 山东一诺威聚氨酯股份有限公司 |
| | | 山东三元生物科技股份有限公司 |
| | | 济南圣泉集团股份有限公司 |

续表

| 排名 | 省份 | 公司名称 |
|---|---|---|
| 9 | 山东省 | 山东潍坊润丰化工股份有限公司 |
| 10 | 湖北省 | 中信科移动通信技术股份有限公司 |
| | | 湖北江瀚新材料股份有限公司 |
| | | 武汉精测电子集团股份有限公司 |
| 11 | 贵州省 | 贵州振华新材料股份有限公司 |
| | | 贵州安达科技能源股份有限公司 |
| 12 | 重庆市 | 重庆智翔金泰生物制药股份有限公司 |
| | | 重庆博腾制药科技股份有限公司 |
| 13 | 安徽省 | 香农芯创科技股份有限公司 |
| 14 | 江西省 | 晶科能源股份有限公司 |
| 15 | 四川省 | 海创药业股份有限公司 |
| 16 | 天津市 | 天津金海通半导体设备股份有限公司 |
| 17 | 新疆维吾尔自治区 | 新疆大全新能源股份有限公司 |

科创100榜单中，按照上市板块划分，科创实力前100名中有61家企业在科创板进行IPO，27家企业在创业板进行IPO，6家企业在主板IPO，6家企业在北证板块IPO，科创板为四个板块中进入科创实力100榜单中最多的上市板块。但在整体数据中科创板的上市公司仅有524家，科创100榜单中，科创板上榜企业的数量占科创板总体上市公司数量的11.6%，也为四个板块中进入科创100榜单中企业数量占比最高的板块。北证板进入科创100榜单的企业占北证板上市公司总量的3%，创业板进入科创100榜单的企业占创业板上市公司总量的2.3%，主板进入科创100榜单的企业占主板上市公司总量的0.2%。

科创板之所以能够具有较多科创能力较强的上市公司，第二，科创板的上市主体需要具备符合国家战略、拥有关键核心技术、科技创新能力突出、主要依靠核心技术开展生产经营等特质。第一，科创板作为新兴板块，吸引了大量的投资者关注。这些投资者通常对科技创新企业具有较高的兴趣和认可度，愿意为具有潜力的科技创新企业提供资金支持。这种市场环境有助于科创板上市公司获得更多的融资机会，推动其科创能力的提升。第三，政府高度重视科技创新和资本市场的发展，为科创板提供了一系列的政策支持和引导。这些政策包括税收优惠、资金扶持、人才引进等方面，有助于降低企业的创新成本，提高创新效率，进一步增强了科创板上市公司的科创能力。

## 五、专精特新企业上市公司分析

### （一）总体分析

专精特新企业，是指专业化、精细化、特色化、创新能力突出的中小企业。

目前，我国专精特新"小巨人"企业已达1.2万家，这些企业中超六成深耕工业基础领域，显示出强大的发展活力和韧性，且在新材料、新一代信息技术、新能源及智能网联汽车等领域有着显著的聚集现象，这反映了这些领域的快速发展和创新活力。

这些企业具备营收增长快、毛利率高、扩张积极性强、研发投入强度高、资本开支增速高等特点。从上市公司的角度来看，专精特新"小巨人"

企业在上市公司中的占比也在不断提升。这表明越来越多的"小巨人"企业正在通过上市融资，实现更快的发展。专精特新"小巨人"上市企业多为成长性较好的中小市值企业，且多数处于各细分行业的龙头地位。

在本研究的 A 股 4157 家上市公司中，已上市的专精特新"小巨人"企业 930 家，占总样本量的比重为 22.37%。

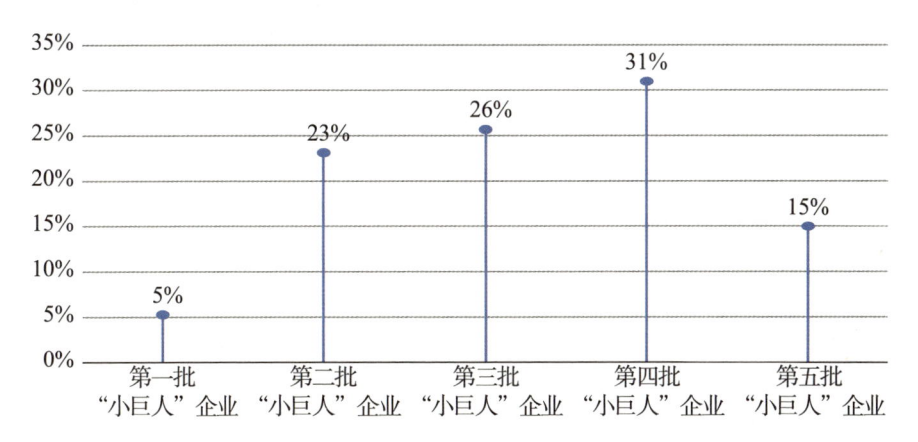

图 1-4-13　上市专精特新"小巨人"分布情况

分批次看，已上市的专精特新"小巨人"前四批次的上市公司数量仍在不断增加，第四批"小巨人"企业占比达 31%，第五批"小巨人"企业占比有所下降，为 15%（如图 1-4-13）。"小巨人"企业在上市公司中表现突出，主要原因如下：

1. 在政策层面，国家对于专精特新"小巨人"企业的支持力度不断加大，包括提供税收优惠、资金扶持等措施，这些政策的实施有助于激发企业的创新活力，推动其快速发展。

2. 在市场环境方面，随着经济的发展和技术的进步，越来越多的领域涌现出具有创新能力和市场潜力的"小巨人"企业。这些企业凭借其独特的技术和产品，在市场上获得了广泛的认可和支持，进而通过上市融资实现更快地发展。

"小巨人"企业科创能力如表 1-4-12 所示。

表 1-4-12 "小巨人"科创能力排名

（完整表单详见证券日报官网）

| 证券代码 | 公司中文名称 | "小巨人"企业 | 排名 |
|---|---|---|---|
| 688075.SH | 杭州安旭生物科技股份有限公司 | 第三批"小巨人" | 1 |
| 002932.SZ | 武汉明德生物科技股份有限公司 | 第四批"小巨人" | 2 |
| 688399.SH | 江苏硕世生物科技股份有限公司 | 第四批"小巨人" | 3 |
| 688261.SH | 苏州东微半导体股份有限公司 | 第五批"小巨人" | 4 |
| 688269.SH | 西安凯立新材料股份有限公司 | 第二批"小巨人" | 5 |
| 301206.SZ | 山东三元生物科技股份有限公司 | 第三批"小巨人" | 6 |
| 301518.SZ | 长华化学科技股份有限公司 | 第五批"小巨人" | 7 |
| 600459.SH | 贵研铂业股份有限公司 | 第二批"小巨人" | 8 |
| 688337.SH | 普源精电科技股份有限公司 | 第五批"小巨人" | 9 |
| 603281.SH | 湖北江瀚新材料股份有限公司 | 第五批"小巨人" | 10 |

（二）区域——科创能力排名及分析

表 1-4-13 "小巨人"上市公司区域 - 科创能力排名及分析

| 排名 | 省份 | "小巨人"企业数量 | 占比 | TOP1 行业 | TOP1 位次 | TOP2 行业 | TOP2 位次 | TOP3 行业 | TOP3 位次 |
|---|---|---|---|---|---|---|---|---|---|
| 1 | 江苏省 | 181 | 19.46% | 医药制造业 | 51 | 计算机、通信和其他电子设备制造业 | 74 | 化学原料和化学制品制造业 | 103 |

续表

| 排名 | 省份 | "小巨人"企业数量 | 占比 | TOP1 行业 | 位次 | TOP2 行业 | 位次 | TOP3 行业 | 位次 |
|---|---|---|---|---|---|---|---|---|---|
| 2 | 浙江省 | 138 | 14.84% | 医药制造业 | 28 | 黑色金属冶炼和压延加工业 | 189 | 专用设备制造业 | 198 |
| 3 | 广东省 | 137 | 14.93% | 化学原料和化学制品制造业 | 204 | 仪器仪表制造业 | 217 | 计算机、通信和其他电子设备制造业 | 352 |
| 4 | 上海市 | 78 | 8.39% | 医药制造业 | 129 | 计算机、通信和其他电子设备制造业 | 201 | 软件和信息技术服务业 | 227 |
| 5 | 北京市 | 62 | 6.67% | 专用设备制造业 | 149 | 软件和信息技术服务业 | 200 | 专用设备制造业 | 225 |
| 6 | 四川省 | 41 | 4.41% | 软件和信息技术服务业 | 350 | 通用设备制造业 | 372 | 计算机、通信和其他电子设备制造业 | 414 |
| 7 | 安徽省 | 39 | 4.19% | 有色金属冶炼和压延加工业 | 266 | 专用设备制造业 | 297 | 仪器仪表制造业 | 438 |
| 8 | 山东省 | 38 | 4.09% | 食品制造业 | 94 | 纺织业 | 380 | 计算机、通信和其他电子设备制造业 | 535 |
| 9 | 湖北省 | 30 | 3.23% | 医药制造业 | 36 | 化学原料和化学制品制造业 | 124 | 仪器仪表制造业 | 448 |
| 10 | 湖南省 | 27 | 2.90% | 医药制造业 | 130 | 金属制品业 | 578 | 计算机、通信和其他电子设备制造业 | 679 |
| 合计 |  | 771 | 82.90% |  |  |  |  |  |  |

已上市专精特新"小巨人"企业的区域分布呈现一定的特点和规律。首先，这些企业的分布与地区的整体经济发展以及产业结构高度相关。华东地区，特别是江苏省、浙江省、广东省等省份，由于经济发达、产业结构优化，吸引了大量的上市"小巨人"企业，其中，江苏省、浙江省、广东省的上市"小巨人"企业数量位列前三。此外，北京市、上海市等直辖市以及部分省会城市，如成都等，也拥有较多的上市"小巨人"企业。纳入样本的全国已上市专精特新"小巨人"企业总数为930家，其中数量最多的TOP10省份在全国占比高达82.90%，排名前三分别为：江苏省181家（19.46%）、浙江省138家（14.84%）、广东省137家（14.93%）（如表1-4-13所示）。

### （三）行业 – 科创能力排名及分析

表1-4-14 "小巨人"上市公司行业分布

| 国民经济行业大类 | "小巨人"企业数量 | 占比 |
| --- | --- | --- |
| 计算机、通信和其他电子设备制造业 | 196 | 21.08% |
| 专用设备制造业 | 141 | 15.16% |
| 通用设备制造业 | 75 | 8.06% |
| 化学原料和化学制品制造业 | 74 | 7.96% |
| 电气机械和器材制造业 | 68 | 7.31% |
| 软件和信息技术服务业 | 62 | 6.67% |
| 仪器仪表制造业 | 59 | 6.34% |
| 橡胶和塑料制品业 | 40 | 4.30% |
| 医药制造业 | 36 | 3.87% |
| 汽车制造业 | 28 | 3.01% |
| 其他 | 151 | 16.24% |
| 总计 | 930 | 100.00% |

根据国民经济行业分类，已上市专精特新"小巨人"企业分布于6大门类，32大类，且聚焦高端制造领域，制造业"小巨人"企业占全部已上市专精特新"小巨人"企业数量的比重高达89.14%，肩负着我国建设制造业强国的重要使命。

上市专精特新"小巨人"企业所属行业排名前五的行业（按照国民经济大类）分别是：计算机、通信和其他电子设备制造业（占比21.08%），专用设备制造业（15.16%），通用设备制造业（8.06%），化学原料和化学制品制造业（7.96%），电气机械和器材制造业（7.31%），前五大行业累计占比59.57%，已超半数（如表1-4-14所示）。在制造业领域，上市公司"小巨人"广泛分布于机械设备、化工、医药生物、电子和电气设备等多个细分行业。这些企业通过持续的技术创新和产业升级，提升了制造业的整体水平和竞争力，为我国制造业的转型升级做出了重要贡献。

表1-4-15 "小巨人"战略新兴产业数量情况

| 战略性新兴产业 | 上市"小巨人"企业数量 | 占比 |
| --- | --- | --- |
| 新一代信息技术产业 | 213 | 22.90% |
| 高端装备制造产业 | 155 | 16.67% |
| 新材料产业 | 133 | 14.30% |
| 节能环保产业 | 71 | 7.63% |
| 生物产业 | 67 | 7.20% |
| 新能源汽车产业 | 32 | 3.44% |
| 新能源产业 | 23 | 2.47% |
| 相关服务业 | 4 | 0.43% |
| 数字创意产业 | 1 | 0.11% |
| 非战略新兴产业 | 231 | 24.84% |
| 总计 | 930 | 100.00% |

上市专精特新"小巨人"企业按照战略性新兴产业分类，主要涉及多个关键领域（如表 1-4-15 所示）。这些领域通常与重大前沿技术突破和重大发展需求紧密相关，对经济社会全局和长远发展具有重大引领带动作用。

## （四）各板块科创能力排名及分析

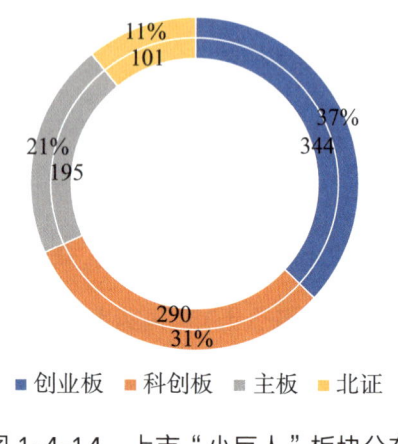

图 1-4-14 上市"小巨人"板块分布

从板块分布来看，"小巨人"上市企业主要集中在创业板（344 家）和科创板（290 家），合计占比 68%（如图 1-4-14 所示）。北交所仅成立 3 年，"小巨人"上市企业已达 101 家，占北交所全部上市企业的 50%，北交所未来将逐渐成为专精特新"小巨人"企业上市的主阵地。

但另一方面，"小巨人"上市企业在总体专精特新企业中的比重仍较低，融资难、融资贵仍是目前专精特新中小企业普遍面临的问题。专精特新"小巨人"上市企业数量较少的原因主要是"小巨人"企业以中小企业为主，整体规模较小，而上市对于企业规模、营收的要求较高，存在明显的门槛。与此同时，申请上市的流程复杂，时间和金钱成本对于中小企业而言存在较大压力，且上市流程的复杂也对中小企业形成了一定的信息壁垒。国家和地方组织市场机构开展专精特新上市辅导、培训等工作，帮助企业做好各项准备工作。2022年11月，中国证监会办公厅、工业和信息化部办公厅联合印发《关于高质量建设区域性股权市场"专精特新"专板的指导意见》，旨在提升多层次资本市场服务专精特新中小企业的能力。

## （五）结论与建议

已上市的专精特新"小巨人"企业具备专业性强、创新能力强、市场占有率高、经营效率高、资本运作能力强以及人才储备丰富等特点。这些特点共同构成了"小巨人"企业的核心竞争力，使其能够在激烈的市场竞争中立于不败之地。

1. **专业性强**："小巨人"企业通常在某一特定领域拥有深厚的专业知识和技术积累，能够提供高品质的产品和服务。它们往往专注于某一细分领域，通过精细化运营和专业化发展，形成了独特的竞争优势。

2. **创新能力强**：这些企业注重技术创新和研发，拥有自主知识产权和核心技术。它们能够不断推出新产品和解决方案，满足市场的多样化需求。创新是推动"小巨人"企业持续发展的重要动力。

3. **市场占有率高**：在各自的领域中，"小巨人"企业通常拥有较高的市场份额和品牌知名度。它们凭借优质的产品和服务，赢得了客户的信任和忠诚，从而在市场竞争中脱颖而出。

4. **经营效率高**：这些企业注重内部管理和流程优化，具备高效的生产和运营能力。它们通过精细化的管理，实现了资源的高效利用和成本的有效控制，提高了企业的盈利能力。

5. 资本运作能力强："小巨人"企业善于利用资本市场进行融资和投资，通过资本运作实现企业的快速扩张和发展。它们能够灵活运用各种金融工具，为企业的发展提供充足的资金支持。

6. 人才储备丰富：这些企业注重人才引进和培养，拥有一支高素质的员工队伍。这些人才不仅具备专业知识和技能，还具备创新精神和团队协作能力，为企业的持续发展提供了有力保障。

建议未上市的专精特新"小巨人"企业应该保持对新技术、新市场的敏锐洞察，持续进行产品、服务或模式的创新，以满足市场的不断变化和客户的多样化需求。同时，加强研发投入，培养创新团队，为企业的长期发展提供源源不断的创新动力。

## 六、高增长性上市公司专题分析

企业的成长性是研判企业持续经营、发展潜力以及投资价值的重要指标，而营收的增长又是企业成长性的核心要素。根据上市公司相关数据情况，本研究将高增长企业定义为：不同营业收入区间内，营业收入近3年增长率高于对应营业收入区间企业营业收入近3年增长率的平均值的企业。营业收入区间的划分及各营业收入区间高增长企业的数据详见表1-4-16。

表 1-4-16　各营业收入区间高增长企业情况

| 营业收入区间（亿元） | 全部上市公司数量（家） | 高增长企业数量（家） | 高增长企业占比 |
| --- | --- | --- | --- |
| X < 5 | 707 | 184 | 26.0% |
| 5 ≤ X < 10 | 785 | 326 | 41.5% |
| 10 ≤ X < 20 | 810 | 289 | 35.7% |
| 20 ≤ X < 50 | 879 | 336 | 38.2% |
| 50 ≤ X < 100 | 410 | 138 | 33.7% |
| 100 ≤ X | 566 | 171 | 30.2% |
| 合计 | 4157 | 1444 | 34.7% |

在研发经费投入强度方面，高增长企业平均研发经费投入强度为8.2，高于非高增长企业的7.0。从各营业收入区间来看，虽然不同营业收入区间企业的平均研发经费投入强度有所差异——营业收入在5亿元以下的企业平均研发经费投入强度最高，营业收入较高的企业因为营业收入基数较大，导致平均研发经费投入强度相对较低，但在各营业收入区间内，高增长企业平均研发经费投入强度均高于非高增长企业（如表1-4-17所示）。

在研发人员占比方面，高增长企业平均研发人员占比为20.7%，比非高增长企业平均研发人员占比（18.4%）高出2.3个百分点。从各营业收入区间来看，与平均研发经费投入强度情况类似，营业收入在5亿元以下的企业平均研发人员占比最高，营业收入较高的企业平均研发人员占比较低，但同样地，在各营业收入区间内，高增长企业平均研发人员占比均高于非高增长企业（如表1-4-17所示）。

表 1-4-17　各营业收入区间高增长企业与非高增长企业科创投入情况对比

| 营业收入区间（亿元） | 企业类型 | 平均研发经费投入强度 | 平均研发人员占比 |
| --- | --- | --- | --- |
| X < 5 | 高增长企业 | 15.4 | 26.2% |
|  | 非高增长企业 | 12.1 | 24.5% |
| 5 ≤ X < 10 | 高增长企业 | 9.5 | 22.0% |
|  | 非高增长企业 | 8.0 | 19.1% |
| 10 ≤ X < 20 | 高增长企业 | 8.0 | 20.7% |
|  | 非高增长企业 | 6.4 | 18.7% |
| 20 ≤ X < 50 | 高增长企业 | 6.2 | 19.8% |
|  | 非高增长企业 | 5.4 | 16.3% |
| 50 ≤ X < 100 | 高增长企业 | 6.2 | 19.5% |
|  | 非高增长企业 | 4.6 | 15.2% |
| 100 ≤ X | 高增长企业 | 3.6 | 15.0% |
|  | 非高增长企业 | 3.5 | 13.7% |
| 整体 | 高增长企业 | 8.2 | 20.7% |
|  | 非高增长企业 | 7.0 | 18.4% |

在科创成果产出方面，从累计专利申请量和累计专利授权量情况来看，高增长企业平均累计专利申请量和平均累计专利授权量普遍低于非高增长企业，但这并不意味着高增长企业科创成果少，或者不注重科创成果保护。相反地，从研发效率（即累计专利授权量与累计专利申请量的比值）来看，高增长企业的平均研发效率普遍高于非高增长企业。这意味着，比起科创成果的数量，高增长企业更注重科创成果的质量（如表 1-4-18 所示）。

从专利维持率来看，高增长企业的平均专利维持率也普遍高于非高增长企业。这一方面体现出高增长企业更重视科创成果的管理维护工作；另一方面，部分企业会为节省经营成本而主动放弃一些价值较低的专利，导致专利维持率下降，这在一定程度上也能体现出高增长企业更注重科创成果的质量（如表 1-4-18 所示）。

表 1-4-18　各营业收入区间高增长企业与
非高增长企业科创成果产出情况对比

| 营业收入区间（亿元） | 企业类型 | 累计专利申请量（件） | 累计专利授权量（件） | 平均研发效率 | 平均专利维持率 |
| --- | --- | --- | --- | --- | --- |
| X < 5 | 高增长企业 | 157 | 24 | 17.0% | 64.2% |
| | 非高增长企业 | 188 | 23 | 14.3% | 62.6% |
| 5 ≤ X < 10 | 高增长企业 | 222 | 34 | 14.7% | 66.1% |
| | 非高增长企业 | 284 | 36 | 12.9% | 61.9% |
| 10 ≤ X < 20 | 高增长企业 | 284 | 36 | 13.9% | 64.1% |
| | 非高增长企业 | 379 | 48 | 12.8% | 60.2% |
| 20 ≤ X < 50 | 高增长企业 | 467 | 63 | 13.8% | 63.2% |
| | 非高增长企业 | 578 | 71 | 13.2% | 58.9% |
| 50 ≤ X < 100 | 高增长企业 | 623 | 94 | 14.5% | 63.0% |
| | 非高增长企业 | 1085 | 166 | 13.3% | 59.4% |
| 100 ≤ X | 高增长企业 | 1702 | 308 | 14.1% | 64.0% |
| | 非高增长企业 | 4288 | 679 | 13.3% | 60.2% |
| 整体 | 高增长企业 | 496 | 78 | 14.5% | 64.2% |
| | 非高增长企业 | 1006 | 150 | 13.3% | 60.6% |

# 第五章

## 上市公司科创能力评价体系分项分析

本章为上市公司科创能力评价指数的分项能力评价，包括科创投入、科创产出和科创保障3个一级指标，我们对每个指标进行详细的解释，并对4157家上市公司的科创能力分项评价进行排名、统计和分析。

## 一、科创投入评价分析

### （一）总体分析

科创投入作为评价上市公司科创能力的重要指标，涵盖了科创经费投入和科创人员投入两个主要维度。通过对这些指标数据进行归一化、取均值等处理，可以更加客观、准确地评估上市公司的科创投入情况，进而得到科创投入评价结果（如表1-5-1所示）。

上市公司科创投入评价结果显示，排名靠前的公司包括中国中铁（601390.SH）、亚虹医药-U（688176.SH）、中国铁建（601186.SH）、中国电建（601669.SH）、中兴通讯（000063.SZ）等。从上市板块来看，在科创投入评价排名前20的企业中，主板企业数量最多，达到11家，显示出主板市场在支持企业科创投入方面的重要作用；科创板企业数量紧随其后，有7家，科创板作为专注于科技创新的企业上市板块，在科创投入方面的表现也较为突出；创业板企业数量相对较少，但也有2家企业在科创投入评价中表现出色。从行业来看，科创投入排名靠前的上市公司主要集中在高科技和创新驱动型行业，比如，生物医药、信息技术等，这些企业通常具备稳定的营收基础，以及持续投入研发以推动技术革新和产品升级的能力。

表 1-5-1　科创投入评价 TOP20 企业

| 证券代码 | 证券简称 | 公司中文名称 | 全国排名 |
| --- | --- | --- | --- |
| 601390.SH | 中国中铁 | 中国中铁股份有限公司 | 1 |
| 688176.SH | 亚虹医药-U | 江苏亚虹医药科技股份有限公司 | 2 |
| 601186.SH | 中国铁建 | 中国铁建股份有限公司 | 3 |
| 601669.SH | 中国电建 | 中国电力建设股份有限公司 | 4 |
| 000063.SZ | 中兴通讯 | 中兴通讯股份有限公司 | 5 |
| 301236.SZ | 软通动力 | 软通动力信息技术（集团）股份有限公司 | 6 |
| 601800.SH | 中国交建 | 中国交通建设股份有限公司 | 7 |
| 002594.SZ | 比亚迪 | 比亚迪股份有限公司 | 8 |
| 601868.SH | 中国能建 | 中国能源建设股份有限公司 | 9 |
| 002649.SZ | 博彦科技 | 博彦科技股份有限公司 | 10 |
| 603259.SH | 药明康德 | 无锡药明康德新药开发股份有限公司 | 11 |
| 603927.SH | 中科软 | 中科软科技股份有限公司 | 12 |
| 300674.SZ | 宇信科技 | 北京宇信科技集团股份有限公司 | 13 |
| 601138.SH | 工业富联 | 富士康工业互联网股份有限公司 | 14 |
| 300872.SZ | 天阳科技 | 天阳宏业科技股份有限公司 | 15 |
| 300496.SZ | 中科创达 | 中科创达软件股份有限公司 | 16 |
| 300377.SZ | 赢时胜 | 深圳市赢时胜信息技术股份有限公司 | 17 |
| 688443.SH | 智翔金泰-U | 重庆智翔金泰生物制药股份有限公司 | 18 |
| 300339.SZ | 润和软件 | 江苏润和软件股份有限公司 | 19 |
| 300925.SZ | 法本信息 | 深圳市法本信息技术股份有限公司 | 20 |

## （二）区域分析

从各省级行政区上市公司科创投入评价结果来看，北京市在 31 个省级行政区中脱颖而出，位列科创投入排行榜首位。紧随其后的是上海市。广东省、福建省和天津市分别位列第三、第四和第五。此外，四川省、湖北省、安徽省、江苏省和辽宁省也跻身前十，展现了强大的科创投入实力（如表 1-5-2 所示）。

表 1-5-2　科创投入评价 TOP10 区域

| 行政区域 | 科创投入排名 |
| --- | --- |
| 北京市 | 1 |
| 上海市 | 2 |
| 广东省 | 3 |
| 福建省 | 4 |
| 天津市 | 5 |
| 四川省 | 6 |
| 湖北省 | 7 |
| 安徽省 | 8 |
| 江苏省 | 9 |
| 辽宁省 | 10 |

整体来看，各省级行政区在上市公司科创投入方面呈现出多样化和差异化的特点。

特点一：部分经济发达地区的上市公司在科创投入上表现突出。这些公司往往具备雄厚的资金实力和较高的研发能力，能够投入大量资源进行科技创新活动。例如，北京、上海、深圳等一线城市的上市公司，在研发投入、人才引进、创新平台建设等方面都呈现出较高的水平。

特点二：部分具有产业特色的地区，其上市公司的科创投入也表现出明显的行业特征。例如，江苏省的上市公司在制造业、电子信息等领域的科技创新投入较为显著，而广东省的上市公司则在生物医药、新材料等领域具有较大的投入。

特点三：部分中西部地区的上市公司也在逐步提升科创投入。虽然这些地区的投入规模相对较小，但随着国家对中西部地区科技创新支持力度的不断加大，这些地区的上市公司也在积极寻求创新突破，努力提升自身的科技创新能力。

### （三）行业分析

在上市公司涉及的国民经济行业分类大类中，软件和信息技术服务业、研究和试验发展、土木工程建筑业、房屋建筑业、专业技术服务业等行业排名靠前，具有较高的科创投入（如表1-5-3所示）。

表1-5-3　科创投入评价TOP10行业

| 国民经济行业分类（大类） | 科创投入排名 |
| --- | --- |
| 软件和信息技术服务业 | 1 |
| 研究和试验发展 | 2 |
| 土木工程建筑业 | 3 |
| 房屋建筑业 | 4 |
| 专业技术服务业 | 5 |
| 科技推广和应用服务业 | 6 |

续表

| 国民经济行业分类（大类） | 科创投入排名 |
|---|---|
| 互联网和相关服务 | 7 |
| 建筑安装业 | 8 |
| 电信、广播电视和卫星传输服务 | 9 |
| 建筑装饰、装修和其他建筑业 | 10 |

软件和信息技术服务业：软件和信息技术服务业在各行业中科创投入排名第一，这反映了该行业在科技创新方面投入的积极性和高度活跃性。作为技术更新迅速、市场需求旺盛的行业，软件和信息技术服务业的上市公司普遍重视科创投入，以推动技术创新和产品升级，满足不断变化的市场需求。这些企业的科创投入不仅体现在资金的支持上，还体现在对人才的引进和培养、研发设施的完善以及创新机制的建立等多个方面，代表性企业包括软通动力和博彦科技等。

软通动力近 3 年研发投入逐年提升，同时，软通动力对业务体系中多云管理平台开发、云数据库、大数据中台、AI 开发平台等新兴技术领域的研发投入也在不断增加。

博彦科技在研发投入方面一直保持着较高水平，其设立了专门的研发机构，配备有先进的研发设备和仪器，为研发团队提供了良好的工作环境和条件。

从行业大环境来看，软件和信息技术服务业的发展也受益于国家政策的支持和市场环境的优化。政府通过出台一系列科技创新政策，鼓励企业加大科创投入，推动行业技术进步和产业升级。同时，随着数字经济的不断发展，软件和信息技术服务业的市场需求也在持续增长，为上市公司提供了广阔的发展空间。

土木工程建筑业：土木工程建筑业的上市公司在科创投入方面表现出色，排名比较靠前。土木工程建筑业是一个技术密集型行业，其发展和进步高度依赖于科技创新。上市公司作为行业内的领军企业，普遍认识到技术创新在提升工程质量、效率以及降低成本方面的关键作用，通过加大科创投入，积极引进和研发新技术，以应对日益复杂的工程环境和不断提高的市场需求。这类上市公司主要为央企和国有企业，通常具有较为雄厚的资金实力，这为其在科创投入方面提供了有力保障，这些企业还通过资本市场融资，筹集更多的资金用于科技创新和研发活动，从而推动企业的技术进步和产业升级，代表性企业包括中国中铁和中国铁建等。

新兴行业：互联网和相关服务、医药制造业等新兴行业由于具有广阔的发展前景和巨大的市场潜力，也吸引了众多上市公司加大科创投入。对于互联网和相关服务行业来说，随着数字化、网络化、智能化的深入发展，这些行业的技术创新和业务模式创新层出不穷。上市公司为了保持竞争优势，纷纷加大在人工智能、大数据、云计算、物联网等领域的投入，推动技术创新和产业升级。这些投入不仅提升了企业的核心竞争力，也为整个行业的快速发展提供了强有力的支撑。而医药制造业作为关系国计民生的重要行业，其创新发展的重要性不言而喻。随着人们对健康需求的不断提升，以及医药技术的不断进步，医药制造业面临着巨大的发展机遇。上市公司在医药研发、生物技术、医疗器械等领域的科创投入不仅有助于推动医药产业的创新发展，也为提高人民健康水平、促进经济社会发展起到积极作用。

## （四）板块分析

上市公司科创投入评价结果显示，各板块上市公司科创投入水平存在差异，科创板中科创投入领先的企业较多，占科创板上市公司总量的 34.9%，明显高于其他板块。

在科创板中，科创投入排名前十的企业分别是亚虹医药 –U、智翔金泰 –U、海光信息、创耀科技、翱捷科技 –U、凌志软件、美迪西、首药控股 –U、山大地纬、普元信息，所属国民经济行业分类主要涉及医药制造业、软件和信息技术服务业；在创业板中，科创投入排名前十的企业分别是软通动力、宇信科技、天阳科技、中科创达、赢时胜、润和软件、法本信息、赛意信息、科蓝软件、东方国信，所属国民经济行业分类均为软件和信息技术服务业；在主板中，科创投入排名前十的企业分别是中国中铁、中国铁建、中国电建、中兴通讯、中国交建、比亚迪、中国能建、博彦科技、药明康德、中科软，所属国民经济行业分类主要涉及土木工程建筑业、计算机、通信和其他电子设备制造业、汽车制造业；在北证中，科创投入排名前十的企业分别是艾融软件、联迪信息、青矩技术、恒拓开源、中设咨询、天纺标、华维设计、云创数据、路桥信息、国子软件，所属国民经济行业分类主要涉及软件和信息技术服务业、专业技术服务业。（如表 1-5-4 所示）

表 1-5-4　各板块科创投入评价排名前十企业

| 上市板 | 科创投入排名前十企业 | 国民经济行业分类 |
| --- | --- | --- |
| 科创板 | 亚虹医药 –U、智翔金泰 –U、海光信息、创耀科技、翱捷科技 –U、凌志软件、美迪西、首药控股 –U、山大地纬、普元信息 | 医药制造业、软件和信息技术服务业 |

续表

| 上市板 | 科创投入排名前十企业 | 国民经济行业分类 |
|---|---|---|
| 创业板 | 软通动力、宇信科技、天阳科技、中科创达、赢时胜、润和软件、法本信息、赛意信息、科蓝软件、东方国信 | 软件和信息技术服务业 |
| 主板 | 中国中铁、中国铁建、中国电建、中兴通讯、中国交建、比亚迪、中国能建、博彦科技、药明康德、中科软 | 土木工程建筑业，计算机、通信和其他电子设备制造业，汽车制造业 |
| 北证 | 艾融软件、联迪信息、青矩技术、恒拓开源、中设咨询、天纺标、华维设计、云创数据、路桥信息、国子软件 | 土木工程建筑业，计算机、通信和其他电子设备制造业，汽车制造业 |

### （五）结论与建议

本节主要对科创投入评价结果进行了全面探讨，深入分析了其在不同区域、行业以及板块中的具体表现。通过对比研究，我们发现科创投入在不同层面展现出了差异化的特点和趋势。

在区域层面，科创投入呈现出明显的地域差异。北京市、上海市、广东省等一些经济发达、创新资源丰富的地区科创投入规模较大，增长迅速。在行业层面，不同行业的科创投入也存在较大差异。一些高新技术产业和战略性新兴产业如软件和信息技术服务业（科创投入排名第一），由于其技术含量高、市场前景广阔，吸引了大量的科创投入。一些传统行业如土木工程建筑业（科创投入排名第三），由于面临转型升级的压力，也在逐步增加科创投入。在板块层面，科创投入的表现也各具特色。一些以科技创新为主导的板块，如科创板，其上市公司的科创投入普遍较高，科创投入领先企业占科创板上市公司总量的34.9%。

综合来看，上市公司科创投入与科创能力之间的关系非常紧密，它们相互影响、相互促进。科创投入是上市公司提升科创能力的关键，而科创能力的提升又进一步推动上市公司增加科创投入，形成良性循环。具体而言，科创投入是上市公司实现科技创新和提升科创能力的基础。通过加大科创投入，上市公司可以拥有更多的研发资源和实力，从而推动科创能力的提升。此外，科创能力的提升也能进一步推动上市公司增加科创投入。随着科创能力的提升，上市公司在市场竞争中更具优势，能够更好地满足客户需求，提高市场份额和盈利能力。

虽然上市公司增加科创投入一定程度上能够促进科创能力，但还需要注重科创投入的效率和效益。建议上市公司科学制定科创投入策略，合理分配资源，提高创新效率。具体可参考的做法包括：制定明确的科创战略和规划，确保科创投入与公司整体发展战略相一致；建立健全的科创投入评估机制，定期对科创项目进行评估和审查等。这样才能确保科创投入能够转化为实际的科创能力和经济效益，推动公司的持续发展和竞争力提升。

## 二、科创产出评价分析

### （一）总体分析

科创产出评价通过综合考虑科创专利产出和科创绩效产出两个维度，全面而深入地评价上市公司在科创产出方面的综合实力。科创专利产出直接反映了上市公司在技术创新和知识产权创造方面的实力，而科创绩效产出则体现了这些创新成果在市场上的表现以及为公司带来的经济效益。

上市公司科创产出评价结果显示，排名靠前的企业包括中兴通讯（000063.SZ）、格力电器（000651.SZ）、京东方A（000725.SZ）、美的集团（000333.SZ）、中国中车（601766.SH）等（如表1-5-5所示）。这些企业在科创产出方面表现卓越，通过持续的研发投入和技术创新，实现了显著的业绩和成果。这些企业所涉及的国民经济行业分类广泛，包括计算机、通信和其他电子设备制造业，土木工程建筑业，电气机械和器材制造业，食品制造业，以及化学原料和化学制品制造业等。这显示出科创产出不只局限于前沿领域，也与传统制造业有关。从上市板块来看，在科创产出评价排名前20的企业中，主板企业数量占据优势，共有18家，说明主板市场为科创产出提供了重要的融资和支持平台。创业板企业数量虽然相对较少，但也有2家企业在科创产出方面取得了显著成绩。

表1-5-5　科创产出评价TOP20企业

| 证券代码 | 证券简称 | 公司中文名称 | 全国排名 |
| --- | --- | --- | --- |
| 000063.SZ | 中兴通讯 | 中兴通讯股份有限公司 | 1 |
| 000651.SZ | 格力电器 | 珠海格力电器股份有限公司 | 2 |
| 000725.SZ | 京东方A | 京东方科技集团股份有限公司 | 3 |
| 000333.SZ | 美的集团 | 美的集团股份有限公司 | 4 |
| 601766.SH | 中国中车 | 中国中车股份有限公司 | 5 |
| 002594.SZ | 比亚迪 | 比亚迪股份有限公司 | 6 |
| 000100.SZ | TCL科技 | TCL科技集团股份有限公司 | 7 |
| 000050.SZ | 深天马A | 天马微电子股份有限公司 | 8 |
| 002308.SZ | 威创股份 | 威创集团股份有限公司 | 9 |

续表

| 证券代码 | 证券简称 | 公司中文名称 | 全国排名 |
|---|---|---|---|
| 603378.SH | 亚士创能 | 亚士创能科技（上海）股份有限公司 | 10 |
| 601390.SH | 中国中铁 | 中国中铁股份有限公司 | 11 |
| 600019.SH | 宝钢股份 | 宝山钢铁股份有限公司 | 12 |
| 601669.SH | 中国电建 | 中国电力建设股份有限公司 | 13 |
| 601186.SH | 中国铁建 | 中国铁建股份有限公司 | 14 |
| 301206.SZ | 三元生物 | 山东三元生物科技股份有限公司 | 15 |
| 002724.SZ | 海洋王 | 海洋王照明科技股份有限公司 | 16 |
| 600690.SH | 海尔智家 | 海尔智家股份有限公司 | 17 |
| 301109.SZ | 军信股份 | 湖南军信环保股份有限公司 | 18 |
| 601800.SH | 中国交建 | 中国交通建设股份有限公司 | 19 |
| 601360.SH | 三六零 | 三六零安全科技股份有限公司 | 20 |

## （二）区域分析

从各省级行政区上市公司科创产出排名结果来看，广东省上市公司科创产出排名在31个省级行政区中位居第一，充分展现了广东省上市公司在科创产出方面的强大实力。广东省一直以来都是我国科技创新的重要基地，拥有众多高科技企业和研发机构，形成了较为完善的科技创新体系。浙江省排名第二，同样展现出其在科创产出方面的强劲实力。北京市、江苏省、上海市在科创产出方面也表现出色，分别排名第三、第四、第五位。山东省、四川省、湖北省、湖南省、福建省在科创产出方面也取得了不俗的成绩，均位列前十（如表1-5-6所示）。

表 1-5-6  科创产出评价 TOP10 区域

| 行政区域 | 科创产出排名 |
| --- | --- |
| 广东省 | 1 |
| 浙江省 | 2 |
| 北京市 | 3 |
| 江苏省 | 4 |
| 上海市 | 5 |
| 山东省 | 6 |
| 四川省 | 7 |
| 湖北省 | 8 |
| 湖南省 | 9 |
| 福建省 | 10 |

## （三）行业分析

在各国民经济行业分类中，化学原料和化学制品制造业，有色金属冶炼和压延加工业，生态保护和环境治理业，医药制造业，计算机、通信和其他电子设备制造业等行业排名靠前，这些行业在国民经济中扮演着重要的角色，具有较高的科创产出能力（如表 1-5-7 所示）。

表 1-5-7  科创产出评价 TOP10 行业

| 国民经济行业分类（大类） | 科创产出排名 |
| --- | --- |
| 化学原料和化学制品制造业 | 1 |
| 有色金属冶炼和压延加工业 | 2 |
| 生态保护和环境治理业 | 3 |

续表

| 国民经济行业分类（大类） | 科创产出排名 |
|---|---|
| 医药制造业 | 4 |
| 计算机、通信和其他电子设备制造业 | 5 |
| 土木工程建筑业 | 6 |
| 铁路、船舶、航空航天和其他运输设备制造业 | 7 |
| 橡胶和塑料制品业 | 8 |
| 专用设备制造业 | 9 |
| 仪器仪表制造业 | 10 |

进一步分析显示，医药制造业是一个知识密集型和技术密集型行业。药品的研发、生产和质量控制都需要高度的专业知识和技术支持。随着生物技术的不断发展和医学研究的深入，医药制造业不断涌现出新的治疗方法、药物和技术，从而推动了行业的科创产出。市场需求是推动医药制造业科创产出的重要因素。随着人们健康意识的提高和医疗需求的增长，对新型药物、医疗器械和治疗方案的需求也不断增加。为了满足市场需求，医药制造企业必须不断进行创新，研发出更安全、有效、便捷的产品，这也促进了科创产出的提升。

在医药制造企业中，特宝生物（688278.SH）和三元基因（837344.BJ）在科创产出方面均表现出色。下面将分别就这两家企业在科创专利产出和科创绩效产出方面的代表性指标进行详细说明。

### 科创专利产出方面

专利数量与质量：特宝生物在生物医药领域拥有多项专利，这些专利不仅涉及产品创新，还涵盖了生产工艺、新技术应用等多个方面。而三元基因也在其专注的创新药物研发领域积累了多项专利。

专利转化能力：特宝生物成功将多项专利转化为实际产品，并推向市场，这体现了其强大的专利转化能力。三元基因同样在专利应用方面取得了显著成果，其研发的新药已经进入临床试验阶段或已上市销售。

### 科创绩效产出方面

人均创收：特宝生物的人均创收达到了 98.7 万元，显示出其员工在创造价值方面的能力较强。这一指标不仅反映了公司的整体盈利能力，也体现了其科技创新成果在市场上的认可度和价值。三元基因的人均创收虽然略低，但也达到了 74.7 万元，在行业内表现良好。

研发效率：研发效率是衡量企业研发投入与产出比的重要指标。特宝生物的研发效率为 0.40%，虽然不算特别高，但考虑到生物医药行业的研发周期长、风险高的特点，这一效率相对不错。三元基因的研发效率略高，为 0.41%，说明其在研发管理方面可能更加精细和高效。

## （四）板块分析

上市公司科创产出评价结果显示，各板块上市公司科创产出水平存在差异，科创板中科创产出领先的企业较多，占科创板上市公司总量的 55.5%，明显高于其他板块。

在科创板中，科创产出排名前十的企业分别是特宝生物、信科移动 –U、斯瑞新材、上海谊众、瑞华泰、长远锂科、百济神州 –U、普源精电、海天瑞声、希荻微，所属国民经济行业分类主要涉及医药制造业，软件和信息技术服务业，计算机、通信和其他电子设备制造业；在创业板中，科创产出排名前十的企业分别是三元生物、军信股份、朗坤环境、金三江、飞凯材料、飞天诚信、迈普医学、本立科技、银江技术、金丹科技，所属国民经济行业分类主要涉及化学原料和化学制品制造业、软件和信息技术服务业、生态保护和环境治理业；在主板中，科创产出排名前十的企业分别是中兴通讯、格力电器、京东方 A、美的集团、中国中车、比亚迪、TCL 科技、深天马 A、威创股份、亚士创能，所属国民经济行业分类主要涉及计算机、通信和其他电子设备制造业，电气机械和器材制造业；在北证中，科创产出排名前十的企业分别是三元基因、康乐卫士、一诺威、凯华材料、诺思兰德、鼎智科技、民士达、一致魔芋、新赣江、吉冈精密，所属国民经济行业分类主要涉及医药制造业、化学原料和化学制品制造业（如表 1-5-8 所示）。

表 1-5-8　各板块科创产出评价排名前十企业

| 上市板 | 科创产出排名前十企业 | 所属国民经济行业分类 |
| --- | --- | --- |
| 科创板 | 特宝生物、信科移动-U、斯瑞新材、上海谊众、瑞华泰、长远锂科、百济神州-U、普源精电、海天瑞声、希荻微 | 医药制造业，软件和信息技术服务业，计算机、通信和其他电子设备制造业 |
| 创业板 | 三元生物、军信股份、朗坤环境、金三江、飞凯材料、飞天诚信、迈普医学、本立科技、银江技术、金丹科技 | 化学原料和化学制品制造业、软件和信息技术服务业、生态保护和环境治理业 |
| 主板 | 中兴通讯、格力电器、京东方 A、美的集团、中国中车、比亚迪、TCL 科技、深天马 A、威创股份、亚士创能 | 计算机、通信和其他电子设备制造业，电气机械和器材制造业 |
| 北证 | 三元基因、康乐卫士、一诺威、凯华材料、诺思兰德、鼎智科技、民士达、一致魔芋、新赣江、吉冈精密 | 医药制造业、化学原料和化学制品制造业 |

## （五）结论与建议

本节主要对科创产出评价结果进行了深入探讨，详细分析了其在不同区域、行业以及板块中的具体表现。通过对比研究，我们发现科创产出在不同层面展现出了独特的特点和趋势，这不仅反映了各地区、各行业以及各板块的创新能力和发展水平，也为进一步优化科创产出提供了有益的参考。

在区域层面，广东、浙江等地的上市公司在科创产出方面表现出色，广东省上市公司科创产出排名第一，浙江省排名第二。在行业层面，医药制造业（科创产出排名第四）以其独特的知识密集和技术密集特性，展现出了强大的科创产出能力。在板块层面，不同板块的科创产出呈现出鲜明的特色。特别是以科技创新为主导的板块，如科创板，其上市公司的科创产出普遍较高，科创产出领先企业占科创板上市公司总量的55.5%，科创板成为推动板块内企业创新发展的重要动力。

综合来看，科创产出与科创能力之间存在着密切且相互促进的关系。首先，科创能力是科创产出的前提和基础。科创能力越强，企业在技术创新、产品研发等方面的实力就越突出，从而更有可能产生高质量的科创产出。其次，科创产出是科创能力的具体体现和验证。科创产出的数量和质量能够直接反映企业在科技创新方面的成果和水平，也是衡量企业科创能力的重要指标之一。

若相关企业想要在激烈的市场竞争中稳固地位，并持续领先，就必须不断推动科创产出的增加和优化。这不仅是提升核心竞争力的关键，也是实现可持续发展、保持市场优势的必由之路。因此，相关企业应高度重视科创工作，加大投入，优化流程，以确保科创产出的数量和质量都能得到有效提升。

## 三、科创保障评价分析

### （一）总体分析

科创保障作为评价上市公司科创能力的重要指标，其涵盖的专利保障能力、资金保障能力以及营运保障能力，共同构成了衡量公司在科技创新过程中所需各项支撑能力的综合体系。专利保障能力体现了上市公司在知识产权保护方面的实力，资金保障能力是公司在科技创新过程中持续投入资金的能力，营运保障能力则反映了公司在日常运营中支持科技创新的能力。通过对这些指标数值进行归一化、取均值等处理，可以更加客观、准确地评估上市公司在科创保障方面的能力，得到科创保障评价结果。

上市公司科创保障评价排名结果展现了我国不同领域上市公司在科创保障方面的优秀表现。这些公司所属的领域涵盖医药制造业，有色金属冶炼和压延加工业，计算机、通信和其他电子设备制造业等，显示了我国科创保障能力的广泛性和多样性。

值得注意的是，排名靠前的公司中，生物医药领域的上市公司占据了显著位置，如九安医疗（002432.SZ）、安旭生物（688075.SH）、明德生物（002932.SZ）等（如表1-5-9所示）。这反映出我国生物医药行业在科技创新和保障方面取得了显著成果，具备强大的研发实力和市场竞争力。从上市板块来看，在科创保障评价排名前 20 的企业中，主板企业数量最多，这体现了主板企业在科创保障方面的稳定性和成熟度。科创板企业数量紧随其后，也显示出科创板在推动科技创新和培育科技企业方面的重要作用。创业板企业虽然数量相对较少，但同样展现出了强大的科创实力和潜力。

表 1-5-9　科创保障评价 TOP20 企业

| 证券代码 | 证券简称 | 公司中文名称 | 全国排名 |
| --- | --- | --- | --- |
| 002432.SZ | 九安医疗 | 天津九安医疗电子股份有限公司 | 1 |
| 688075.SH | 安旭生物 | 杭州安旭生物科技股份有限公司 | 2 |
| 002932.SZ | 明德生物 | 武汉明德生物科技股份有限公司 | 3 |
| 688091.SH | 上海谊众 | 上海谊众药业股份有限公司 | 4 |
| 688399.SH | 硕世生物 | 江苏硕世生物科技股份有限公司 | 5 |
| 688176.SH | 亚虹医药-U | 江苏亚虹医药科技股份有限公司 | 6 |
| 601609.SH | 金田股份 | 宁波金田铜业（集团）股份有限公司 | 7 |
| 002594.SZ | 比亚迪 | 比亚迪股份有限公司 | 8 |
| 301116.SZ | 益客食品 | 江苏益客食品集团股份有限公司 | 9 |
| 301358.SZ | 湖南裕能 | 湖南裕能新能源电池材料股份有限公司 | 10 |
| 000670.SZ | 盈方微 | 盈方微电子股份有限公司 | 11 |
| 300390.SZ | 天华新能 | 苏州天华新能源科技股份有限公司 | 12 |
| 603613.SH | 国联股份 | 北京国联视讯信息技术股份有限公司 | 13 |
| 603527.SH | 众源新材 | 安徽众源新材料股份有限公司 | 14 |
| 600361.SH | 创新新材 | 创新新材料科技股份有限公司 | 15 |
| 688196.SH | 卓越新能 | 龙岩卓越新能源股份有限公司 | 16 |
| 688177.SH | 百奥泰 | 百奥泰生物制药股份有限公司 | 17 |
| 002709.SZ | 天赐材料 | 广州天赐高新材料股份有限公司 | 18 |

续表

| 证券代码 | 证券简称 | 公司中文名称 | 全国排名 |
|---|---|---|---|
| 688520.SH | 神州细胞-U | 北京神州细胞生物技术集团股份公司 | 19 |
| 603995.SH | 甬金股份 | 甬金科技集团股份有限公司 | 20 |

## （二）区域分析

各省级行政区上市公司科创保障排名的结果充分展示了各地在科技保障方面的不同优势和实力。广东省的上市公司在科创保障方面表现卓越，位居 31 个省级行政区之首，表明广东省在科技创新保障工作上的显著成效和深厚实力。浙江省紧随其后，位列第二。江苏省、上海市和山东省也分别进入了前五名，这些地区在科创保障方面也比较优秀（如表 1-5-10 所示）。

表 1-5-10 科创保障评价 TOP10 区域

| 行政区域 | 科创保障排名 |
|---|---|
| 广东省 | 1 |
| 浙江省 | 2 |
| 江苏省 | 3 |
| 上海市 | 4 |
| 山东省 | 5 |
| 北京市 | 6 |
| 安徽省 | 7 |
| 湖南省 | 8 |
| 福建省 | 9 |
| 四川省 | 10 |

## （三）行业分析

上市公司科创保障评价结果显示，计算机、通信和其他电子设备制造业，电气机械和器材制造业，化学原料和化学制品制造业，专用设备制造业以及医药制造业等行业在科创保障方面表现突出，排名靠前（如表 1-5-11 所示）。这一结果说明这些行业的上市公司在科技创新保障方面做得相对较好，为行业的持续发展和创新提供了有力支撑。

表 1-5-11　科创保障评价 TOP10 行业

| 国民经济行业分类（大类） | 科创保障排名 |
| --- | --- |
| 计算机、通信和其他电子设备制造业 | 1 |
| 电气机械和器材制造业 | 2 |
| 化学原料和化学制品制造业 | 3 |
| 专用设备制造业 | 4 |
| 医药制造业 | 5 |
| 通用设备制造业 | 6 |
| 软件和信息技术服务业 | 7 |
| 有色金属冶炼和压延加工业 | 8 |
| 汽车制造业 | 9 |
| 金属制品业 | 10 |

计算机、通信和其他电子设备制造业作为高科技产业的代表，在各行业中科创保障排名第一。新一代信息技术的广泛应用，尤其是 5G、人工智能等领域的迅猛发展，为这些上市公司打开了巨大的市场空间，但同时也带来了更为激烈的市场竞争和技术变革压力，因此这些公司更加注重科创保障的投入和布局。在各细分领域中，他们更加关注电子器件制造、电子

元件及电子专用材料制造、通信设备制造、计算机制造等细分领域。

电气机械和器材制造业作为传统制造业的重要组成部分,也在科技保障方面做得相对出色。这些领域的上市公司加大了在智能化、绿色化方面的科创保障力度,更加关注输配电及控制设备制造,电线、电缆、光缆及电工器材制造,家用电力器具制造,电池制造等细分领域。化学原料和化学制品制造业在科创保障方面也表现优秀,这些领域的上市公司主要关注专用化学产品制造、基础化学原料制造、合成材料制造、农药制造等细分领域。

## (四)板块分析

上市公司科创保障评价结果显示,各板块上市公司科创保障水平存在差异,科创板中科创保障领先的企业较多,占科创板上市公司总量的50.4%,明显高于其他板块。

在科创板中,科创保障排名前十的企业分别是安旭生物、上海谊众、硕世生物、亚虹医药-U、卓越新能、百奥泰、神州细胞-U、大全能源、奥泰生物、毕得医药,所属国民经济行业分类主要涉及医药制造业,计算机、通信和其他电子设备制造业,研究和试验发展,废弃资源综合利用业;在北证中,科创保障排名前十的企业分别是骏创科技、一诺威、润普食品、新威凌、视声智能、凯大催化、鼎智科技、安达科技、欧康医药、天宏锂电,所属国民经济行业分类主要涉及电气机械和器材制造业、化学原料和化学制品制造业、医药制造业;在创业板中,科创保障排名前十的企业分别是益客食品、湖南裕能、天华新能、香农芯创、长华化学、儒竞科技、绿通科技、中集环科、宁德时代,所属国民经济行业分类主要涉及计算机、通信和其他电子设备制造业，电气机械和器材制造业，化学原料和化学制品制造业；在主板中，科创保障排名前十的企业分别是九安医疗、明德生物、金田股份、比亚迪、盈方微、国联股份、众源新材、创新新材、天赐材料、甬金股份，所属国民经济行业分类主要涉及有色金属冶炼和压延加工业，计算机、通信和其他电子设备制造业，汽车制造业（如表 1-5-12 所示）。

表 1-5-12　各板块科创保障评价排名前十企业

| 上市板 | 科创保障排名前十企业名单 | 所属国民经济行业分类 |
| --- | --- | --- |
| 科创板 | 安旭生物、上海谊众、硕世生物、亚虹医药-U、卓越新能、百奥泰、神州细胞-U、大全能源、奥泰生物、毕得医药 | 医药制造业，计算机、通信和其他电子设备制造业，研究和试验发展，废弃资源综合利用业 |
| 北证 | 骏创科技、一诺威、润普食品、新威凌、视声智能、凯大催化、鼎智科技、安达科技、欧康医药、天宏锂电、 | 电气机械和器材制造业、化学原料和化学制品制造业、医药制造业 |
| 创业板 | 益客食品、湖南裕能、天华新能、香农芯创、长华化学、儒竞科技、绿通科技、中集环科、宁德时代 | 计算机、通信和其他电子设备制造业，电气机械和器材制造业，化学原料和化学制品制造业 |
| 主板 | 九安医疗、明德生物、金田股份、比亚迪、盈方微、国联股份、众源新材、创新新材、天赐材料、甬金股份 | 有色金属冶炼和压延加工业，计算机、通信和其他电子设备制造业，汽车制造业 |

## （五）结论与建议

本节聚焦于科创保障评价结果的深入探讨，全面剖析了其在不同区域、行业以及板块间的具体表现。通过对比分析，揭示了科创保障在不同层面所呈现出的特点和差异，为深入理解科创保障的现状及发展趋势提供了有力依据。

在区域层面,广东省的上市公司在科创保障方面表现尤为突出,稳居榜首,浙江省和江苏省的上市公司亦紧随其后,展现了不俗的科创保障实力。在行业层面,计算机、通信和其他电子设备制造业(科创保障排名第一)以及电气机械和器材制造业等行业(科创保障排名第二)在科创保障方面表现突出。在板块层面,不同板块的科创保障特色鲜明,其中科创板上市公司的科创保障水平普遍较高,为板块内企业的创新发展提供了有力支撑和强劲动力,科创保障领先企业占科创板上市公司总量的50.4%。

综合来看,上市公司科创保障不仅为企业的科创活动提供了稳定支持,还为其降低了创新风险,进而促进了科创能力的显著提升。一方面,科创保障为上市公司提供了稳定的资源支持,包括资金、人才、技术等,确保企业在科创活动中能够持续投入,从而推动科技创新的深入发展。通过有效的资源配置,企业可以集中优势力量,在关键领域进行突破,提高科创能力。另一方面,科创保障有助于降低企业的科创风险。通过建立科创保障机制,为企业提供了风险防控与应对的策略与工具,有助于减轻企业的科创压力。

### (六)结论与建议

本节详细探讨了科创投入、科创产出及科创保障的评价结果。在科创投入方面,不同区域和行业呈现出差异化特点,经济发达地区的投入规模较大,高新技术产业和战略性新兴产业吸引了大量投入。科创投入与科创能力相互促进,形成良性循环。然而,也需注重投入效率和效益,科学制定策略,提高创新效率。在科创产出方面,广东省、浙江省等地上市公司表现突出，医药制造业展现出强大的科创产出能力。科创能力与科创产出密切相关，相互促进。企业应加大科创投入，优化流程，提升科创产出质量。在科创保障方面，广东省上市公司表现突出，不同行业板块各具特色。科创保障为企业科创活动提供稳定支持，降低创新风险，促进科创能力提升。建议企业建立健全科创保障机制，为创新发展提供有力支撑。

# 第六章
## 工作建议

## 一、依托上市公司、拟上市公司科创能力评价成果，探索优化多层次资本市场建设

根据 2024 年 3 月证监会印发的《关于严把发行上市准入关从源头上提高上市公司质量的意见（试行）》，结合证监会及各交易所关于科创属性问题的研究、分析和复盘，当前和今后一个时期，既要加强发行上市的科创能力评价应用并发挥其指引参考作用，又要避免矫枉过正，将支撑我国产业链、供应链关键节点企业因为短期财务性指标而被拒之门外，这就必然要求更加科学、合理、全面评价企业上市发行的科创属性，并根据相关结果对现有多层次资本市场进一步优化完善。一方面，基于科创评价结果对企业科创属性进行分层分类：将产业链战略性基础核心节点、产业链重点创新节点、产业链配套节点、充分竞争应用节点等区分开来，依据企业在产业链中地位和科创能力综合分类管理；另一方面，结合企业核心技术能力、企业财务情况、持续经营能力，以及所处市场规模及发展空间，将不同重要性节点的企业分层管理，据此，构建节点重要性分类、综合经营能力分层的矩阵式结构，将主板、创业板、科创板、北交所、全国股转公司甚至区域股权等交易所和板块按图索骥、对号入座，结合科创评价结果，

主板板块定位突出具有行业代表性的"大盘蓝筹"特色，科创板坚持"硬科技"定位，创业板服务成长型创新创业企业，北交所和全国股转公司共同打造服务创新型中小企业主阵地。结合科创能力相关指标设定上下限值，更加精准服务早期科技型企业。形成科创属性+经营能力的立体结构，构建起更加科学、合理的多层次资本市场。一方面，依法依规支持具有关键核心技术、市场潜力大、科创属性突出的优质未盈利科技型企业上市；另一方面，科学合理引导企业在分层次资本市场有的放矢上市发行，形成交易所及其板块的差异性和特色化，也有助于投资者更加科学高效投资。

## 二、积极探索上市公司、拟上市公司科创能力综合评价结果应用

作为公司持续经营能力、市场竞争力、关键技术和产业节点构建、投资者回报等全方位支撑关键要素，科技创新能力特别是同业间的科创能力综合比较分析已经成为评价上市公司、拟上市公司未来发展的"牛鼻子"因素。回顾我国科创板设立背景、过程和准入评价，经过了以主观专家评价为主到客观科创数量指标为主，再到主客观结合的演进过程，既看到了其中客观指标的局限性，例如，有些企业为上市而人为制造评价数字达标；也看到了部分专家意见仍然带有不可避免的主观因素。据此，如何相对准确地对拟上市公司在其行业的科创真实竞争力进行评价成为监管机构、交易所一大难题。本书编写组在南京大学金融学院调研时，也得到了与本课题高度近似的研究方向建议——以专利为重点标尺，不仅是国内专利，而是全球1.8亿件专利，通过大模型和相关算法，构建全球企业科创（专利）

能力标尺和全景关系图网；同时，编写组在北京大学新结构经济研究院调研时，亦得到相同研究路径反馈：基于全球企业专利图网，构建针对重点产业链的国内企业与全球领先企业技术差距对比值，应用于资本市场即可基于本研究成果，实时掌握国内任意一家上市公司、拟上市公司，在其行业中，该企业技术与国际领先企业技术、国内同业上市或非上市公司的科创能力比较结果，再结合该企业业务、财务及专家主观评价等多维度指标，便可相对客观地给出企业中长期投资价值（上市公司）和企业上市评价结果（拟上市企业）。同时，在此过程中，基于行业特性，构建一系列不同行业领域的科创能力评价模型，并在实践中加以优化完善。

### 三、针对处于产业链关键节点、科创属性强、具有核心技术的上市公司，设定精准靶向的科技金融融资工具

一是探索依托上市公司科创能力研究成果，结合行业、板块等编制更多反映科创企业特色的指数，丰富 A 股科技创新指数体系。支持证券基金围绕科创指数开发科技主题基金产品，加大科技型企业投向力度。二是结合评价成果开发设计高科创属性的上市公司相关债券，支持高新技术和战略性新兴产业企业债券融资，引导推动机构和投资者加大科创债投资。三是在有产业聚集和高科技上市公司密集型的行政区域和高科技园区，以辖区优质上市公司为核心，发行科技创新领域 REITS，在地方融资困难的环境下拓宽增量资金来源。四是以上市公司科创评价为标尺，反向助推一级市场发展。在高科创属性聚集的区域推动产业引导基金、母基金等发展，

发挥私募股权创投基金促进科技型企业成长作用；在高科创属性聚集的产业推动更多专业投资机构参与，发展耐心资本，试点份额转让，拓宽退出渠道，促进"投资—退出—再投资"良性循环。五是围绕专精特新中小企业等上市公司产业核心配套企业，积极深化上市公司并购重组改革，结合"市值管理"、技术协同创新、市场品牌共享等多维度，支持高科创属性上市公司运用股份、定向可转债、现金等各类支付工具实施重组，助力行业龙头企业与专精特新中小企业资本协同。六是探索参照上市公司研发创新投入的储架发行制度。基于上市公司分行业分生命周期的科创研发投入大数据和相关模型，研究在科创板、创业板建立结合研发创新投入的储架发行机制，一方面提高监管审核效率，缓解首发上市过度融资及其带来的资金投入效能等问题；另一方面提升再融资的有效性和便利性，并引导上市公司将募集资金投向科技创新和产业链安全构建等相关方向。

## 四、鼓励上市公司围绕科技创新投资并购产业链配套专精特新中小企业

作为我国产业链配套的核心企业，专精特新中小企业往往在某个特定领域或细分市场上拥有独特的技术优势，专精特新"小巨人"企业和专精特新中小企业的平均研发费用率分别为市场主体的 3 倍和 2 倍。上市公司通过投资并购这些企业，能够迅速获取这些先进技术，缩短研发周期，降低研发风险，从而提高自身的科创能力。其次，上市公司通过投资并购产业链配套的专精特新中小企业，可以构建更加完善的创新生态。这种生态

不仅涵盖了技术研发、产品制造、市场营销等多个环节，还包括了创新文化、创新机制、创新人才等多个方面。在这样的生态中，上市公司可以更好地发挥自身的优势，提升整体的科创能力。同时，专精特新中小企业往往与高校、科研机构等有着紧密的合作关系。上市公司通过并购这些企业，可以间接地与这些高校、科研机构建立联系，形成产学研合作的良好机制。这种机制有助于上市公司获取更多的创新资源，提高科创能力。再次，专精特新中小企业通常专注于某个特定的领域或细分市场。上市公司通过投资并购这些企业，可以拓展自身的创新领域，进入新的技术领域或市场领域。这不仅有助于上市公司提升整体的科创能力，还有助于公司实现多元化发展，降低经营风险。最后，专精特新中小企业在细分市场上往往具有较高的知名度和影响力。上市公司通过并购这些企业，可以提升自身的品牌形象和影响力，增强市场竞争力。同时，这也有助于上市公司吸引更多的创新资源，提高科创能力。

## 五、着力推进上市公司与高校院所开展研发合作与技术协同创新

当前，国家正在大力推进科技成果转化，特别是高价值专利的产业化，相继出台了《专利转化运用专项行动方案（2023—2025 年）》等一系列支持政策。截至 2023 年，我国高校发明授权专利量达 124 万项，科研院所发明授权专利量达 34 万项，超百万件科技成果亟待在产业和实际应用层面发挥价值。上市公司作为产业主力军，产业链核心企业、重点企业，应加快推动与高校院所的横向合作，基于市场需求和产业发展趋势，将高校院所

的科技成果转化为实际生产力，从而推动我国经济高质量发展。为此，上市公司应充分发挥自身在资金、技术、市场等方面的优势，积极探索与高校院所的合作模式。第一，上市公司可与高校院所签订合作协议，建立长期合作关系，共同开展技术研发和创新活动；第二，双方可共同投资建设研发中心、实验室等研发平台，共享研发资源，共同开展技术攻关；第三，上市公司可与高校院所合作开展人才培养项目，共同培养具备创新能力和实践经验的优秀人才，为双方合作提供人才支持；第四，上市公司可与高校院所共同申报国家和地方的重大科技项目，通过项目合作推动技术研发和创新；第五，上市公司可以通过购买或者许可使用高校院所的专利技术，将先进技术引入实际生产中，提升自身产品的技术含量和附加值；第六，上市公司应加强与高校院所的信息交流，定期举办技术对接活动，促进科研成果与企业需求的紧密结合；第七，在合作过程中，双方应共同做好风险管理，包括知识产权保护、技术保密等方面，确保合作双方的权益。第八，政府和社会各界也应为上市公司与高校院所的合作提供支持，如优化政策环境、提供资金扶持、建立合作平台等。通过多方共同努力，实现高校院所科技成果与产业实际应用的良性互动，为我国经济发展注入新的活力。

## 六、建议建立常态化工作联动机制，合力提高上市公司科技创新能力，培育发展新质生产力

建立常态化工作联动机制提高上市公司科创能力，主要包括：第一，明确目标和任务分工。明确提高科创能力的具体目标和任务，包括确定公

司在科技创新方面的短期和长期目标,以及为实现这些目标所需完成的具体任务。对任务进行明确分工,确保每个部门或团队清楚自身的职责和角色,以及如何与其他部门或团队协同工作。第二,建立创新驱动机制。设立专门的研发部门或创新中心,负责公司的科技创新工作,确保创新活动有专门的组织和人员负责。第三,建立信息共享和沟通渠道。建立常态化的信息共享和沟通机制,确保各部门或团队之间能够及时、准确地传递和接收有关科创工作的信息。可以利用电子邮件、内部通讯工具、共享文档等方式进行信息共享,定期举行例会、工作坊或培训来交流工作进展情况、问题和需求。第四,加强产学研合作。上市公司应充分利用国内外科技资源,与高校、科研院所建立稳定的产学研合作关系。通过合作,可以获取最新的科研成果和技术支持,促进公司科技创新能力的提升。第五,加大研发投入。公司应高度重视研发投入,确保有足够的资金用于科技创新活动。可以通过内部筹资、政府补助、社会投资等多种方式筹集研发资金,为公司的科技创新提供有力的资金支持。第六,建立投资与融资机制。设立专门的投资部门或基金,负责对具有发展潜力的创新项目进行投资。加强与金融机构的合作,为公司的创新活动提供充足的资金支持。鼓励员工参与创业投资或设立创业公司,支持员工的创新创业活动。第七,完善激励机制。制定和完善针对研发人员的激励机制,包括薪酬、晋升、培训等方面的政策,以激发他们的工作积极性和创新能力。还可以设立专门的奖励制度,对在科技创新方面取得突出成绩的员工进行表彰和奖励。第八,保护知识产权。加强知识产权保护意识,确保公司的创新成果得到充分的保护。可以通过申请专利、商标等方式保护公司的知识产权,防止他人侵权。第九,建立跨部门协作机制。在公司内部建立跨部门协作机制,确保各部门之间在科技创新方面能够形成合力。可以设立专门的协调机构或委员会来负责协调各部门之间的合作事宜，确保各项工作能够顺利推进。第十，关注行业趋势和市场需求。公司应密切关注行业趋势和市场需求的变化，及时调整自身的科创策略和方向。通过市场调研、参加行业会议等方式获取最新的市场信息，为公司的科技创新提供有力的指导。进一步讲，通过明确创新战略、加大研发投入、建立创新团队、推动产学研合作、优化创新环境、加强知识产权保护以及推动绿色发展等措施的实施，可以有效提升公司的科技创新能力并培育发展新质生产力。

## 七、建议进一步完善上市公司科创能力信息披露机制，加强上市公司科创能力风险监测预警

（一）建议出台基于上市公司科创能力的信息披露制度。上市公司科创能力相关信息的披露不仅是证券市场赋予上市公司的义务，也是上市公司寻求自身发展和完善公司治理的需求，更是满足投资者多元化信息的需求。回归分析表明上市公司对于科创投入、科创产出、科创保障等科创能力相关信息披露越详尽，越能达到募资期望值，亦即 IPO 募资能力越强。为引导上市公司真实、准确、完整、及时地披露科创能力相关信息，首要工作是在当前证券市场环境下完善我国上市公司科创能力信息披露制度，建议在我国《证券法》《上市公司信息披露管理办法》《公开发行证券的公司信息披露内容与格式准则》等框架下，制定上市公司科创能力信息披露的示范说明或具体操作指引，作为上市公司披露科创能力等无形资产信息的准则。

考虑到行业之间的科创密集度不同，发展状况差异较大，可优先从科创密集型产业出发，出台上市公司科创能力信息披露导引进行试点，推动上市公司科创能力信息披露工作循序渐进，在实践中不断完善，逐步推广至整个证券市场。

（二）建议加强上市公司科创能力等科创风险的警示性提示。鉴于风险提示对于投资者正确认识和预测上市公司资产状况、经营风险和发展前景至关重要，应着重加强上市公司对经营过程中的科创风险进行警示性提示，告知技术更新、侵权诉讼等风险因素可能对公司未来发展和经营业绩的不利影响，并给出针对性的防范措施。对科创风险的披露和提示应作为上市公司科创能力信息披露的最低标准，证券市场相关监管机构也应加强信息披露监管。

（三）积极倡导上市公司自愿性披露科创能力等科创实力情报。目前我国大多数上市公司的科创能力等科创信息披露还停留在科创能力数量、种类等历史性信息上，上市公司需要意识到科创能力与企业经营之间的关系。以自愿披露为前提，鼓励倡导上市公司在年报等信息披露文件中积极将科创能力战略、长远规划等预测性软信息向市场公开，为投资者展示上市公司科创能力和企业高质量发展实力。

（四）推动建立全国统一的上市公司科创能力等科创情报信息披露平台。为了规范上市公司科创能力信息披露行为，确保投资者方便快捷、及时高效、准确全面地获取上市公司科创能力等知识产权信息，可建立全国统一的上市公司科创能力信息披露平台，集中披露发布上市公司的科创能力信息。

本部分由证券日报与合享汇智共同完成

# 第二部分 PART 2

## 科创领军者成长 5 年调研报告

# 第一章
## 募集资金投向

非凡五年,"试验田"已结出累累硕果。

发展新质生产力,科技创新是核心要素。科创板开板五年多来,已发展成为"硬科技"企业上市的首选地和推动高质量发展的重要平台。

五年间,科创板从无到有,上市公司从0到突破570家,IPO募集资金超9000亿元;

五年间,科创板公司自主研发填补一个又一个空白,119家次(70家)科创板公司牵头或者参与的项目获得国家科学技术奖等重大奖项,平均每家公司拥有发明专利数量达到168项;

五年间,科创板公司"成链成网",在不同行业形成集聚效应,加速创新要素的资源配置;

五年间,科创板"机构市"初步形成,已成为境内机构化、指数化程度最高的板块,"耐心资本"正在加速布局;

五年间,"试验田"成"示范田",注册制改革实质破局,资本市场在发行、上市、信息披露、交易、退市、持续监管等各个环节中,形成了完善丰实的制度供给……

时至今天,五周岁的科创板羽翼渐丰,面对百年未有之大变局,科创领军者有不少感悟和思考。《证券日报》科创板调研组花费三个月的时间,针对科创板公司策划组织了一场问卷调查，一组组真实的数据，一句句发自肺腑的建言跃然纸上。

调研结果，有的与我们的"体感"一致，比如，在募集资金投向、研发投入、资金链安全等层面，调研结果与已公开财务数据相互印证，重视创新以及加强研发投入已经成为社会共识。有的结果却出乎意料，比如，有30.9%的受访公司表示研发投入增加后并未促进公司营收的增加；65.5%的受访公司称现金分红对公司当下确实存在压力；还有近半公司反馈当地没有成熟的产业集群或产业园；等等。

调查问卷分析结果还显示，38.2%的受访公司已经解决产业链"卡脖子"问题，但在很多领域，国际公司的话语权较强，依然是行业标准的制定者。对于科创板公司来说，还有不少产业链"卡脖子"问题需要进一步攻克。在资本市场助力下，期待科创板公司不断加大研发投入，全力攻克关键核心技术，实现自主创新，逐步摆脱对外部供应链的依赖，提升产品的技术含量和附加值。

作为科技创新和产业发展的生力军，科创板公司聚焦重点领域加快科技攻关，不断落实创新驱动发展战略，充分发挥科创板服务高水平科技自立自强战略性平台的作用，持续培育新质生产力。其中新一代信息技术、生物医药、高端装备制造行业公司合计占比超过80%，战略性新兴产业集群逐步发展壮大，未来产业加快布局。

栽得梧桐树，引得凤凰来。科创板已经用五年时间探索了畅通"科技、产业、资本"的循环之路，随后的五年、十年、更多年，将乘势而上，持续助力科技创新由"点的突破"向"系统提升"，逐步构建起上下游企业协同的矩阵式产业集群，为实现高水平科技自立自强、培育壮大新质生产力注入强大的资本动能。

截至 2024 年 4 月 30 日，开板近五年的科创板已先后迎来 571 家公司发行上市，IPO 累计募集资金超 9000 亿元；其中，2024 年以来共有 5 家公司完成上市，合计募资 62.99 亿元。

上市公司的募集资金原则上应当用于主营业务。除金融类企业外，募集资金投资项目不得为持有交易性金融资产和可供出售的金融资产、借予他人、委托理财等财务性投资，不得直接或间接投资于以买卖有价证券为主要业务的公司。

另一方面，募集资金投资项目建设往往需要一定时间来完成，或者一些大型项目可能需要分阶段投入资金，这都会导致部分资金可能暂时闲置。因此，如何合理合规地规划和使用这些闲置资金，以提高资金使用效率，也是科创板上市公司需要思考的课题。

那么，科创板上市公司的 IPO 募集资金目前使用状况如何呢？对企业发展是否起到了作用？让我们来看看本次问卷调查中科创板企业的回答。

## 第 1 问：首发募集资金目前是否已经按计划使用完毕？

对于科创板企业来说，上市最重要的一件事情，就是募得了一大笔能够用来发展壮大自身的资金。而首发募集资金使用情况，则能够在一定程度上反映企业发展状况，并且可能直接影响其后续再融资项目的发行。

自 2019 年开板以来，科创板已经走过了五年多时间，不少科创板上市公司距离首次募集资金已经超过了三年，而通常募投项目的建设期也在三年左右。从调研结果来看，18.2% 的受访公司已经按计划使用完毕首次募投资金；3.6% 的公司中途更改过募集资金投向，目前资金已经使用完毕；

78.2% 的公司目前资金尚有结余。

另据上交所数据，截至 2023 年 6 月底，科创板公司已累计投入 IPO 募集资金 4349.55 亿元，整体投入进度近六成，其中上市两年以上的公司投入进度近八成。

整体而言，科创板公司积极推进募投项目落地，已成为当前扩大有效投资尤其是高技术产业投资的关键力量之一。

## 第 2 问：目前募集资金投入募投项目进度如何？

从前一问来看，接受问卷调研的大部分科创板公司尚未用完首发募集资金，那么资金投入募投项目的具体进度又是如何呢？

调研结果显示，12.7% 的受访公司的进度在 30% 以下；21.8% 的公司的进度为 30%~50%；32.7% 的公司的进度为 50%~80%；32.7% 的公司的进度为 80%~100%。也就是说，超过六成的公司目前进度超过了 50%。总的来说，首发募集资金投入募投项目进度较为乐观，相比 2021 年的问卷调研结果有了明显的改善。

科创板募资投向整体聚焦科技创新领域，主要包括研发、生产建设类项目等。从近几年披露的年报可以看到，不少科创板公司的首发募投项目已经陆续开始产生经济效益，多个募投项目在创新研发、产业化发展和升级扩产等方面取得了不小的成果。譬如，迪哲医药核心产品 DZD9008（舒沃替尼）新药上市申请获 CDE 受理，迈威生物针对类风湿关节炎的阿达木单抗生物类似药君迈康获批上市。

无疑，随着科创板公司进一步充分利用首发募投资金持续创新研发，推动大批项目投产落地，在支撑企业自身高质量发展的同时，也将为全国经济大盘稳中求进作出积极的贡献。

## 第3问：公司募集资金理财额度占募集资金净额比重多大？

科创板公司超募现象时有发生，再加上募投项目推进程度等原因，导致募集资金出现闲置的情况。而这时，公司往往会采取理财的办法，以提高资金的使用效率。

从调研结果来看，在受访公司中，募集资金理财额度占募集资金净额比重在30%以下的公司的占比为45.5%，比重在30%~50%的公司占比为18.2%。值得关注的是，有36.4%的公司募集资金理财额度占募集资金净额比重超过了50%，甚至有7.3%的公司把高达80%以上的募集资金目前都用来理财了。当一半以上募集资金都用来理财，公司的募投项目进度有可能会受到一定影响。当然，也有可能公司的募投项目出现了变化，并不需要那么多资金投入了。

不过，整体而言，相比2021年的问卷调研结果中超过六成的公司募集资金理财额度占募集资金净额比重超过了50%，当前科创板公司募集资金用来理财的程度已大幅降低。

这一方面与科创板公司募投项目的推进有关，另一方面或也与近年来理财产品不再"香"了有关——理财产品收益率大幅下滑，甚至有部分上市公司购买的理财产品"踩雷"，出现逾期兑付或亏损现象，拖累公司净利润。为了保障资金安全和流动性需求，上市公司购买理财产品的热情大幅下降。据媒体统计，2024年以来A股上市公司整体购买理财的数据较往年严重"缩水"，同比下滑达到了60.32%。

## 第4问：公司近三年募集资金理财收益如何？

上市公司购买的理财产品类型分为存款、定期存款、结构性存款、通知存款、银行理财产品、证券公司理财、投资公司理财、信托、逆回购和基金专户等。一般而言，上市公司对资金的安全性和灵活性要求较高，2022年公布的《上市公司监管指引第2号——上市公司募集资金管理和使用的监管要求（2022年修订）》中明确指出，暂时闲置的募集资金可进行现金管理，其投资的产品须符合条件，如结构性存款、大额存单等安全性高的保本型产品；流动性好，不得影响募集资金投资计划正常进行。

值得关注的是，2023年6月、9月和12月，全国性大中型商业银行陆续发布公告，多次宣布下调存款利率。就最近一轮下调动作来看，国有大行下调的重点为定期存款及大额存单利率，降幅一般为10个基点、20个基点和30个基点，存款期限涵盖一年期到五年期，其中三年期和五年期品种降幅较大。据悉，自2023年12月银行存款利率下调后，多家大行的五年期挂牌利率已降至仅2%。而投资环境整体不佳，也令理财产品收益率明显下滑，部分理财产品的"暴雷"进一步加剧了企业对于投资安全性的担忧。

那么，科创板公司的理财水平如何呢？近三年募集资金理财"钱生钱"的收益大概处于何种水平？

从调研结果来看，1.8%的受访公司近三年募集资金理财出现了亏损，1.8%的公司理财水平高超，累计收益率超过了10%，而96.4%的公司累计收益率都不足10%。可作对比的是，据媒体报道，从2023年公开披露的数据来看，A股上市公司认购理财产品的平均收益率预计最低为2.01%，最高达3.24%。

整体而言，这些科创板公司在控制风险的前提下，通过投资理财盘活了闲置资金，增加了收益。尽管如此，对于上市公司来说，相比主业，投资理财仍是一项相对高风险行为。上市公司高质量发展离不开专注主业，若募集资金大量用于投资理财产品，不仅会给外界造成不务正业的印象，也会影响企业的经营稳定性和竞争力。

### 第 5 问：募集资金补充流动资金占募资额有多大比重？

对于上市公司来说，募集资金除了用于募投项目之外，通常也会有一部分是用来补充流动资金的。在上市前，科创板公司大多采用向银行借贷的方式来筹集项目建设资金，但这种借贷往往需要支付利息，从而影响公司利润。因此，一旦募集资金可以用来补充流动资金，那么公司就能够使用这部分资金来偿还贷款，节省利息支出，改善财务结构。此外，在企业的日常经营中，需要流动资金来购买原材料、燃料、支付工资和其他经营费用，将募集资金用于补充流动资金可以缓解运营资金的压力，并作为应对突发事件的缓冲。

但总的来说，相较于固定资产建设、技术研发等有着明确使用规划的投资项目，使用募集资金补充流动资金并不能为科创板公司带来生产规模或者科技创新等方面的提升，在某些情况下对投资者也并不友好。

监管机构也对上市公司补充流动资金的计划重点关注。2020 年 2 月 14 日证监会发布《发行监管问答——关于引导规范上市公司融资行为的监管要求（修订版）》，明确规定"上市公司应综合考虑现有货币资金、资产负债结构、经营规模及变动趋势、未来流动资金需求，合理确定募集资金中用于补充流动资金和偿还债务的规模。通过配股、发行优先股或董事会确定发行对象的非公开发行股票方式募集资金的，可以将募集资金全部用于补充流动资金和偿还债务。通过其他方式募集资金的，用于补充流动资金和偿还债务的比例不得超过募集资金总额的 30%；对于具有轻资产、高研发投入特点的企业，补充流动资金和偿还债务超过上述比例的，应充分论证其合理性"。

可以看出，对于相关规定，科创板公司总体遵守得较好。根据此次问卷调研结果，80% 的受访公司募集资金补充流动资金占募资额的比重在 30% 以下，18.2% 的公司在 30%~50% 之间，只有 1.8% 的公司把占比高达 50%~80% 的募集资金用来补充流动资金。

## 第 6 问：是否有募集资金进一步改为补充流动资金需求？

按照相关规定，科创板公司要想将募集资金"改道"补充流动资金限制还是较多的，虽然八成受访公司目前只用了占比 30% 以下的募集资金来补充流动资金，但是，仍有 38.2% 的公司表示想进一步将募集资金改为补充流动资金，其中，10.9% 的公司需求量较大，27.3% 的公司需求量较小。

部分受访公司希望将更多募集资金"改道"补充流动资金，一方面与近年来宏观经济市场环境变化，企业经营压力增大，资金链变得紧张有关；另一方面也受目前市场再融资从严从紧的影响较大。

但无论如何，对于科创板公司来说，募集资金用来补充流动资金的多了，那么投向募投项目的就自然变少了，这是否会影响到募投项目的落地乃至影响企业的长期发展，也是需要考虑的问题。总之，在这件事上，公司需要找到一个合理的平衡点。

## 第 7 问：投入研发占募资额有多大比重？

科创板自设立伊始，其板块定位就聚焦"硬科技"三个字。对于科创板公司来说，通过持续研发投入坚持科技创新从而保持长久的竞争力，是企业发展的"生命线"。早在 2020 年 5 月，证监会就科创板上市公司募集说明书和申请文件准则公开征求意见时，就强调披露募集资金投向与科技创新的关系。

根据问卷调研的统计数据，27.3% 的受访公司的募集资金投入研发占募资额的比重为 10% 以下，41.8% 的公司投入比重在 10%~30%，14.5% 的公司投入比重在 30%~50%，16.4% 的公司投入比重超过了 50%。

从调研结果来看，科创板公司对于技术研发还是保持了较大的投入力度。这种巨大的研发投入力度也可从下面这组数据中得到印证：截至 2023 年末，科创板已汇聚超过 23 万人的科研人才队伍，研发人员占员工总数的比例超过三成。科技创新成果也不断涌现，截至 2023 年末，累计 124 家次公司牵头或者参与的项目获得国家科学技术奖等重大奖项，六成公司核心技术达到国际或者国内先进水平；累计形成发明专利超 10 万项，其中中芯国际、信科移动的专利均超过万项。

值得关注的是，2024 年 4 月 30 日，证监会发布消息称，已修改《科创属性评价指引（试行）》（下称《指引》），修改后的《指引》适度提高了对科创板拟上市企业的研发投入、发明专利数量的要求。此次修改《指引》旨在引导科创企业更加重视科研投入和科研成果产业化，促进申报企业质量进一步提升。这显然也会进一步引导科创板上市公司将首发募集资金投向科技研发方向，夯实未来高质量发展的基础。

〖结语〗

鉴于科创板聚焦"硬科技"的板块定位，科创板公司募集资金使用的管理和使用有其特殊性。《上市公司监管指引第 2 号——上市公司募集资金管理和使用的监管要求（2022 年修订）》中明确指出"科创板上市公司募集资金使用应符合国家产业政策和相关法律法规，并应当投资于科技创新领域。"

整体而言，科创板设立五年多来，为科技创新型企业提供了更便捷和更科学的融资渠道。科创板企业也不负助力高水平科技自立自强的初心和使命，充分利用募集资金，积极发挥研发创新能力参与国家重大科研计划的科研攻关，推动更多科研成果转化，带动产业链上下游共同进步，为进一步落实国家创新驱动发展战略提供了强劲动力。

另一方面，在当前整体投资理财收益率下行的大背景下，科创板公司如何利用好闲置募集资金，提高资金使用效率也愈加成为考验。公司尤其有必要进一步强化风险控制意识，避免投资理财"踩雷"，拖累公司经营发展。

在利用募集资金补充流动资金的问题上，科创板公司也要充分衡量满足短期资金需求和支持企业长期发展之间的关系，不要忘了"投资于科技创新"的要求和使命。

总而言之，无论将募集资金用于何种用途，都一定要体现出规划性，符合相关法律法规的要求，符合投资者的利益，并及时进行公布，以利于市场各方跟进监督。

# 第二章
## 资金链调查

资金就如同企业的"血液",是企业运营、发展、扩张和创新的关键动力。对于科创板公司而言,拥有一个健康的资金链至关重要。

首先,资金链是企业的生命线,对科创企业来说尤其如此,是其生存与发展基础。科创公司的研发投入大、周期长,对资金的依赖和需求更为强烈。如果资金链管理不善,企业可能立即面临生存危机,更谈不上寻求发展。

其次,研发投入是衡量科创企业创新能力和长期发展潜力的重要指标,对科创板公司来说,唯有保障研发投入,才能提高企业的技术水平和市场竞争力,才能提升核心竞争力、筑牢"护城河",才能扩大生产规模、开拓新市场或收购其他企业以实现规模经济。

再次,作为上市公司,科创板企业需要风险管理,在竞争激烈的市场环境中,科创板公司需要不断应对各种市场风险,如市场风险、信用风险、汇率风险等。建立健全的资金链能够帮助企业更好地应对这些风险,确保企业的稳健运营。

最后,是做好投资者回报,最终让投资者有获得感。为了吸引和留住投资者,公司需要为投资者提供合理的回报,如股息、红利或债券利息等。这些资金反映了公司对投资者的承诺和责任感。

科创板开板已满五年，科创领军者是如何管理、优化资金链的？目前的科创板企业资金链是否安全？在资金使用和融资上又有哪些诉求？本章节集中对科创领军企业资金链展开调研。

## 第 8 问：公司现金流能够支撑多久的生产经营成本？

现金流是企业日常运营的"生命线"，它用于支付员工工资、租金、水电费、供应商款项等日常开支。没有稳定的现金流，企业可能无法维持其正常运营。现金流也是支持企业投资、扩张和新产品开发的关键因素，稳定的现金流可以增强企业的信誉和声誉。科创领军者对这个问题十分重视，调查问卷回复率达到 100%。

从调研结果来看，有 3.6% 的受访公司明确目前现金流匮乏；25.5% 的公司认为现金流不充足，约覆盖 1 到 2 年运营成本；认为 3~5 年现金流没有问题的公司占比达到 50.9%，有 20% 公司认为，目前现金流可支撑 5 年以上。

从调研结果上看，超过 70% 的科创板公司认为目前现金流至少三年内无忧。

从已发布的 2023 年年报数据来看，科创板公司的现金流状况整体表现良好。2023 年，科创板公司的经营活动现金流净额合计达到了 1395.5 亿元，同比增长 13.6%，显示出这些公司具有良好的变现能力和回款效率。

现金流的充足性对于科创板公司来说，意味着他们能够更好地应对市场波动和经营风险，保持稳定的运营状态。同时，这也为科创板公司的投资和发展提供了有力支持，使它们能够更积极地拓展业务、提高市场份额、加强研发投入等。

需要注意的是，不同科创板公司的现金流状况可能存在差异。一些公司可能因为业务规模较小、市场竞争激烈或经营不善等原因，导致现金流紧张。因此，投资者在关注科创板公司的现金流状况时，还需要结合公司的具体情况进行综合分析和判断。

### 第9问：公司闲置募集资金额度在什么区间？

科创板闲置募集资金是指科创板上市公司之前因某项事项特地募集的资金在后续使用中有剩余，由于这些资金是专项募集资金，不能随意挪作他用，因此滞留在账户中，形成闲置募集资金。这些闲置募集资金的存在对于上市公司来说，既可以作为一种财务资源，用于满足公司未来的资金需求，又需要按照相关法规进行规范管理和使用。在科创板，上市公司通常会将闲置募集资金用于现金管理，主要选择安全性高、流动性好的投资产品，如结构性存款、定期存款、大额存单和协定存款等，以获取一定的收益。

从调研结果来看，闲置募集资金额度500万元以下的科创板公司占比为10.9%；500万元至1000万元区间的占比为1.8%；1000万元至3000万元区间占比5.5%；3000万元以上的则占比达到81.8%。

换句话说，超八成的科创板公司闲置募集资金超过3000万元。

科创板闲置募集资金较多的原因主要有三：一是科创板公司在上市前普遍出现了"超募"情形，这种现象导致公司募集资金量超出实际需要，形成了闲置资金；二是部分科创板公司的募投项目处于开始阶段，所需资金费用有限，随着项目的逐渐进展，这些资金才会逐步投入使用；三是一些科创板公司选择将闲置募集资金用于现金管理，如购买结构性存款、定期存款等理财产品，以获取一定的收益。

总的来说，科创板闲置募集资金是上市公司重要的财务资源之一，但也需要按照相关法规进行管理和使用。科创板公司需要根据自身实际情况和募投项目的进展情况，合理规划和管理这些资金，以确保资金的有效利用和公司的稳健发展。同时，监管机构也需要加强对科创板公司募集资金使用情况的监管，确保公司合规使用募集资金，保护投资者的合法权益。

## 第10问：公司上市后是否进行过再融资？

科创板再融资为科创板上市公司提供了更多的资金来源，有助于支持公司的创新和发展。同时，监管层也通过一系列措施提高了融资的便捷性和效率，以支持有发展潜力、市场认可度高的优质科创板上市公司便捷融资。

调研结果显示，上市后未做再融资的受访公司占比高达89.10%；再融资一次的占比为10.9%，不存在再融资两次以上的科创板企业。这一调研结果基本符合科创板公司目前资金充裕的整体特性。

在科创板再融资过程中，一些公司会选择发行可转债以筹集资金。例如，某智能制造企业为了满足市场需求和推动技术创新，计划发行可转债以筹集资金用于扩大生产能力和技术研发。此外，还有公司选择发行新股或可交换债进行再融资，以支持公司的研发项目和市场拓展。

从审核情况来看，科创板再融资的审核节奏相对较快。例如，"小额快速"再融资允许创业板、科创板公司向特定对象发行融资总额不超过人民币3亿元且不超过最近一年末净资产20%的股票时，可以适用简易程序。这意味着交易所收到申请文件后，可以在较短时间内完成审核并报送证监会。

## 第 11 问：当前的小额快速融资制度是否能够有效满足公司短期内再融资需求？

为了支持科创板的再融资，监管层在发行程序上设置了便捷高效的注册程序，以提高融资效率。监管层还针对科创板的特点制定了小额融资规则，允许上市公司在最近 12 个月内申请融资额不超过人民币 3 亿元且不超过最近一年末净资产 20% 的非公开发行股票。这种融资方式的主要特点在于融资额度小和审核流程快。

这一制度的推出，优化了发行条件、压缩了审核流程，提高了融资效率。它允许上市公司在短时间内以较低的成本获得资金，从而支持公司的日常运营、扩大生产、研发投入等。同时，科创板小额快速融资制度也体现了科创板灵活高效的运作机制和制度，契合了高科技企业发展的实际需要，为公司在融资、人才引进和激励、研发投入等方面提供了更加丰富有效的手段和措施。

从调研结果分析，小额快速融资制度基本满足再融资需求的科创板公司占比达到 83.60%，另有 16.40% 的科创板公司在调研时表示尚不能满足融资需求。

随着科创板公司投入规模的增加，对资金需求也将不断扩大，届时或有更多为其量身定做的再融资制度。

## 第 12 问：再融资将投向哪些方面？

关注科创板公司再融资的投向，对于投资者和政策制定者都具有重要意义。再融资的投向需要全面考虑公司的战略发展方向、市场前景、技术创新能力、财务管理能力等方面。通过深入了解和分析这些信息，投资者可以更好地评估公司的投资价值和未来发展潜力。

对于这个问题,本次问卷设计了四大选项,也是道多选题:其中选择"投建新开发项目"的科创板公司占比高达92.70%,"扩建原项目"占比也达到43.60%,用于偿还贷款的占比为7.30%,选择补充流动资金的占比达43.60%。

不管是选"投建新开发项目"还是"扩建原项目",都属于典型的研发投入与技术创新。科创板公司通常具有高研发投入和技术创新的特点。因此,关注再融资资金是否将用于加强公司的研发能力、推动技术创新和产品升级,是非常重要的。这有助于提升公司的核心竞争力,为未来的持续增长奠定基础。

部分科创板公司可能将再融资资金用于补充流动资金或偿还债务。虽然这有助于缓解公司的短期资金压力,但也可能反映出公司在资金管理和运营方面存在的问题。因此,需要关注公司是否能够有效利用这些资金,并加强财务管理和风险控制。

## 第13问:公司所在产业的企业,整体资金是什么水平?

一个产业的资金水平直接关联到该产业内公司的经营和扩张能力。资金充足的产业,其公司往往能够更容易地获取所需的资金来支持日常运营、扩大生产规模、开展研发活动等。这种资金支持可以帮助公司更快地发展,提高市场竞争力。资金水平高的产业往往意味着更多的投资机会和更强的创新能力,从而推动产业升级和转型。

更为关键的是,资金水平高的产业更容易实现产业链整合和协同效应。通过并购、合作等方式,公司可以整合产业链上下游资源,提高整个产业链的效率和竞争力。这种协同效应有助于公司降低成本、提高产品质量和服务水平。

通过调研发现，63.60%的受访公司认为所属产业的资金基本满足运营，选择"大部分公司资金匮乏"的公司占比16.40%，也有20.00%的公司认为"少部分公司资金匮乏"。

整个产业资金水平对公司的影响是全方位的，不仅影响公司的经营和扩张能力，还影响公司的投资机会、创新能力、产业链整合能力、抵御风险的能力以及公司形象和信誉度等方面。因此，科创板公司需要密切关注整个产业的资金水平变化，以便及时调整自身的发展战略和资金策略。

## 第14问：公司在过去一年是否收到过政府补助？

科创板公司获得政府补助的情况比较常见。从此次调研问卷上看，所有公司均表示"收到过政府补助"，显示出各地政府对支持科技创新、促进产业升级、缓解融资压力等各层面做出的努力。

科创板公司多为科技创新型企业，政府补助可为其提供更多的资金支持，推动其在科技创新方面的投入和发展；政府补助有助于科创板公司加快产业升级和转型，推动公司向高端、智能、绿色方向发展，提高整个产业的竞争力和可持续发展能力；科创板公司在发展过程中可能会面临融资压力，政府补助可以在一定程度上缓解这种压力，为公司提供更多的资金来源。

政府补助的形式多种多样，包括但不限于研发资金、税收优惠、项目补贴等。这些补助资金对于科创板公司的发展具有积极作用：通过投入研发资金，公司能够加快技术研发和创新步伐，提高产品的技术含量和竞争力；政府补助中的项目补贴等资金可以用于扩大生产规模，提高生产效率，这对于科创板公司来说，有助于提升产能，满足市场需求，进一步巩固市场地位；科创板公司在发展过程中可能会面临资金压力，政府补助可以在一定程度上缓解这种压力，公司可以利用这些资金进行市场推广、品牌建设等，提升公司的知名度和影响力；政府补助的发放往往与公司的业绩和贡献挂钩，这可以激励公司更加努力地发展业务，提高业绩水平。同时，政府补助还可以降低公司的经营成本，提高盈利水平。

需要注意的是，政府补助并不是无条件的，科创板公司需要符合一定的条件和标准才能获得补助。虽然政府补助对科创板公司的发展具有积极作用，但公司也需要根据自身实际情况合理利用这些资金，避免浪费和滥用。同时，公司还需要关注政府补助政策的变化，及时调整自身的战略和计划。

## 第15问：在目前的环境下，公司在资金链上存在哪些困境？希望得到怎样的帮助？哪些产业需要国家重点扶持？

这是道简答题，以便科创板公司能根据实际表达诉求。

分析显示，虽然大部分公司表示资金链上目前没有大的困难，但还是在相关政策扶持上提出了建议，总结如下：

客户回款方面，回款周期较长，且客户基本无预付款，影响公司现金流，希望国有大型企业能预付部分货款，对账龄较长的欠款能及时清偿；上下游账期错配，资金压力较大，希望国家出台相关政策鼓励央国企积极承担链主责任，缩短供应商账款账期，扶持产业链上下游企业共同发展。

关于融资方面，间接融资比例过高导致财务费用高企，希望证监会、交易所能给出绿色通道，便于企业进行直接融资；融资成本高，希望降低贷款利率；融资渠道较少，希望对研发投入补助能更为宽松和增大金额；丰富再融资方式，加快审批速度，降低发行门槛；希望得到低息或者零息产业扶持资金。

资金渠道方面，外汇收入入账困难，希望国家提供金融政策支持，降低收汇难度；针对优质海外标的收并购过程中，以美元结算的收并购对价款办理贷款时利率较高的问题，希望可针对此类并购贷款等给予政策支持。

产业发展方面，绿色节能产业加大节能产品推广力度；推动数字化技术与生物医药应用，生命数据共享及安全保障；建议国家重点支持汽车电子行业的发展，投入资源；电子大宗气体、电子特气和电子化学品作为半导体产业的重要材料，在产业园区规划和项目投资方面需要国家政策扶持；建议显示类进口替代类新项目；希望政府出台政策鼓励新能源电池行业的新技术、新工艺、新材料等新兴技术的发展，包含大圆柱全极耳电池、固态电池、钠离子电子等；针对创新药的研发企业，希望国家能出台更多的促进研发企业发展的财政、税收、金融等方面的政策，比如，对创新企业给予研发补助、税收返还、低税率、优惠专项贷款利率等政策。

用地需求方面，在重要项目落地过程中，需要寻求土地上的支持。

〖结语〗

科创板公司的现金流、闲置资金和再融资等都是公司财务运作的重要组成部分，它们之间相互关联、相互影响。公司需要合理规划和管理这些资金，以实现公司的长期稳定发展。本章节设计的问题，既有单家公司层面，也有产业层面，还有政府层面、政策层面。涉及面较广，期望能全方位反映科创板公司在资金方面的实际情况。

在这次问卷调研中，上市公司对待资金的调研回答得十分认真，期望通过这次调研能充分表达自己的诉求。

调查问卷结果显示，超过 70% 的受访公司认为目前现金流至少三年内无忧，甚至有 20% 的公司认为目前现金流可支撑 5 年以上。结合上市公司 2023 年年报数据，科创板公司经营活动现金流净额同比增长了 13.6%，进一步印证了科创板公司良好的资金链情况。现金流尤其是经营性现金流，直观反映了公司经营活动创造现金的能力，这一数据的增长表明科创板公司在开板五年来，经营活动能够有效地回收资金，保持资金的流动性，为公司的发展提供了有力的支持。

市场关心的另一个问题是，闲置资金该怎么处理？

调研结果显示，超八成的科创板公司闲置募集资金超过 3000 万元。这些资金可能来自于公司的营业收入、投资收益、融资等渠道。鉴于科创板公司普遍体量不大，所以 3000 万元规模的闲置资金科学管理显得很重要。科创板公司对于闲置资金的管理通常比较重视，因为这关系到公司的资金利用效率和盈利能力。一些科创板公司会选择将闲置资金用于现金管理，如购买安全性高、流动性好的投资产品（包括但不限于结构性存款、定期存款、大额存单等），以获取一定的收益。这种做法可以在不影响公司正常运营的情况下，提高资金的利用效率。另外，也有一些科创板公司会选择将闲置资金用于回购股份。回购股份可以减少公司的股本，提高每股收益，同时也可以向市场传递出公司对未来发展的信心。

在资本市场，还有一个备受关注的问题，那就是频频提及的再融资。科创板公司对待再融资态度不一，总结起来可分成两大派：一是目前公司资金充裕，没有再融资的打算；另一派是，由于客户回款难，让公司感受到了资金压力，希望通过再融资解决困难，但又面临着融资难、融资贵的问题。

我们对科创板公司的再融资进行调研，得到的主要结论有：①上市后未做再融资的占比高达89.10%，即科创板发展五年来，科创板公司手头比较宽松；②小额快速融资制度基本满足再融资需求的科创板公司占比达到83.60%，再融资绿色通道得到科创板公司欢迎；③高达92.70%的科创板公司将再融资额投建新开发项目，可谓是"好钢用在刀刃上"。

其实，最能清晰表达上市公司资金诉求的是本章节的最后一个问题，我们请科创领军者简述在资金链上存在的困境，希望得到怎样的帮助，以及哪些产业需要国家重点扶持？接受调研的科创板公司提出了融资制度上的建议，切实解决了企业面临的实际问题，比如，丰富再融资方式、加快审批速度、降低发行门槛、希望得到低息或者零息产业扶持资金等。

# 第三章

## 人才与技术之变

科创板是中国资本市场的"试验田",担当着资本市场支持科技创新的重任,研发投入更是成为检验科创板企业"硬科技"含量的重要指标之一。科创企业上市后,有了资本市场的支持,不论是研发投入,还是人才储备方面,都更为便利。

而科创板公司的核心竞争力主要体现在人才和技术方面。科创板公司需要不断加强人才和技术方面的投入,培养和引进更多高素质、高技能的人才,同时加大技术研发和创新。技术的创新升级能够为公司带来持续的竞争优势,同时也能够推动整个行业的发展。

为此,本章节对科创板上市公司的研发层面进行调研,一探其人才和研发投入的真实情况。

## 第16问:公司近年的研发投入占营收比例处于什么水平?

科创板作为我国资本市场的重要板块,一直以来都注重企业的研发投入和创新实力。研发投入是科创公司取得科技成果和核心竞争力的重要推动力,研发投入占比是衡量一家科创板公司"含金量"的重要标准之一,科创板公司研发投入占营收比重较高,符合科创板的定位,说明科创板公司重视科技创新。如果研发投入过低,其科创属性则大打折扣。

从调研结果来看,63.6%的受访公司研发投入占营收的比例为10%以上，27.3% 的公司研发投入占营收的比例为 5%~10%。

根据 2023 年报的最新数据，2023 年，科创板公司研发投入金额合计达到 1561.2 亿元，同比增长 14.3%，研发投入占营业收入比例中位数为 12.2%，83 家公司研发强度连续三年超 20%。

这一数据与本次调研结果一致。在科创板上市的公司中，研发投入普遍较高。

截至 2023 年末，科创板已汇聚超过 23 万人的科研人才队伍，研发人员占员工总数的比例超过三成。这一数据不仅体现了科创板公司在研发投入方面的重视，也反映了这些公司在推动科技创新和产业升级方面的积极努力。

科创板公司在研发投入方面的表现值得肯定。这些公司不仅注重技术研发和创新实力的提升，也通过持续的研发投入，推动了自身业务的快速发展和产业升级。未来，随着科创板市场的不断发展和完善，相信这些公司将在科技创新和产业升级方面发挥更加重要的作用。

不过，调研结果还显示，也有少数公司研发投入占营收的比例在 3%~5%。如果科创板公司的研发投入偏低，若不考虑不同公司、不同行业以及不同发展阶段的特殊情况，可能意味着这些公司在技术创新和研发能力上相对较弱。

## 第 17 问：上市后公司研发人员的薪酬占比多大，有没有明显变化？

一般来说，科创企业上市后，随着公司规模的扩大和业绩的提升，研发人员的薪酬水平也有望相应提高。这是因为上市公司通常具有更强的资金实力和更广阔的市场前景，能够吸引更多的优秀研发人员加入，并为他们提供更好的薪酬和福利待遇。

此外，科创企业上市后，可能会面临更高的监管要求和更严格的信息披露制度，这也可能会对公司的薪酬管理产生一定的影响。一些公司可能会更加注重薪酬的透明度和公平性，为研发人员提供更加合理和具有竞争力的薪酬方案。

调研结果显示，45.5%的受访公司上市后研发人员薪酬占比有所增加。30.9%的公司该比例在10%~30%，21.8%的公司该比例超过30%。

科创企业上市后，研发人员的薪酬变化并非一定呈现上升趋势。一些公司可能会根据自身的经营情况和市场环境，对薪酬进行调整。例如，在业绩不佳或市场竞争激烈的情况下，公司可能会采取降薪或冻结薪酬等措施来应对压力。

因此，科创企业上市后研发人员的薪酬变化具有不确定性，需要具体情况具体分析。但总体来说，随着科创板市场的不断发展和完善，以及公司对研发人员的重视和投入，研发人员的薪酬水平有望逐步提高。

## 第18问：公司上市后加强研发体现在哪些方面？

科创企业上市后，有了资金的助力，研发人员随之增多，相关研发也必然会加速，从而促进企业的进一步发展，形成正向循环。不少科技含量很高的企业正是由于研发周期较长，资金缺口较大，导致科研进展缓慢。紧扣科创板的目标，保证企业获得的融资用于研发投入、智造升级，转化为品质过硬的新技术新产品，这是科创板的终极意义所在。

调研结果显示，96.4%的受访公司通过增加研发投入，92.7%的公司通过招揽人才，76.4%的公司通过建立创新机制和奖励，69.1%的公司通过引入前沿技术和设备等方法进一步加强研发。

从问卷结果不难看出，多数科创板公司都将募集资金用于研发，通过增加研发人员薪酬等方式，也增加了研发人员的数量，由此，研发成果也越来越多，科创板"注血强能"作用明显。

得益于持续稳定的高研发投入，2023年科创板公司在科技创新方面取得了一系列新进展、新突破。截至2023年末，累计124家次公司牵头或者参与的项目获得国家科学技术奖等重大奖项，六成公司核心技术达到国际或者国内先进水平，累计形成发明专利超10万项。

值得一提的是，证监会公布了新修改的《科创属性评价指引（试行）》（以下简称《指引》）。修改后的《指引》适度提高了对科创板拟上市企业的研发投入、发明专利数量及营业收入复合增长率要求，旨在引导科创企业更加重视科研投入和科研成果产业化，促进申报企业质量进一步提升。

此次修改内容方面，一是将《指引》第一条第一项"最近三年研发投入金额"由"累计在6000万元以上"调整为"累计在8000万元以上"；将第三项"应用于公司主营业务的发明专利5项以上"调整为"应用于公司主营业务并能够产业化的发明专利7项以上"；将第四项"最近三年营业收入复合增长率"由"达到20%"调整为"达到25%"。

可以说，研发投入强度和研发成果是衡量科技企业科技含量的重要指标，从上述《指引》也可以看出，引导科创企业更加重视科研投入和科研成果产业化是必然趋势。

## 第19问：近一年研发投入增加，是否已促进公司营收的增长？

科创研发投入的增加通常会在一定程度上促进公司营收的增长，但具体效果会受到多种因素的影响。

一般来说，研发投入的增加意味着公司在技术创新和产品升级方面投入更多的资源。这有助于公司开发出更具竞争力的产品或服务，随着产品竞争力的提升，公司的销售收入也会相应增加。

调研结果显示，69.1%的受访公司通过研发投入增加，促进了公司营收的增长。

数据显示，科创板公司2023年全年合计实现营业收入13977.8亿元，同比增长4.7%，其中，超六成公司实现营业收入正增长，47家公司营业收入增幅超过50%；全年实现净利润759.6亿元。以2019年为基数，科创板公司近4年营业收入和净利润的复合增长率分别达到23.3%和24.4%。其中，92家公司营业收入和净利润复合增长率均超过30%，187家公司连续4年营业收入均实现增长，75家公司连续4年净利润均为正增长。

不过，研发投入的增加并不总是能立即带来营收的增长。从调研结果来看，也有30.9%的公司表示研发投入增加后并未促进公司营收的增长。

一方面，研发过程需要一定的时间，从投入研发到产品上市再到产生销售收入需要经历多个阶段。因此，研发投入的效果可能需要一段时间才能体现出来。另一方面，研发投入也具有一定的风险性，研发失败或者产品不符合市场需求的情况也存在。因此，对于公司来说，还需要综合考虑市场环境、竞争格局、客户需求等多种因素，制定科学合理的研发策略和市场策略，以实现持续稳定的营收增长。

## 第20问：公司是否解决了产业链"卡脖子"的问题？

科创板公司作为科技创新和产业发展的生力军，聚焦重点领域加快科技攻关，不断落实创新驱动发展战略，充分发挥科创板服务高水平科技自立自强战略性平台的作用，持续打造培育新质生产力。其中新一代信息技术、生物医药、高端装备制造行业公司合计占比超过 80%，战略性新兴产业集群逐步发展壮大，未来产业加快布局。

这也意味着不少产业链难题，都需要科创板公司来攻克。

调查问卷显示，38.2% 的受访公司已经解决产业链"卡脖子"问题。

在解决产业链"卡脖子"问题上，科创板公司采取了多种措施，包括加大研发投入、强化技术创新、加强产学研合作、实施供应链多元化战略、加快人才培养和引进以及加强国际合作与交流等。这些措施有助于提升公司的技术水平和创新能力，实现关键技术和资源的自主可控，从而提升整个产业链的竞争力。

不过，对于科创板公司来说，还有不少产业链"卡脖子"问题需要进一步攻克。在资本市场助力下，科创板公司将不断加大研发投入，用于攻克关键核心技术，实现自主创新，逐步摆脱对外部供应链的依赖，提升产品的技术含量和附加值。

## 第 21 问：为了留住人才，公司做了哪些激励？

科创板公司为了留住人才，通常会采取多种激励措施，这些措施旨在激发员工的积极性和创造力，确保公司能够吸引和留住核心管理团队和关键技术人才。

科创板公司汇聚了一批高科技人才，并率先推出第二类限制性股票股权激励工具。截至 2023 年末，共有 369 家科创板公司推出 539 单股权激励计划，板块覆盖率达到 65%，涉及核心技术及业务人员 10 万余人次。超九成公司选择第二类限制性股票作为激励工具,助力公司吸引人才、留住人才、激励人才,持续激发创新内生动力。

调研问卷显示,为了留住人才,89.1%的受访公司设置了明确的职业发展和晋升路径,87.3%的公司推出了股权激励计划,85.5%的公司增加工资奖励,32.7%的公司设置了项目分成,还有25.5%的公司分配了人才公寓。

人才是公司最宝贵的资源。科创板公司往往拥有高素质、高技能的员工队伍,他们具备深厚的专业知识、丰富的实践经验和强烈的创新意识,是公司不断创新、不断发展的重要保障。对于科创公司来说,更需要关注员工的福利和发展空间,以提高员工的满意度和忠诚度,为企业的长期发展奠定基础。

## 第22问:公司技术水平(或国内产业技术水平)与海外相比有多大差距?国家如何应对?企业需要哪些支持?

作为资本市场的高科技代表企业,科创板公司均是细分领域的领头羊,并具备明显的技术优势,在某些领域的技术已经比肩甚至超过了国际水平。但也有不少领域存在一定差距。

随着上市后研发投入的不断增加,很多科创板企业的技术水平正在逐步追赶国际一流企业并不断缩小差距。但同时,在很多领域,国际公司的话语权较强,往往会成为行业标准的制定者。

在此次问卷调研中,科创板公司对上述问题进行了填空"答题",归结起来有如下几点:

(一)多家受访公司表示整体技术水平与海外相比仍有差距

比如,有公司提到由于我国集成电路产业起步较晚,在技术和人才等方面与美国、日韩企业存在一定差距，目前我国在集成电路产业的主要核心技术尚存在较大的赶超和创新空间。国产模拟芯片主要集中在毛利率较低的低端消费电子领域，高端市场仍被进口品牌占据。

还有公司提到与海外先进国家相比，中国在大规模数据处理、云技术应用及能源物联网解决方案的集成方面还存在一些差距。

（二）多家受访公司表示在技术上处于领先地位

比如量子通信的研究和应用方面。还有公司提到技术水平与海外巨头相比整体处于同一水平，部分细分领域已实现赶超。

（三）多个行业明确表示希望加大国家层面的支持

（1）有公司提到希望政府和企业共同推动数字电网和数智城市等物联网应用的示范项目，政府可以为这些项目提供财政补贴和政策支持；

（2）希望政府可以在加强基础设施建设方面发挥关键作用，并完善相关的法律法规；

（3）希望国家加强顶层战略规划，健全体系化的量子信息战略规划和支撑政策，加大对企业出海的支持；

（4）加强在高校中对物联网技术、人工智能和大数据分析等相关领域的教育和培训。政府可以提供奖学金和研究资金，培养更多专业人才；

（5）对于仍需进口高端硅片的企业，可继续享受国家集成电路企业免税政策，不增加企业成本；

（6）在集成电力领域给予企业人才引进补贴，鼓励企业多引进高端人才，培养自有人才，提高企业的研发能力；

（7）目前中国电网的智能化、信息化水平已居于全球领先的地位，对于海外市场公司有技术优势。目前电网公司也已逐步布局海外市场如南美、中东等地区，希望央国企在出海的同时，也为配套服务公司提供一些渠道和机会引荐，帮助公司更好拓展海外市场。

〖结语〗

科创板主打的"硬科技"是需要长期进行高研发投入、持续积累才能形成的原创技术，因此研发投入是衡量公司"含科量"的重要标准之一。

我们通过上述7个问题对此进行调查，了解到科创板公司的研发投入处于较高水平。上市以后，科创板公司更是不断加大研发投入，增加研发人员数量，对所处领域进行持续攻关，科创板公司的营收都因此而有所增加，可以说实现了正向循环。受益于此，不少行业的技术水平都处于领先地位，但也有些技术与海外存在一定差距，仍需加大研发投入和技术创新。

人才是企业长远发展的基石。科创板公司普遍注重人才引进和培养，特别是那些拥有关键核心技术和创新能力的人才。这些人才能够为企业带来持续的创新动力，推动企业不断向前发展。同时，科创板公司也提供了丰富的股权激励措施，如"带权上市"，使得员工能够与公司共同成长，进一步增强了人才的稳定性和凝聚力。

人才和技术对科创板公司的重要性不言而喻。只有注重人才引进和培养，同时加强技术的研发和应用，科创板公司才能够在激烈的市场竞争中立于不败之地，实现可持续发展。

# 第四章

## 营商环境变化

营商环境是推动公司发展的重要外部力量。营商环境如何，体现了当地政府对实体经济、对高科技企业的支持力度。有的区域营商环境吸引人，高科技企业容易形成聚集效应，上下游产业链发展也会较为迅速。

科创板公司从上市之前，就开始受到地方政府的关注。不少地方政府都掏出真金白银支持高科技公司的发展，有的会给予创新项目资金支持，有的会通过相关政策助力企业招揽人才，有的在上市后还会继续给予一定的奖励。目前，科创板公司所处的营商环境究竟如何？还需要政府哪些支持？

## 第23问：在外部融资方面，公司有哪些运作？

在外部融资方面，科创板企业需要根据自身的发展阶段、资金需求和市场环境选择合适的融资方式。同时，企业也需要关注融资成本、融资效率和融资风险等方面的问题，确保融资活动的顺利进行。

调研结果显示，89.1%的受访公司是依靠银行贷款，38.2%的公司采取的是股权融资。

目前来看，科创板公司的融资体系仍需进一步充实，资本市场助力科创企业的发展，单靠资本市场也是不够的，需要现有财政资金的引领，政府基金、风投、银行等积极参与。

资本是促进科技成果向现实生产力转化的重要推动力。2024年4月19日，证监会发布《资本市场服务科技企业高水平发展的十六项措施》（以下简称《措施》），从建立融资绿色通道、统筹发挥各板块功能、督促证券公司提升服务科技创新能力等方面提出支持性举措。16项举措涉及上市融资、并购重组、债券发行、私募投资等方面，旨在进一步完善资本市场功能，推动科技创新和经济高质量发展。

《措施》将科技型企业的融资上市及绿色通道以明文规定的形式进行明确。《措施》提出，将加强与有关部门政策协同，精准识别科技型企业，优先支持突破关键核心技术的科技型企业上市融资、并购重组、债券发行，健全全链条绿色通道机制。优先支持突破关键核心技术的科技型企业在资本市场融资，有利于鼓励科技企业加大研发投入，加速关键核心技术攻关，提升融资扶持精准度，推动科技行业创新发展。

## 第24问：银行融资方面，企业贷款环境有哪些变化？

近年来，为了严把发行上市准入关，从源头上提高上市公司质量，证监会等相关部门对科创板的监管政策进行了修订和完善。例如，适度提高了对科创板拟上市企业的研发投入、发明专利数量及营业收入复合增长率要求，旨在引导科创企业更加重视科研投入和科研成果产业化。这种政策导向使得科创板上市公司在向银行贷款时，银行会更加关注其科研实力、创新能力和市场前景，为符合条件的科创企业提供更加优惠的贷款条件。

调研结果显示，49.1%的受访公司表示从银行贷款容易，21.8%的公司表示贷款成本高、较贵，还有18.2%的公司表示银行贷款成本低。

在政策导向及市场红利下，银行业对科技金融的重视近年被提到了前所未有的高度。主要银行的科技金融工作机制均已成型，初步做到了"敢贷""愿贷"和"能贷"。银行会针对科技型企业生长周期特点，将"会贷"的长效机制适用于科技领域，为科创板上市公司提供更加精准、专业的金融服务。

为了支持科技创新和实体经济发展，政府及相关部门出台了一系列优惠政策，降低科创板上市公司的融资成本。例如，提供优惠利率的信贷支持、降低贷款门槛、简化贷款流程等。这些优惠政策使得科创板上市公司在银行贷款时能够获得更加优惠的利率和更加便捷的贷款服务。

### 第25问：企业经营成本占比最大的因素是什么？

调研结果显示，43.6%的受访公司称占比最大的是原材料成本，36.4%的公司称是人力成本，还有9.1%的公司称是营销成本。

科创板公司中最重要的财富是拥有一批"最强大脑"，研发人员的占比成为衡量一家公司"含科量"的重要指标，而"含科量"越高，说明企业需要付出的真金白银也越多。

科创板公司的人力成本在其经营成本中通常占据相当重要的位置。这主要是因为这些企业往往需要高素质、高技能的人才来支持其研发、生产、销售等各个环节。

由于科创板公司往往更加注重技术创新和产品研发，因此，可能需要更多的研发人员和技术人员。这些人才的市场价值通常较高，因此其薪酬和福利水平也可能相对较高，进一步增加了企业的人力成本。

对于制造业企业而言，原材料成本是经营成本中的重要组成部分。随着原材料价格的波动，企业的成本也会受到影响。如果企业能够建立稳定的供应链关系、提高原材料利用率或采用替代材料,将有助于降低原材料成本。

此外,为了扩大市场份额、提升品牌知名度和吸引客户,科创板公司需要投入一定的资金进行营销活动。这些费用包括广告费、推广费、宣传资料制作费等。随着市场竞争的加剧,营销成本在企业经营成本中的占比也在逐渐增加。

## 第 26 问:当地有没有成熟的产业集群或产业园区?是否加入?

调研结果显示,47.3% 的受访公司表示当地没有成熟的产业集群或产业园区,38.2% 的公司表示当地有成熟的产业集群或产业园区,且已经加入。

成熟的产业集群或产业园区通常具备完善的供应链体系,企业之间可以实现资源共享,如原材料、生产设备、市场信息等。这不仅有助于降低企业的运营成本,还能提高企业的生产效率。同时,产业集群内的企业之间可以形成紧密的合作关系,通过协同效应实现优势互补,共同应对市场挑战。

成熟的产业集群还通常具备较好的人才和资本环境,能够吸引更多的优秀人才和资本流入。这有助于科创板企业吸引和留住高素质人才,为企业的持续发展提供有力支持。

当科创板企业所在地没有成熟的产业集群时,科创企业应该与当地的高校、科研机构建立紧密的合作关系,通过产学研合作机制,共同进行技术研发、人才培养和成果转化。这不仅可以为企业带来技术创新和人才支持,还有助于形成产学研一体化的产业生态。同时,如果条件允许,企业可以自主构建产业集群。通过吸引上下游企业、相关企业和支持性企业入驻，形成完整的产业链和供应链体系。

因此，政府和企业应该共同努力，推动产业集群的发展。政府可以通过制定相关政策、建设产业园区、提供公共服务等方式，为企业创造良好的发展环境，促进产业集群的形成和发展。

### 第27问：当地市场是否竞争激烈？企业需要政府哪些扶持？

在竞争激烈的区域，地方政府创造一个公平有序的营商环境以及多给予一定的政策扶持则更为重要。

在此次问卷调研中，受访公司对该问题进行了回答，总结起来有以下4点：

（1）人才方面竞争激烈。有公司提到，目前在自主设计芯片领域遇到了"千军易得，一将难求"的问题。公司引入了专业的设计团队，能够自主创新地完成芯片设计，但在芯片制造环节遭遇了人才荒，尽管公司加大招聘力度，提高人才待遇，依然无法吸引熟悉芯片制造工艺的人才入驻，大部分该类人才更愿意待在产业链更加完善、就业选择更加宽广的上海、深圳等一线城市，希望政府出台相关政策，助力企业引才。

（2）当地市场竞争较为激烈，有公司提到，唯有企业自身提高研发能力才能带来新的生机。政府应探索科技人才向企业柔性流动新机制，促进更多人才服务于企业创新需求。如支持企业设立支付薪酬的教学和科研岗位，围绕产业前沿和热点议题形成合作交流机制。激励企业委托大学和科研机构开展合作研究，引导大学和科研机构面向产业需求开展实用性研究。企业和高校共克技术难关，让技术进步成为企业的第一生产力。

（3）公司在激烈的竞争中通过产品、技术、服务的提升持续巩固竞争地位，希望政府在税收优惠、人才引进政策、专项项目等方面给予扶持。希望政府进一步支持科技型企业做大做强，加大政策扶持，如减税、补贴等政策。

（4）希望地方政府提供政策支持鼓励企业发展，防止不正当竞争行为，为企业提供技术支持、人才培训、市场信息等公共服务，以帮助企业提高生产效率、拓展市场，获取更多商机。

〖结语〗

一个好的营商环境能够简化科创板公司的办事流程，提高行政效率，降低企业的制度性交易成本。这将使科创板公司能够更快速、更便捷地获取所需资源和信息，从而加速公司的成长和发展。

科创板公司都是重研发、盈利周期长的高新科技企业，进行科学技术攻关的压力也更大。对于地方政府来讲，对科创板企业的扶持仍需要持续探索，根据企业不同的发展阶段，给予相应的支持。不同地区对所处特定行业的科创企业给予相应的政府补助，既是对相关产业补助政策的贯彻，也是对当地科创孵化能力的助推和带动，这是一种长线思维，也是一些区域实现产业转型升级的必然选择。对于地方政府而言，创造一个更好的营商环境，给科创板企业提供资金、政策等方面的扶持，助力企业在科研中走得更高更远，也是一种责任。

# 第五章

## 产业链现状

当前，大国竞争和博弈日益加剧，逆全球化思潮抬头，全球产业链供应链深度调整。在新一轮科技革命和产业变革蓬勃发展的背景下，我国工业总体上大而不强、全而不优，发展不平衡不充分的问题仍然突出，一些关键核心技术仍然受制于人，产业链供应链风险隐患增多。

2023年底，中央经济工作会议在部署2024年经济工作时指出，要完善新型举国体制，实施制造业重点产业链高质量发展行动。在2024年的《政府工作报告》中，多次提及"产业链"。其中，2024年工作任务中指出："推动产业链供应链优化升级""实施制造业重点产业链高质量发展行动，着力补齐短板、拉长长板、锻造新板，增强产业链供应链韧性和竞争力""坚持教育强国、科技强国、人才强国建设一体统筹推进，创新链产业链资金链人才链一体部署实施，深化教育科技人才综合改革，为现代化建设提供强大动力""提高网络、数据等安全保障能力。有效维护产业链供应链安全稳定，支撑国民经济循环畅通"。

这些表述背后，是对产业链高质量发展、人才培养、资金支持、安全稳定的重点关注。科创板公司中，有些企业已经成长为链主企业，有些是产业链的关键环节。这些企业的现状是什么？在公司运营的过程中，会受到产业链上下游的哪些影响？所属产业链上下游涉及海外业务，需要哪些政策支持？回答好这些问题，将对于构建中国企业的全球产业链核心能力意义重大。

## 第 28 问：公司是否为链主企业？

当前，产业的竞争已经从单个企业彼此之间的竞争扩大到整个供应链之间的竞争。所谓链主，指的是在产业链中居于核心或主导地位的企业，具有不可替代性且在整个产业链中具备资源整合和协调供应的能力。

企业是构建产业链的主体力量，"链主"企业更是产业链的"牛鼻子"。在全球产业链呈现区域化和内链化重构的趋势背景下，以培育"链主"企业为核心，构建价值链治理结构，是我国在世界经济格局中赢得发展主动权的重要保证。

在问卷调研中，有 30.9% 的受访公司是链主企业。有 69.1% 的受访公司为非链主企业。

## 第 29 问：公司是否为全产业链企业？

全产业链企业是一种垂直整合的商业模式，旨在通过掌握产业链的各个环节来提高运营效率、降低成本并更好地满足市场需求。

调研结果显示，87.3% 的受访公司为非全产业链企业，仅有 12.7% 的企业为全产业链企业。

## 第 30 问：在产业链中处于何种地位？

调研结果显示，27.3% 的受访公司属于上游企业，67.3% 的科创板上市公司属于中游企业，仅有 5.5% 的调研企业为下游企业。

整体而言，在科创板公司中，位于产业链上游的企业通常有以下特点：

掌握核心资源或技术；进入门槛较高；影响下游产业的生产成本和产品质量；高研发投入；与下游企业紧密合作。

位于产业链中游的企业一般有以下特点：属于技术密集型企业，提供高附加值服务能力，受上下游影响较为显著，此外，这些企业也具备供应链协调、成本控制等多方面的能力，同时处于中游的企业资金需求量也往往较大。

科创板公司中位于产业链下游的企业主要面向终端市场，注重品牌建设和市场营销，擅长分销渠道管理和客户服务，并致力于产品创新与多样化。

## 第 31 问：在运营中，遭受上下游的哪些影响？

接受问卷调研的科创企业谈及了以下方面的影响：

其一，来自上游的影响，具体包括原材料价格、供应和保障能力等。

原材料是企业生产过程中的重要组成部分，其价格的波动直接影响到企业的生产成本。当原材料价格上涨时，企业的生产成本会相应增加，导致企业的盈利能力下降。

此外，原材料的供应稳定性对企业的生产和运营也至关重要。如果原材料供应不稳定，可能会导致企业出现缺货、生产中断等问题，严重影响企业的生产和销售。

其二，来自下游的影响，具体包括市场需求的变化带来的业绩压力影响，而导致市场需求变化的因素包括政策调整、行业整体景气度调整、供需格局变化、部分下游客户业绩疲弱等。

例如，有半导体行业科创板公司表示，受国际形势和宏观经济环境等因素的影响，半导体行业景气度下滑，导致部分企业下游市场需求疲软，下游客户仍以消化库存为主。

其三,账款管理的影响。上市公司的账款压力主要来源于应收账款和预付账款的管理。这两大财务指标不仅反映了公司的财务状况,还揭示了公司在产业链中的议价能力、信誉和竞争力。

以应收账款为例,截至 2023 年年末,科创板 73 家上市公司的应收账款超 10 亿元,其中,3 家公司的应收账款超百亿元。从应收账款占营业收入的比重来看,149 家科创板公司该值超 50%,其中 3 家公司该值已经超 100%。此外,从交叉数据来看,24 家科创板公司去年的应收账款超 10 亿元且应收账款占营业收入的比重超过 50%。

在调研问卷中,有科创板上市公司坦言,公司上游供应商为国内先进制造商,付款方式较为强势;下游客户为央企、国企,终端客户为政府相关部门,收款方式较为强势;公司处于中间提供集成、技术服务商单位,较为弱势,付款为刚性、收款不确定,生存压力较大。

其四,来自新技术发展的影响。当下,技术创新推动企业向更具有持续性和竞争力的方向不断前进,打破传统产业边界,开拓新的商业机会。新技术的出现,也将重塑产业链,而后者是一个需要磨合的过程。在回复调研问卷时,有企业就坦言,公司会受到下游客户工艺的选用以及对新兴技术接受能力的影响。

## 第32问:公司所属产业链上下游涉及海外业务,需要哪些政策支持?

过去,我国出口的"老三样"为服装、家具、家电等。如今,新能源汽车、锂电池、光伏产品等外贸"新三样"成为我国出口的主力。货物贸易结构变化的背后,反映出我国迈入科技含量高的新出口阶段。

科创板是我国硬科技的代表，随着产品和技术实力的提升，出海已经成为部分企业拓展市场、赢得更高利润回报的重要路径。

iFinD 数据显示，2023 年，429 家科创板上市公司形成了海外业务收入，其中 228 家上市公司海外收入占比超 10%；124 家上市公司海外收入的占比超过 30%；50 家上市公司的海外收入占比已经超过 50%。

行业分布上，电子、医药生物、机械设备、电力设备等多个赛道的上市公司海外收入占比较高。近年来，创新产品的启航出海在科创板形成集聚效应。例如，科创板的医药生物行业公司创新成果近年逐步获得国际药企认可，通过 license out（对外许可）的方式，或者自主研发商业化的方式实现技术或者产品出海。

随着数量的增多和科技质量的提升，科创板上市公司出海需要来自政策、市场渠道、知识产权等方面的有力支持。例如，在我们的调研问卷中，科创板公司希望得到包括提供资金、贷款贴息、税收优惠、费用减免等方面的政策支持，以及给予政策咨询、法律服务、合作考察、签证办理等方面的支持。具体来看，有上市公司反馈，可加大进出口展会参展补贴力度；提供产品海外认证及准入政策支持；提供对外贸易结算方面的支持；提升境外投资便利化水平。

针对不同的行业特点，有企业提出了更为针对行业发展的政策支持诉求，例如，有医药行业上市公司建议，鼓励引进海外优秀技术和知识产权；加快药品临床研究、药品申报注册等与国际接轨。

〖结语〗

培育本土"链主"企业、引导"专精特新""单项冠军"和"隐形冠军"企业卡位入链，增强产业链韧性与活力，是提升我国产业链现代化水平的重要路径。而科创板公司是我国构建产业链现代化水平、提升核心竞争力的重要力量。

数据显示，571家科创板公司中，417家为专精特新企业，占比超七成。它们通过引领产业升级、提升效率和质量以及促进技术创新等方面的努力，为我国产业链的持续优化和发展注入了强大动力。

30.9%的受访公司已经成为链主企业。例如，集成电路产业链中的某些科创板公司就可以被视为链主企业。这些公司在集成电路设计、制造、封装测试等环节具有核心技术和市场优势，对整个集成电路产业的发展起到重要推动作用。此外，在新材料、新能源等战略性新兴产业中，也有一些科创板上市公司作为链主企业，在技术研发、市场开拓等方面发挥着重要作用。

然而，部分产业及企业目前发展迎来了挑战，例如，上游原材料价格上涨对生产成本构成影响、进而影响利润；也有企业坦言，近两年，受国外局势影响，公司面临较为严峻的缺芯困境；此外，在下游方面，产品出海遇到海外认证及准入问题，下游市场疲弱导致产能错配等，这些挑战困扰着企业发展，有些问题如不能很好地解决，也会影响我国产业链的竞争力提升。

此外，科创板的账款回收等关乎企业正常运转。按照国际惯例，一年以上的应收账款和其他应收款，有较大的坏账可能，容易产生财务状况恶化的不良后果。在调研过程中，有企业反馈，应收账款回收存在压力，账期较长不仅影响了公司的现金流量，也给自身形成了资金成本和压力。让科创板的资金流动起来，应该成为监管层关注的一个重要方面。

在我们看来,当前,构建我国产业链的核心竞争力,需要进一步壮大科创板企业的实力,而后者需要政府精准护航,在政策扶持、资金支持等方面进行助力。就像精心培育幼苗一样,该培土时就要培土,该浇水时就要浇水,该施肥时就要施肥,该打药时就要打药,该整枝时就要整枝。

# 第六章

## 践行"提质增效重回报"

2024年4月12日,《国务院关于加强监管防范风险推动资本市场高质量发展的若干意见》(以下简称:新"国九条")公开发布。新"国九条"以强监管、防风险、促高质量发展为主线,提出了推动提升上市公司质量、提高投资者回报、提升上市公司投资价值等一系列重要举措。

而在2024年1月,科创板就已率先引导上市公司开展"提质增效重回报"行动。《关于开展科创板上市公司"提质增效重回报"专项行动的倡议》提到,提高上市公司质量,增强投资者回报,提升投资者的获得感,是上市公司发展的应有之义,是上市公司对投资者的应尽之责。倡议书鼓励全体科创板公司参与"提质增效重回报"专项行动,按照"自愿、公开、务实"的原则,制定并披露年度"提质增效重回报"行动方案,尤其建议科创50、科创100指数成分股公司积极参与专项行动,发挥引领示范作用。

那么,科创板上市公司在"提质增效重回报"方面都做了哪些工作呢?回答好这些问题,将对提振投资者信心产生重大意义。

## 第33问:在提升经营质量上,公司主要在哪些方面发力?面临哪些困难?

随着全球经济的不断演变和科技的飞速发展,科创板公司可能会面临一系列新的问题和挑战，这些问题涉及市场、技术、人才、环境等多个方面，需要企业有前瞻性的视野和灵活应变的策略来应对，以求提升经营质量。

从问卷调研中我们可以发现，科创板公司对提升经营质量非常关注，因为这是推动公司增长和保持竞争力的关键因素。归纳问卷答复情况来看，以下三个方面是高频词，可见其多聚焦于此发力。

第一，技术创新与研发。随着科技的更新迭代，科创板公司已明确意识到，技术创新与研发是提升产品性能、降低成本、开拓新市场的重要手段。接受调研的上市公司多提及要紧跟技术趋势，将大量的资金投入研发中，甚至通过合作研发、技术引进等方式，积极寻求外部的技术支持和合作机会，进行技术升级和转型。与此同时，大多数公司提及，要凭借技术优势不断且有针对性地推出适应市场需求的新产品，筑牢产品创新优势，持续提升市场份额。

第二，人才梯队建设。接受调研的科创板公司对搭建人才梯队非常重视，频繁提及要引进高端人才，其多提及人才是企业第一生产力，是创新、发展和保持竞争力的关键。为了搭建有竞争力的人才梯队，科创板公司通常会关注人才的综合素质和潜力。他们不仅看重人才的专业技能和经验，还注重人才的创新能力、团队协作能力和学习能力等综合素质。此外，科创板公司还会通过提供良好的薪酬待遇、职业发展和工作环境等方式，吸引和留住人才。从问卷回复情况来看，他们深知，只有让人才在公司中感受到尊重和认可，才能激发他们的创造力和工作热情，从而为公司创造更多的价值。

第三，提升管理效能。在科创板公司看来，聚焦管理效能升级、持续降本增效是实现高质量经营的重要途径。接受调研的公司多数明确提及从以下几个方面提升管理效能，一是要聚焦主责主业发力，确保所有管理活动都围绕核心经营目标展开；二是优化组织结构，建立扁平化、高效化的组织结构，减少管理层级，提高决策效率；三是推进数字化转型，利用大数据、人工智能等先进技术，提高决策的科学性和准确性；四是强化风险管理，建立完善的风险管理体系，加强对各类风险的识别、评估和控制。

至于在提升经营质量上面临哪些困难？从问卷答复情况来看，可归纳为以下几方面：

一是现金流不充足。提升经营质量需要投入一定的资金，包括购买新设备、培训员工和改进流程等。如果公司资金有限，可能会限制提升经营质量的速度和范围。

二是市场竞争压力大。在全球不确定且复杂的市场环境下，科创板公司可能面临来自全球范围内竞争对手的压力。提升经营质量可以帮助公司在市场上脱颖而出，但也需要与竞争对手做差异化经营，以保持竞争优势。在这其中，还有部分医药类科创板公司回复称，受行业集采等政策影响因素较大，经营业绩已受影响。

三是引进人才受地理因素限制。区域内行业人才较少，引进高端人才较难，这是参与调研的科创板公司普遍面临的难题。部分公司认为，尽管公司可能有优秀的项目和发展前景，但城市经济发展程度、房价、物价、教育医疗、交通等资源相对吸引力不足够大，会导致人才流动成本较高，难以吸引到足够的优秀人才。

第34问：公司在为提高生产效率、提高附加值方面做了哪些工作？

科创板主要服务于拥有核心技术、创新能力强的企业。提升效率是这些企业保持技术领先、实现持续创新的重要途径，也是符合科创板定位的表现。在快速变化的市场环境中，提升效率意味着公司能更快地响应市场需求、调整战略方向或推出新产品，实现自身的可持续发展。

从接受调研的科创板公司问卷答复情况来看，公司普遍对提高生产效率、提高附加值有较为完整的规划，并能有效落实。从操作路径来看，大致可以分为以下四种：

第一，技术创新。接受调研的科创板公司普遍回复问卷称，加大研发投入，推动技术创新，引入先进的生产技术和设备，是提高生产效率、提高附加值和提升产品质量的核心手段。具体操作手段主要可归纳为以下五种：一是开展自主研发；二是与高校、科研机构合作，共同开展技术研究和创新；三是与客户联合研发，做先进技术、高附加值产品研发；四是通过境外设立子公司等方式学习先进工艺，优化技术流程，提高工序效率；五是吸纳高端研发人才，持续精进研发，主动适应大数据、云计算、互联网等新兴技术的融合发展需要，促进项目攻关和成果转化。

第二，自动化和智能化。接受调研的科创板公司普遍表示，会积极推动生产线的自动化和智能化改造，进行全面数字化改革，引入机器人、物联网、大数据等先进技术，实现生产过程的自动化和智能化管理，提高生产效率和降低成本。比如，建设 5G 智慧工厂、打造自动化的生产车间、加强工艺在各种场景的自动化及智能化装备应用程度、优化企业信息化平台、在经营中引入 AI 工具辅助等，以此提升运营效率。

第三，优化供应链管理。接受调研的公司普遍认为，优化供应链管理对企业发展至关重要，亦可与供应链企业共同成长，其普遍倾向于要与供应商建立长期稳定的合作关系，提高供应链的透明度和效率，保证产品质量稳定的同时实现高效、低损耗的生产，提高产品附加值。从操作手段来看，其一般会采用供应链管理软件，实现供应链的信息化管理，对内控制进行持续完善与细化，减少库存、降低物流成本，提高供应链的灵活性和响应速度。

第四，人力资源管理。接受调研的公司普遍回复称，会注重人力资源的培养和管理，通过培训和激励机制，提高员工的技能水平和工作积极性，提高生产效率和附加值。比如，引入先进的人力资源管理理念和方法，如绩效考核、员工参与决策等，激发员工的创新和创造力。

## 第35问：在增加投资者回报方面是否已制定中长期规划？

提高上市公司质量，最终要让投资者获得更好的回报，从资本市场的发展中得到"真金白银"的回报，提升投资者获得感。换言之，对科创板公司而言，为股东和客户创造价值是一场没有终点的实践。若想将"提质增效重回报"落到实处，在增加投资者回报方面，是否制定中长期规划，既是作为科创板上市公司对自身的内在要求，也是积极回馈投资者的信任、共同保障科创板市场平稳运行的基石。

从调研结果来看，有67.3%的受访公司明确表示，在增加投资者回报方面已制定中长期规划。这些已制定中长期增加投资者回报规划的上市公司还简述了该规划的主要内容，归纳来看，其通常会考虑以下几个方面：

第一，合理的利润分配政策。科创板上市公司会根据自身的盈利状况、发展阶段和资金需求，制定合理的利润分配政策，包括现金分红、股份回购等方式，来回报投资者的信任和支持。

第二，良好的公司治理结构。良好的公司治理结构是保障投资者权益的重要基础。科创板公司一般会通过加强内部管理、完善公司治理结构、提高决策效率和透明度，确保投资者的知情权、参与权和监督权得到保障。

第三，加强与投资者的沟通交流。增强投资者对公司的信任和支持，科创板上市公司会通过定期发布业绩报告、举办投资者交流会、参加行业会议等方式，积极与投资者沟通交流。

第四，优化投资者回报机制。科创板上市公司会积极探索和优化投资者回报机制，如推出股权激励计划、员工持股计划等，激发员工和投资者的积极性，共同推动公司的长期发展。

在具体实施上，科创板上市公司一般会根据自身的实际情况和市场需求，制定更加具体和细化的中长期规划。例如，一些公司会设定明确的盈利增长目标，并制定相应的考核和激励措施；部分公司会加强研发投入，推动技术创新和产业升级；还有公司会优化供应链管理，降低成本和提高效率等。

## 第 36 问：现金分红对于当下公司是否存在压力？

在资本市场上，投资者通常期望上市公司能够持续稳定地进行现金分红。如果公司现金分红不稳定或者分红比例较低，可能会引发投资者的不满和担忧，进而影响公司的股价和市场形象。

不过，不同的上市公司因企业经营业务所处行业基本面情况、自身财务状况、股权结构等诸多不同因素，在现金分红方面可能存在压力。尤其对科创板公司而言，实施现金分红，可能会面临影响现金流、再投资、股东回报与留存收益的平衡、市场竞争等难题。那么，当前科创板上市公司有多少存在现金分红压力呢？

从调研结果来看，有 65.5% 的受访公司明确表示，现金分红对公司当下确实存在压力，其余 34.5% 的公司则认为无压力。

值得一提的是，2024 年 4 月出台的新"国九条"提出，要加大对分红优质公司的激励力度，多措并举推动提高股息率。增强分红稳定性、持续性和可预期性，推动一年多次分红、预分红、春节前分红。

从受访公司回复问卷的情况来看，近期科创板公司集中发布的"提质增效重回报方案"已积极呼应了新"国九条"在增强投资者回报方面的要求。从披露的方案来看，部分公司明确了未来三年最低分红比例，部分公司提出将探索一年多次分红、预分红、春节前分红等方案，多数公司明确召开业绩说明会或投资者接待日的次数安排、投资者意见收集机制等。

需要注意的是，科创板公司在决定现金分红的比例和金额时，需要综合考虑公司的现金流状况、再投资需求、股东回报与留存收益的平衡以及市场和监管环境等因素，确保现金分红能够既满足投资者的期望，又符合公司的长期发展战略。

## 第 37 问：是否有引导股东合理减持的方案？

对科创板公司而言，其往往具有较为集中的股权结构，如果某些股东持有的股份过多，可能会对公司的决策和发展产生不利影响。通过引导股东合理减持，可以降低部分股东的持股比例，使得公司的股权结构更加合理，有利于公司的长期发展。

从调研结果来看，有 43.6% 的受访公司明确表示，有引导股东合理减持方案，其余 56.4% 则表示没有。

从调研结果分析可知，科创板上市仍需更进一步推出引导股东合理减持的方案，鼓励其他投资者进行长期投资，从而为公司提供更为稳定的资金支持，提高公司治理的效率和效果。

事实上，股东合理减持对科创板公司具有多方面的积极意义，可以稳定公司的股价、促进公司股权结构的优化、增加市场的流动性、保护中小投资者的利益、维护公司的形象和声誉等。通过规范股东的减持行为，还可以促进资本市场的有序运行，防止市场出现过度投机和泡沫化现象。科创板公司在这一方面仍需努力。

## 第38问：在压严压实"关键少数"责任方面，是否已制定一整套机制？

上市公司控股股东、实际控制人、董监高是公司的"关键少数"，要主动扛起推动提升上市公司质量、提高投资者回报等主体责任，提升投资者对上市公司的信心。在强化"关键少数"责任方面，新"国九条"要求切实发挥独立董事监督作用、严格规范大股东尤其是控股股东、实际控制人减持等。

从调研结果来看，有 63.6% 的受访公司明确表示，在压严压实"关键少数"责任方面，公司已制定一整套机制，其余 36.4% 则表示没有制定。

从调研问卷的回复情况来看，部分公司表示，除了股权激励约束外，2024 年将结合年度财务状况、经营业绩等目标的综合完成情况对高管人员进行绩效考评，将高管薪酬的调整、支付、分配与公司经营业绩相挂钩。有的公司还普遍提出将加强董监高的培训，并提出了明确的培训计划，如覆盖面、次数等。另有上市公司则明确称，将全力支持董监高积极参与证监会和交易所的相关培训,并邀请保荐机构、会计师事务所、律师事务所对公司董监高开展不低于3次的培训,加强学习证券市场相关法律法规,熟悉证券市场知识,不断提升自律意识,推动公司持续规范运作。

总结来看,科创板公司在压严压实"关键少数"方面进行了多项工作,以确保公司治理的规范性和有效性。从问卷回复情况来看,以下是一些机制的关键内容:

第一,强化信息披露的真实性和准确性。科创板公司要求"关键少数"(如控股股东、实际控制人、董事、监事、高级管理人员等)确保信息披露的真实性和准确性。科创板公司表示,对公司的经营能力、财务数据、业绩预测等关键信息进行全面、准确、及时地披露,以便投资者能够做出明智的投资决策。

第二,增强诚信自律和法治意识。科创板公司要求"关键少数"增强诚信自律和法治意识,自觉遵守资本市场法律法规和公司章程。科创板公司多表示,通过学习、培训和自我约束,不断提高自身的诚信度和法治素养,以维护公司和投资者的利益。

第三,完善治理制度。科创板公司要求"关键少数"积极完善公司治理和内部控制体系。科创板公司普遍表示,建立健全的公司治理结构,明确各自的职责和权利,确保公司决策的科学性和合理性。同时,还将加强内部控制,规范公司的业务流程和风险管理,防范和减少公司的经营风险和财务风险。

第四,强化内部监督和审计。科创板公司要求"关键少数"接受内部控制审计和内部审计的监督。部分公司明确表示,配合中介机构进行核查和发行监管工作，并确保所提供材料的真实性和完整性。同时，科创板公司还承诺，加强内部审计的独立性和权威性，对公司的各项业务和财务活动进行全面、深入、细致的审计和监督。

第五，加强投资者关系管理。科创板公司要求"关键少数"加强投资者关系管理，积极与投资者进行沟通和交流。科创板公司多向投资者承诺，会及时、准确、全面地披露公司的经营情况和重大事项，解答投资者的疑问，增强投资者对公司的信任度和满意度。

## 第 39 问：公司如何做好市值管理、助力估值重塑？

随着 AI 等产业的发展和逐步兑现，科创板或在相应产业的带动下，迎来新一轮成长浪潮。相应行业需求前景广阔，国家对供应链安全重视程度的不断提升，亦对科创板上市公司重塑估值形成助力。

2024 年 1 月 24 日，国务院国资委宣布"进一步研究将市值管理纳入中央企业负责人业绩考核"。这是国资委首次提及将"市值管理"纳入业绩考核体系。而在 1 月 25 日至 26 日，证监会召开 2024 年系统工作会议，亦提到"推动将市值纳入央企国企考核评价体系"。

在此市场环境下，如何完善公司治理、优化运营效率、向市场传递信心、实现估值重塑，也成为科创板公司面临的关键课题。那么，科创板公司该如何做好市值管理、助力估值重塑？

从参与调研问卷的科创板公司回复的情况来看，大致可用以下几种"组合拳"来做好市值管理：

第一，遵循市场规律和监管要求。参与调研的科创板公司普遍认为，应遵循市场规律和监管要求，不进行违规操作或操纵市场行为。同时，公司还应关注市场动态和政策变化，及时调整市值管理策略，确保公司的市值和估值水平与市场情况保持一致。

第二，明确公司战略定位，注重技术创新和研发投入，聚焦主营业务发展。科创板主要面向高新技术产业和战略性新兴产业，因此技术创新和研发投入是公司估值的重要因素。参与调研的科创板公司普遍认为，一方面要明确自身的战略定位，确定公司的发展方向和核心竞争力，聚焦主业发展，对产业布局、业务组合动态评测，确保公司盈利水平，有助于投资者更好地理解和评估公司的价值；另一方面应加大技术创新和研发投入，提高产品的技术含量和附加值，围绕行业政策、核心技术开展价值提升，强化自身硬实力，深挖护城河，提高市盈率。

第三，加强信息披露和透明度，重视与投资者互动交流。提高信息披露的质量和透明度是市值管理的重要一环。参与调研的科创板公司普遍认为，要定期发布财务报告、经营情况、重大事项等信息，确保投资者能够及时了解公司的运营状况。同时，公司还应加强与投资者的沟通，回应市场关切问题，增强投资者信心。比如，有公司回复称，高度重视投资者关系管理工作，通过参加券商策略会、电话会议、接听投资者热线、互动平台回复投资者提问等多种方式积极开展投资者关系管理活动，增进投资者对公司的了解和认同，保护投资者的合法权益。

第四，优化治理结构，以回购、分红等多种方式增强投资者对公司的信心和认可度。合理的股权结构和治理结构有助于提高公司的治理效率和决策水平，从而增强公司的市场竞争力。参与调研的科创板公司多表示，要建立健全的治理结构，确保公司决策的科学性和合理性。更重要的是，多数参与调研问卷的公司均提及，要通过大股东增持、回购股份等方式稳定股价；通过股权激励、加大分红力度等方式吸引和留住人才；通过并购、资产重组等方式实现业务扩张和产业升级。这些策略有助于提升公司的市场价值和估值水平。

第五，利用多渠道向市场及投资者传递企业价值。参与调研的科创板公司普遍认为，要努力把公司价值、未来前景有效传达给投资者，让股价能够体现公司价值。比如，加强与财经媒体、投资机构、分析师等的沟通和合作，积极宣传公司的战略定位、业绩亮点和未来发展前景。同时，不定时召开走进上市公司等活动，做好公司价值传播，扩大投资者朋友圈，吸引更多长期投资者来重塑估值。

〖结语〗

科创板运行已步入第六个年头，"提质增效重回报"被正式提上日程。

2024年2月8日，科创板率先向全体公司发出了《关于开展科创板上市公司"提质增效重回报"专项行动的倡议》，掀起了本轮上市公司"提质增效重回报"行动的热潮。倡议书表示，提高上市公司质量，增强投资者回报，提升投资者的获得感，是上市公司发展的应有之义，是上市公司对投资者的应尽之责。

加快践行"以投资者为本"理念，兴起"提质增效重回报"行动，无疑是应时、应势之举。既是科创板公司对自身的内在要求，也是对投资者的正式承诺，对于建设以投资者为本的资本市场具有多重积极意义。

首先，提升经营质效，靠创新驱动发展，做强基本面，为市场提供更多优质投资标的。在调研问卷中，科创板公司普遍表态聚焦主营业务发展，提升经营管理水平，加大研发投入，不断提高核心竞争力和盈利能力，用业绩的成长回报投资者。长此以往，随着更多高质量科创板公司涌现，也将更加丰富优质投资标的供给，持续吸引长期有耐心的资本。

其次，鼓励以现金分红回报投资者，增强投资者获得感。从调研问卷来看，在保证正常经营的前提下，科创板上市公司正努力为投资者提供连续、稳定的现金分红，给投资者带来长期的投资回报，使投资者与公司共享发展成果。

再次，以回购等多种方式增强外界对公司的信心和认可度，传递出股价被低估信号，凸显中长期投资价值。从问卷调查结果来看，科创板公司综合考虑公司股票二级市场表现、财务状况以及未来盈利能力和发展前景，进行回购。同时，科创板上市公司普遍认为，要明确自身的战略定位，围绕行业政策、核心技术开展价值提升，强化自身科技硬实力，深挖护城河，以此对外展示公司自身对未来持续稳定发展的信心和对自身长期价值的认可。

总体而言，科创板上市公司已逐渐成长为资本市场的重要力量，踏上"提质增效重回报"之路，未来充满无限希望，只要一步一个脚印，终将走出自身独特的发展之路。

# 第七章

## 聚焦新质生产力

2023年底召开的中央经济工作会议中明确提出，要以科技创新推动产业创新，特别是以颠覆性技术和前沿技术催生新产业、新模式、新动能，发展新质生产力。

什么是新质生产力？哪些方面能体现出行业的新质生产力？培育和发展新质生产力，如何平衡好前沿科技创新和商业化落地？当前培育和发展新质生产力最大的制约因素是什么？企业如何锻造新质生产力？这些话题，无疑上市公司最有话语权。让我们一起来听听科创领军者的"心声"吧。

## 第40问：对于本产业来说，哪些地方能够体现出新质生产力？

科创板公司是发展新质生产力的重要力量。新质生产力的内涵是什么？从哪些方面可以锻造新质生产力？本次调查问卷试着从6个维度来探寻科创板上市公司对新质生产力的理解，具体包括新技术、新型经济模式、新产品、新业态、新型生产要素、生产效率高企、科技金融体系的大力支持。该题目为多项选择，意在以更广维度了解新质生产力。

调研结果显示，92.7%的受访公司认为新技术能够体现新质生产力；78.2%的公司认为新产品、新业态能够体现新质生产力；认为新型生产要素、生产效率高企能够体现新质生产力的公司占比均为43.6%；40%的公司认为新型经济模式也是新质生产力的代表；此外，34.5%的公司认为，科技金融体系大力支持是新质生产力的代表。

**第 41 问：** 培育和发展新质生产力，如何平衡好前沿科技创新和商业化落地？

在培育和发展新质生产力的过程中，平衡好前沿科技创新和商业化落地至关重要。一方面，前沿科技创新是新质生产力的核心驱动力。而另一方面，商业化落地是科技创新成果转化为实际生产力的关键环节。如何在科技创新和商业化落地之间找到最佳的平衡点，既注重科技创新的引领作用，又要关注商业化落地的实际效果，对于企业培育和发展新质生产力十分关键。

在此次调研中，我们设置了四个建议选项，并由调研对象进行多项选择，这四个选项包括补全产学研协同创新链条；鼓励企业承接研究人员科研成果；保障科研人员知识产权价值；提供合理融资支持。

根据调研问卷的结果，这四个选项获得了受访公司大致相当的认可度。

78.2%的受访公司认为要保障科研人员知识产权价值。保障科研人员的知识产权价值需要从多个方面入手，包括建立完善的保护制度、提供培训和指导、加强评估和奖励、提供融资支持、加强商业化转化、建立维权机制和加强国际合作等。这些措施的实施将有助于提高科研人员的创新积极性和创新能力，促进科研成果的转化和应用。

76.4%的受访公司认为应鼓励企业承接研究人员科研成果。研究人员的科研成果往往代表着某一领域的前沿技术和创新思想。当企业成功承接这些成果时，它们能够将这些技术应用于实际生产中，推动产品和服务的创新，进而促进整个产业的升级和发展。这不仅有助于企业提升竞争力，还有助于国家在全球产业链中的地位提升。

同样有 76.4% 的受访公司认为应补全产学研协同创新链条。产学研协同创新链条的完善，有助于将高校和研究机构的科研成果更有效地转移到企业，实现技术的快速商业化。通过产学研的紧密合作，可以实现资源共享、优势互补，提高创新效率。同时，由于企业更贴近市场，能够快速获取市场反馈，使得研发更具针对性，从而提高创新质量。

此外，63.6% 的受访公司认为应提供合理融资支持。由于原创性、颠覆性的科技创新活动使创新成果的不确定性更加突出，难以产生立竿见影的投资回报。多数尚在初创阶段的科创企业通常会面临融资难、融资贵等"成长的烦恼"。因此，培育和发展新质生产力需要引入更多融资支持。

# 第 42 问：对于公司及所属行业来说，当前培育和发展新质生产力最大的制约因素是什么？

这个话题我们设置了四个选项，包括：对创新不够重视；研发投入相对不足；科技成果转化存阻力；仍需制度及政策进一步支持，由被调研对象进行多项选择。

调研问卷结果显示，81.8% 的受访公司认为"仍需制度及政策进一步支持"；50.9% 的公司认为是"科技成果转化存阻力"；仅有 20% 的公司认为是"研发投入相对不足"；只有 12.7% 的公司认为是"对创新不够重视"。

这和我们的"体感"是一致的。当前，创新被摆在了前所未有的重要位置，重视创新以及加强研发投入已经成为社会共识。2023 年，科创板上市公司的研发投入总额超 1400 亿元，27 家企业的研发投入超 10 亿元，171 家上市公司的研发投入占营业收入的比例超 20%。未来仍需在政策、创新体制、科技成果转化等方面持续破局，为培育和发展新质生产力打开"天花板"，打造新的生长空间。

### 第 43 问：公司将怎样锻造新质生产力？

这是一道开放性题目，企业可根据自身所处的行业、位于产业链的环节以及现实的情况进行回复。我们梳理出以下五个方面，来展示科创板上市公司锻造生产力的方向：

第一，强化科技创新。加强科技创新投入，成为企业锻造新质生产力的主要方式。在这一主题之下，不同企业发力的重点有所不同，归类下来，主要包括以下内容：

加大研发投入，聚焦前沿技术和关键领域，强化原创性引领性科技攻关，不断提升自主创新的技术影响力，不断开发出新工艺、新技术、新产品；强化科技成果转化能力提升，完善科技成果分享机制；加强与高校、科研机构的合作，强化企业主导的产学研深度融合，加强与产业链上下游的合作共赢，协同创新；设立研究院，助力缩短行业新技术的分析、验证、应用时间周期。

第二，创新人才培养与引进、完善激励创新人才机制。加强内部人才培养，通过培训、轮岗、导师制等方式提升员工的技能和素质；为员工提供持续教育和职业发展的机会，增强其适应新业务的能力；

积极引进外部优秀人才，特别是具有创新精神和专业技能的优秀人才，为企业注入新的活力；建立完善的人才梯队，为企业发展提供源源不断的智力支持；建立健全的激励机制，包括薪酬激励、职业晋升等，以吸引和留住人才；建立健全的创新机制，包括创新项目立项、评审、奖励等制度，以激发员工的创新热情。

第三，加强数字化建设。利用人工智能、物联网、大数据等新一代信息技术拓展生产和制造边界，全面提升资源配置效率、行业创新水平和竞争能力。

利用数据科学和分析工具来挖掘数据价值，优化决策过程。加强信息安全保障，确保企业数据的安全性和完整性。

第四，加强市场导向。密切关注市场动态和客户需求，及时调整产品研发和营销策略；加强与客户的沟通和互动，了解客户的真实需求和反馈，不断提升产品和服务的质量，为客户提供满意的技术服务和支持；拓展市场份额，提高品牌影响力，增强企业的市场竞争力。

第五，开放合作与共享。加强与产业链上下游企业的合作与共享，共同推动产业发展和创新；积极参与国际竞争与合作，引进国际先进技术和管理经验，提升企业的国际竞争力；加强与政府、行业协会等组织的沟通与协作，共同推动行业发展和创新。

〖结语〗

培育和发展新质生产力是一项复杂而系统性的工程。在培育和发展新质生产力的过程中，确实存在多个制约因素。为了克服这些制约因素，需要政府、企业和社会各方面共同努力，加强科技创新、优化生产要素配置、加快产业结构调整、加大政策支持力度、培养和引进高素质人才、完善市场环境和增加资金投入等。

企业在发展新质生产力的过程中，要聚焦主业，不断完善研发布局，提升创新能力，持续研发更高性能、高可靠性的新产品，前提是以市场需求为导向。

此外，还需注重创新人才的培养、激励。持续优化知识产权体系，构建核心研发专利体系。与此同时，企业打造新质生产力，可选择强强联手、携手创新打造新质生产力。比如，加强与高校、科研机构合作，实现产学研一体，共同解决业内技术难题，推动新技术的拓展和应用。

当前，我国在培育和发展新质生产力上，已经得到了来自顶层设计在资金、税收等方面的支持。

例如，在备受关注的资金支持方面，鼓励"耐心资本"助力新质生产力发展成为政策支持的重点。2024年4月30日，中共中央政治局召开会议。会议强调，要积极发展风险投资，壮大耐心资本。"耐心资本"，即指长期投资资本，泛指对风险有较高承受力且对资本回报有着较长期限展望的资金。证监会此前也提出："大力推进投资端改革，推动健全有利于中长期资金入市的政策环境，引导投资机构强化逆周期布局，壮大'耐心资本'"。

久久为功。打造新质生产力，没有捷径，唯有持之以恒。相信在顶层设计之下，坚持不懈地推进科技创新、产业升级、人才培养和政策支持等方面的工作，定能打造出适合培育新质生产力的良性互动生态，最终实现发挥创新的主导作用，以科技创新推动产业创新，促进社会生产力实现新的跃升。

# 第八章

## 建言献策

作为 A 股深化改革的"试验田",科创板坚持先试先行,迄今五年多以来,在发行、上市、信息披露、交易、持续监管等方面日渐形成了较为完善的制度供给,为存量试点扩围,再到中国特色注册制改革的全面铺开率先探路。

自开板以来,科创板正逐步从改革"试验田"向发展"示范田"转变,成为畅通"科技、产业、资本"循环、助力实体经济转型升级的又一有益实践和深化路径。科创板聚集起了一大批高效、快速、高质量发展的"硬科技"企业,助力科技创新由"点的突破"到"系统提升"。

船到中流浪更急。五周岁的科创板羽翼渐丰,面对百年未有之大变局,如何进一步发挥科创板"试验田"作用,并把"试验田"耕耘成中国资本市场的"丰产田"?

作为科创板的深度参与者和"C 位"主角,科创板已上市公司无疑对此有着更为切身的体会和建议,本次问卷调研在"建言献策"这一部分中对他们进行了七连问。

## 第 44 问:登陆科创板,是否有效促进了公司实现"科技、资本、产业"的良性循环?

在当前新一轮科技革命和产业变革加速演变的时代背景下,实现科技创新、产业进步和金融发展有机结合,提高科技进步对经济增长的贡献作用，发挥金融对科技创新和产业进步的支持作用，发展壮大新领域、新赛道、新产业，是我国经济高质量发展的必由之路。

科创板高度聚焦高新技术产业和战略性新兴产业，促进"科技、资本、产业"三者深度融合、递进形成、互促发展并互为支撑的良性循环，是科创板的重要使命。那么，登陆科创板之后，在企业的经营过程中，科创板公司的管理者是否能够感受到，在资本市场的赋能之下，企业自身已实现"科技、资本、产业"的良性循环，推动公司创新发展"加速跑"。

此次调研结果显示，9.1%的受访公司认为其目前尚未实现"科技、资本、产业"的良性循环，58.2%的公司认为已初步实现良性循环，而32.7%的公司认为已顺利达到预期效果，实现了良性循环。

整体而言，从科创板公司的切身体会来看，通过科创板这五年多的"精耕细作"，已经初步激活了"科技、资本、产业"的良性循环，大部分公司借助资本市场的力量实现了更进一步的创新和突破，为我国产业结构升级以及经济高质量发展提供了更多的动能。

## 第45问：科创板的审核尺度、标准是否足够明晰？

对于科创板的上市审核，很多人会好奇，为什么有些公司接连遭遇刨根问底，有的公司问询两轮就"轻松"过关？也有一些科创公司认为科创板的上市审核尺度、标准还不够明晰，难以把握。

据了解，从科创板的上市审核流程看，为了较好地保证审核理念和统一，上交所形成了"分级把关、集体决策"的审核机制。各个审核单元的问询清单提交后，会在审核小组内集体讨论，审核小组的讨论结果也会在审核中心层面进行讨论，之后问询函才会送达各个发行人。在此过程中，审核小组、审核中心都会对问询尺度和标准进行统一把握。

在此次调研问卷中，对于目前科创板的审核尺度、标准是否足够明晰的问题，96.4%的受访公司都表示了肯定，仅有3.6%的公司予以了否认。总体而言，作为已经成功登陆科创板的"过来人"，这些科创板公司对于当前科创板的审核尺度和标准持认可态度。

值得关注的是，2024年4月30日，证监会发布《科创属性评价指引（试行）》（以下简称《指引》）修订版，旨在进一步落实《国务院关于加强监管防范风险推动资本市场高质量发展的若干意见》和《关于严把发行上市准入关从源头上提高上市公司质量的意见（试行）》。该《指引》在2020年3月首次发布实施之后，期间分别于2021年4月16日、2022年3月20日和2023年8月10日进行了修订。而最新修改后的《指引》进一步提高了对科创板拟上市企业的研发投入、发明专利数量及营业收入复合增长率的要求。同时，对于采用特定上市标准申报科创板的企业、已境外上市红筹企业以及软件行业，提供了不同的适用标准。

总的来说，虽然在科创板上市标准上提高了要求，但是在为支持和鼓励科创板定位规定的相关行业领域，也给予了有潜质的科创企业充分的灵活性。具体这些新规的落地实施将给科创板拟上市公司的IPO之路带来怎样的影响，各方拭目以待。

## 第46问：您认为目前科创板上市的审核流程是否需要改善？

在以信息披露为核心的注册制下，科创板上市审核的理念从核准制下的审出"好公司"，转变为审出"真公司"，把审核落脚点放在发行人的信息披露质量上。

科创板公司的发行上市审核由上交所负责。上交所受理发行上市申请后，发行人把上市申请文件提交审核中心。审核中心对上市申请文件进行审核，并提出问题，要求发行人及其中介机构回复。审核中心出具审核意见，连同发行人的上市申请文件提交给上市委员会。上市委员会针对上市申请文件以及之前问询中披露的信息，再次问询。上市委员会如果对发行人及其中介机构的回复满意，即出具审核意见并同意发行人首发上市，然后报送证监会注册。

也就是说，科创板的上市审核流程主要是在一轮轮的问询环节中完成的，交易所由此来基于科创板定位，判断发行人是否符合发行条件、上市条件和信息披露要求。

对于目前科创板上市的审核流程，在本次回收的问卷中，所有的受访者都予以了肯定。

值得一提的是，2024年4月30日，上交所宣布完成9项业务规则的修订工作并正式发布，其中6项规则涉及发行上市审核，包括《股票发行上市审核规则》《重大资产重组审核规则》《上市审核委员会与并购重组审核委员会管理办法》《科创板企业发行上市申报及推荐暂行规定》，以及《申请文件受理指引》与《现场督导指引》。相信随着上市规则的细化，未来科创板的上市审核流程效率与质量将进一步提升。

## 第47问：科创板做市商、询价转让等创新交易制度的持续培育，是否对稳定市场、提升市场流动效率、推动科创板更好地发挥优化资源配置发挥了积极作用？

作为中国资本市场的"试验田"，五年多以来，一系列创新制度在科创板陆续落地或完善。譬如，2022年10月科创板正式启动股票做市交易业务并修订发布了科创板询价转让细则。

其中，做市商制度是国际成熟证券市场的常见制度安排，结合科创板自身发展实际，优化设计、适时推行。在竞价交易基础上引入做市商制度，有助于提升科创板股票流动性、释放市场活力、增强市场韧性，也有利于降低投资者交易成本。

询价转让则是科创板创设的"独有"制度，为股东减持首发前股份提供了新的路径，旨在促进早期投资人和长期投资者有序"接力"、缓解二级市场压力、优化投资者结构、维护科创板市场稳定。

这些创新交易制度也已落地实践了一段时间，作为"局内人"的科创板公司是否认可其对稳定市场、提升市场流动效率、更好地优化资源配置的积极作用呢？

对此，在本次问卷调研中，12.7%的受访公司认为作用不明显，制度有待完善；63.6%的公司认为初步发挥了积极作用，23.6%的公司则认为起到了预期效果。

总体而言，科创板公司对当前科创板的制度创新持肯定态度，认为其有助于构建良好市场生态循环，进一步完善资本市场基础制度，提升资本市场功能，在更大范围和更深层次上推动释放资本市场活力和动力。

## 第48问：您如何看待科创板目前实施并购重组的便捷度？

并购重组是资本市场永恒的主题，是科创公司加快技术突破、优化资源配置、赋能科技创新的重要方式。

从创设之初证监会发布《科创板上市公司重大资产重组特别规定》和

上交所发布《上海证券交易所科创板上市公司重大资产重组审核规则》开始，科创板一路走来五年多，支持或规范并购重组的各类政策法规高频落地，尤其是 2023 年以来，证监会多次表态支持高质量产业并购，陆续出台定向可转债重组规则、延长财务资料有效期，更明确提出要建立完善突破关键核心技术的科技型企业并购重组"绿色通道"，适当提高轻资产科技型企业重组的估值包容性，优化完善并购重组"小额快速"审核机制等，展现出开放、包容的监管态度。

对于目前科创板并购重组流程的便捷度，在此次问卷调查中，14.5% 的受访公司认为非常便捷，72.7% 的公司认为比较便捷，仅有 12.7% 的公司认为不是很便捷。整体而言，接近九成的公司对当前科创板并购重组流程便捷度给予了认可。

## 第 49 问：中介机构持续督导职责是否得到落实？

在科创板实施以信息披露为核心的注册制背景下，中介机构的职能和作用愈加凸显。科创板开板以来，监管层已多次强调，要压严、压实中介机构的责任。

在《科创板上市规则》中，对保荐机构履行持续督导职责提出明确要求，规定首次公开发行股票并在科创板上市的，持续督导期为股票上市当年剩余时间以及其后 3 个完整会计年度。这样的"1+3"督导期，比上交所其他板块适用的"1+2"有所延长。同时，细化了上市公司重大异常情况的督导，督促公司披露重大风险，而且保荐机构需对公司重大风险发布督导意见。此外还要求保荐机构定期出具研究报告，为投资者决策提供参考。

此后，2023 年修订的《证券发行上市保荐业务管理办法》中规定，发行人在持续督导期间出现业绩下滑、各种违规事项等情形，中国证监会可以根据情节轻重，对保荐机构及其相关责任人员采取出具警示函、责令改正、监管谈话、对保荐代表人依法认定为不适当人选、暂停保荐机构的保荐业务等监管措施。

对于保荐券商来说，以前那种将企业送上市就算"送佛送到西"，对上市后的持续督导职责能混则混、得过且过的"好日子"已经一去不返。

对于中介机构持续督导职责是否得到落实的问题，在本次调研问卷中，全部受访的科创板公司都给予了肯定的回答。这证明在A股市场改革的走深走实，和监管机构"长牙带刺"的共同作用下，中介机构正在加快归位尽责。

在2024年4月国务院印发的新"国九条"中强调，"进一步压实发行人第一责任和中介机构'看门人'责任，建立中介机构'黑名单'制度。坚持'申报即担责'，严查欺诈发行等违法违规问题。"

无疑，对于中介机构来说，接下来的主要任务，就是持续提升专业服务能力，坚守风控底线，落实资本市场"看门人"的职责，更大力度支持服务符合国家创新驱动等发展战略的优质企业通过资本市场融资实现高质量发展。

## 第50问：科创板目前设置的减持规则是否能够在投资者可接受程度和股东退出需求之间达成平衡？

一说到上市公司重要股东减持，投资者通常"闻之色变"，担心大量股票抛售给二级市场造成压力。但另一方面，股份转让是上市公司股东的基本权利，必须予以尊重和维护。事实上，也只有畅通创新资本退出渠道，促成实现"投资—退出—再投资"的良性循环，才能真正调动起资本支持国内科创企业的积极性。

因此,如何在中小投资者和上市公司股东的利益,释放市场活力和防范化解市场风险之间求得一个"最大公约数",作为中国资本市场的"试验田",科创板在减持制度上亦不断探索新法。

2020年7月,为引导解禁股东依法合规有序减持,实现首发前股东与二级市场机构投资者的有序接力,科创板创新性地推出询价转让制度。2022年10月,上交所修订发布科创板询价转让细则,优化了相关业务流程及信息披露安排。

值得一提的是,自2023年8月证监会出台新规进一步规范股份减持以来,受破发、现金分红等条件限制,大部分科创板公司实控人、控股股东无法减持。在这一背景下,基于科创板询价制度存在"稳定公司二级市场股价""为股东提供便捷退出渠道""引入多种类型机构投资者"等优势,询价转让成为最优解法。

而在此次问卷调研中,对于科创板目前设置的减持规则是否能够在投资者可接受程度和股东退出需求之间达成平衡的问题,92.7%的受访公司持肯定态度。

虽然询价转让未来很可能成为科创板股东减持的主要工具,但不得不说的是,这一机制虽好,但也要警惕别有用心者将其变质成"过桥减持"。

〖结语〗

从上述7个调研问题的回复来看,作为市场上最重要的主体之一,总体上科创板公司高度认可科创板的改革创新成果,从制度到效率普遍比较"满意"。这显然将进一步坚定科创板走深走实改革之路的信心和决心。

随着注册制改革的全面铺开，科创板相关创新试点制度也在创业板、北交所等改革中不断生发、落地结果。未来，围绕如何推进制度改革和板块建设，进一步发挥科创板"试验田"作用，市场各方也提出了诸多建议和希望，譬如建立并购重组"绿色通道"、探索或有支付或分期支付机制、完善小额快速审核机制等；增加可转债发行的灵活性等，便利科创企业募资用于研发或扩充产能等。

百舸争流，千帆竞发。随着中国资本市场加快全面深化改革的步伐，作为"试验田"的科创板接下来也将迎来更多制度改革创新的新使命和新红利，并朝着培育伟大科创企业，打造"中国版纳斯达克"，率先进入成熟市场的目标持续前进。

# 第九章

## 六大重点产业

本部分，我们将对新一代信息技术产业、高端装备制造产业、生物产业、新材料产业、节能环保产业、新能源汽车与新能源发电进行重点研究诊断。尤其是这些产业的研发投入、核心技术专利、股权激励计划、产业链集群等情况做重点分析。

## 一、新一代信息技术产业：科创信息板块彰显科技硬实力

### （一）研发投入持续快速提高，科创属性突出

新一代信息技术是新质生产力重要组成部分，作为国家七大战略性新兴产业之一，以及科创板重点支持的高新技术产业，iFinD 显示，截至 2024 年 4 月 9 日，科创板新一代信息技术产业板块中已上市公司共有 212 家，数量明显占优，合计占科创板上市公司总量的 37.19%。

核心技术水平直接关系到信息技术公司在本领域的竞争力以及企业后续的发展与经营，影响信息技术企业保持核心技术领先程度的重要因素就是研发投入。

根据 iFinD，相比于非科创企业，科创板新一代信息技术上市公司研发投入占总营收比重更高，平均值为 16.67%，远高于传统行业的上市公司。相比于其他科创板板块上市公司，新一代信息技术上市公司研发投入占总营收比重的中位数为 14.94%，科创板所有上市公司研发投入占总营收比重

的中位数为 9.56%，说明新一代信息技术产业上市企业对研发的重视程度处于科创板前列。

iFinD 显示，科创板新一代信息技术上市公司研发投入总额 2020 年为 317 亿元，2021 年为 394 亿元，2022 年为 501 亿元，连续两年的研发投入增长率保持在 20% 以上（如图 2-9-1 所示）。这意味着科创板新一代信息技术上市公司能够坚持创新驱动发展战略，在科技创新道路上不断前行，进一步增加了科创板的硬核科技底色。

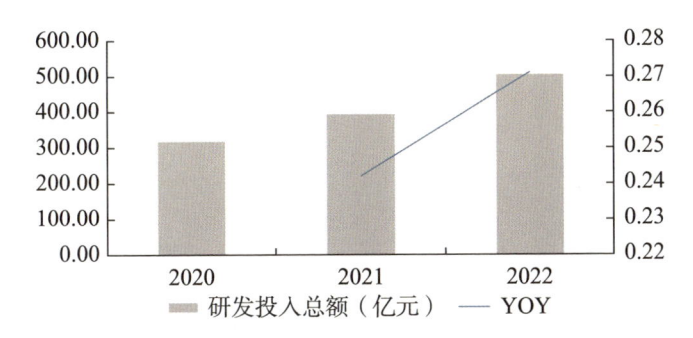

图 2-9-1　新一代信息技术产业研发总投入（亿元）

资料来源：iFinD，东兴证券研究所

**（二）核心技术专利门槛"硬"，注重技术研发与产业融合**

发明专利的授权本质上是技术竞赛的结果，所以在 2020 年 3 月 20 日证监会发布的科创板科创属性评价指标体系中，在常规指标中明确要求形成主营业务收入的发明专利需要达到 5 项以上。在科创板企业高强度研发投入的背景下，根据 iFinD，科创板新一代信息技术产业 212 家上市公司中（截至 2024 年 4 月 9 日），专利总申请量为 6.58 万件，发明专利量 4.89 万件，发明授权专利量 1.05 万件。平均每家上市公司专利申请量为 311 件，有效专利量为 231 件，发明授权专利量为 49 件（如图 2-9-2 所示）。

截至 2024 年 4 月 9 日收盘，科创板总市值排名前 20 的公司中，新一代信息技术产业上市企业共 9 家，占比接近一半。根据 iFinD，上述 9 家新一代信息技术产业公司的专利申请总量为 2.27 万件，发明专利量为 1.43 万件，授权发明专利量为 0.64 万件。平均每家上市公司专利申请量为 2525 件，发明专利量为 1586 件，授权发明专利量为 714 件，均高于科创板总市值排名前 20 的公司的整体平均水平。新一代信息技术产业在高市值科创板公司中科创力表现突出，市场潜力较大。

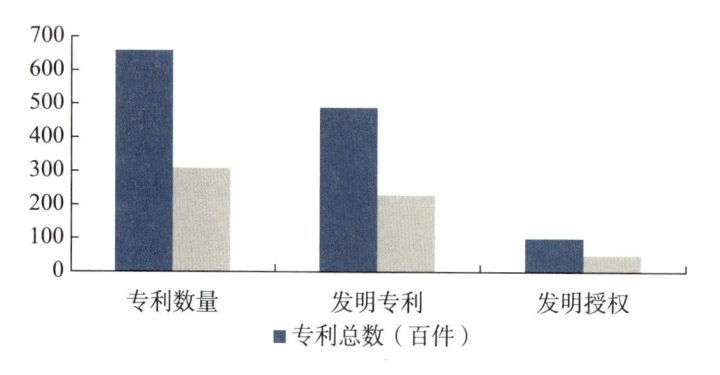

图 2-9-2　新一代信息技术企业专利水平

资料来源：iFinD，东兴证券研究所

### （三）募资规模勇冠全场，聚焦研发与项目建设

根据 iFinD，截至 2024 年 4 月 9 日，科创板新一代信息技术产业 212 家注册公司中，募资总规模为 3885 亿元，科创板合计募资 9087 亿元，新一代信息技术产业募资规模占比达 45.92%，远大于其他板块。其中，超募成为新一代信息产业企业上市的常见现象，超募企业达 143 家，占比达到 67.45%。科创板为国内高技术、高成长的高新技术企业快捷募集资金、快速推进科研成果资本化带来更多的便利。

上市企业大手笔加大研发投入、加强新产品的开发使得公司业绩稳步增长。上交所曾指出，科创板业绩高速增长受益于持续的高研发投入。从新一代信息产业上市公司的整体来看，研发投入的持续增长以及科技与产业的深度融合为新一代信息技术产业公司带来了营业收入和营业利润的双增长（如图2-9-3、图2-9-4所示）。2020—2022年期间，212家上市公司的营业收入复合增长率为26.70%，营业利润的复合增长率为65.24%，说明新一代信息技术上市企业具有较强的增长能力。同时，新一代信息技术产业上市公司近三年的平均毛利率、净资产收益率水平为43.73%与9.90%，均高于非科创板新股，说明新一代信息技术上市企业具有较强的盈利能力。

图 2-9-3　科创板产业募资结构　　新一代信息技术企业超募和欠募情况

资料来源：同花顺，东兴证券研究所

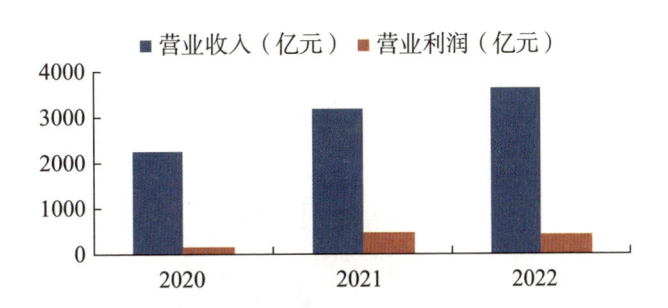

图 2-9-4　新一代技术产业公司营收与营业利润

资料来源：iFinD，东兴证券研究所

**（四）锁定核心人才，股权激励计划井喷**

优秀的研发人员是科创板上市公司发展的基石，科创板鼓励上市的行业大多属于人才密集型和技术密集型，研发人员数量和占比以及高学历人才的数量和占比是衡量企业科创能力的重要指标。在2021年4月17日证监会就科创板《科创属性评价指引（试行）》作出修订，新增了研发人员占比超过10%的常规指标，充分体现科技人才在创新中的核心作用。Wind显示，在科创板新一代信息技术产业212家上市公司中，每家上市企业平均拥有研发人员402人，研发人员平均占比为30.95%，平均每家上市企业具有博士学位的人数为9人，平均具有博士学位的人数占比为0.70%。平均每家上市企业具有硕士学位的人数为152人，平均具有硕士学位的人数占比为10.02%。

股权激励是科创企业吸引人才、留住人才、激励人才的重要手段，也是资本市场服务科创企业的一项重要制度安排，所以股权激励在科创板申报企业中被大量使用，股权激励几乎已经成了必需品。荣正咨询于2021年5月28日正式发布的《中国企业家价值报告（2021）》显示，对比A股其他板块，科创板开板一年多，股权激励广度就已超过深市主板过去15年的激励广度，并接近沪市主板的股权激励广度。根据Wind，截至2021年7月22日，科创板新一代信息技术产业上市公司中，进行股权激励的公司共有148家，占新一代信息技术产业企业数量的70%。

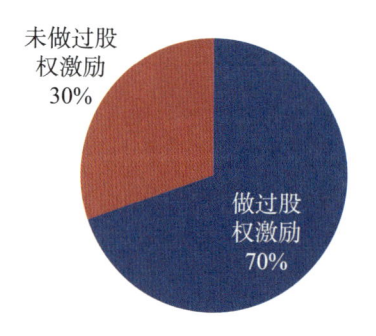

图2-9-5　新一代信息技术产业上市公司股权激励情况

资料来源：iFinD。东兴证券研究所

## （五）产业链集群效应明显，"卡脖子"产业突破形成有效支撑

科创板作为注册制的先行试点，为金融资本更好地服务科技创新提供了桥梁。

科创板内新一代信息技术上市公司在科创属性、融资能力、成长性以及业绩等方面表现突出，并取得了高速发展。尤其是芯片半导体产业板块，集成电路占A股集成电路上市公司的半壁江山，形成了聚集效应明显、产业链上下游完备的产业集群，为芯片半导体等关键技术和产业的突破形成了有效支撑，资本市场服务科技创新短板逐渐补齐。

科创板对龙头企业的吸引力不断提高，中芯国际等龙头企业正式登上科创板，形成了良好的示范效应，彰显了科创板的板块优势。

基于我国对科技创新的高度重视以及中国企业的内生动力，伴随科创板未来进一步精确地界定科创企业标准，并通过公允定价、信息披露、治理规范等多种方式督促科创企业不断提升企业质量，在不断优化制度、提升监管和完善市场的背景下，科创板未来有望孵化出越来越多的处于世界前列的各个高科技行业的"巨人"企业。

## 二、高端装备制造产业：好风凭借力，扬帆正当时

截至2024年5月1日，科创板共有572家公司上市交易，其中高端装备制造产业的公司76家，占比达到14.16%。从市值占比来看，2023年末收盘，科创板总市值为6.46万亿元，科创板高端装备制造产业76家上市公司总市值超1万亿元，超科创板全部上市公司总市值的16%。

从细分行业分布来看，智能装备制造产业有40家，其中工业机器人产业链（埃夫特、绿的谐波、瀚川智能等）、光伏设备（奥特维、高测股份

等）、智能生产线及物流自动化（先惠技术、海目星、德马科技、瑞松科技、江苏北人等）、机床行业（浙海德曼、科德数控等）初具规模。

高端装备制造其他细分行业中，轨道交通装备产业（工大高科、交控科技、天宜上佳、铁科轨道、铁建重工）、海洋工程装备产业（迪威尔）、航空装备产业（航宇科技、迈信林、纵横股份、航亚科技、江航装备）、卫星及应用产业（盟升电子、鸿泉物联、航天宏图）均有布局。

### （一）研发驱动效应明显，投入水平显著高于传统行业

在研发投入方面，截至 2024 年 5 月 13 日科创板高端装备制造产业 76 家上市公司在 2023 年共计研发投入 117.03 亿元，占所有公司总营收的 9.15%。其中，研发投入绝对值分布在 0.23 亿 ~8.81 亿元，与公司发展阶段、所处行业有关，研发投入平均数 1.44 亿元，中位数 0.82 亿元。

研发投入占总营收比重大于 10% 的有 39 家，5%~10% 的有 33 家，0%~5% 的有 7 家；研发占比高于平均水平 10% 的有 30 家，占比 37.97%，高端装备制造产业科创板上市公司总体科研投入水平较高。研发投入占比低于 10% 的企业有 49 家，但其研发投入水平仍明显高于传统设备行业上市公司。

### （二）核心专利构筑高端装备技术护城河

专利方面，截至 2023 年 12 月 30 日，76 家高端装备制造产业科创板上市公司授权专利数量共计 20782 件。76 家企业中，获得专利数量最多的有 3197 件，平均每家企业获得授权专利 273 件。

### （三）募投资金主要投向研发及扩产

IPO 募资方面，76 家高端装备制造科创板上市公司合计募资净额为 588.01 亿元，平均每家企业募资 7.74 亿元。其中募资净额最大值为 43.68

亿元，最小值为 1.87 亿元。募资投向方面，76 家企业大多将募集资金用于产品研发及产业化、产能建设、渠道等项目建设，多数企业将较大比例资金用于产能方面，同时将部分资金用于研发中心建设。同时，由于高端装备行业前期资金投入较大的特性，多数企业在募投项目中有补充流动资金的需求。

## （四）股权激励调动核心员工积极性

股权激励方面，76 家高端装备制造产业科创板上市公司中共有 44 家公司在上市后推出了股权激励计划。股权激励数量累计值（截至 2023 年 12 月 30 日）合 13189.39 万股，占 44 家公司总股本的 2.22%。其中，股权激励力度最大的企业股权激励数量达到了总股本数的 7.90%，最少的达到当时股本的 0.21%。

从高管持股角度看，科创板 76 家高端装备制造产业上市公司中共有 23 家企业高管持有限售股票。23 家企业高管持有的限售股合计 609098.41 万股，占 23 家企业总股本数的 75.83%。其中，高管持有限售股比例最高达到 79.53%。

## （五）高端装备聚集，产业升级效应显现

由于高端装备制造产业具备涉及范围广、细分行业多的特性，目前 76 家已上市企业行业分布也较为广泛。从一级行业来看，有 59 家上市公司属于机械设备行业，6 家属于国防军工行业，6 家属于电气设备行业。

从细分行业来看，仪器仪表、铁路装备、航空装备、机床工具、机器人、智能装备等产业已经形成明显的产业聚集，未来高端装备产业链上市公司有望持续扩张，科创板将进一步助力优质上市公司推进高端装备行业产业升级。

以半导体装备、航空航天、数控机床、机器人、高端仪器仪表为代表的高端装备是我国工业体系升级过程中必须要突破的领域，也是我国与国外差距较大的领域。由于品类繁多、单体价值量高，这些高端装备成为国家战略扶持和资本追逐的对象。

发展高端装备，不仅有助于降低我国核心技术的对外依存度，关乎我国国防军工、汽车、航空航天、船舶等关键设备领域的战略安全，也是我国突破现有全球产业分工格局，向高附加值产业进军的关键。

科创板对于规则的设置提供了很大的包容性，尤其对于未盈利企业，如果其具备较高的研发投入，或销售收现比例高，正处于现金流回收期，或市场空间大，具备相当销售规模，符合条件也可上市。科创板对于红筹企业，以及存在表决权差异安排的企业，也制定了相关上市审核标准。为尚未进入利润兑现阶段的科创企业上市，及境外上市企业回归扫除了制度障碍。高端装备企业属于资金和技术密集型行业，前期投入高，验证周期长，在研发和市场推广阶段，利润规模效应尚未体现。科创板的推出为国内高端装备企业融资路径提供了新的选择。

## 三、生物产业：科创板上市助力研发，加速产业升级

### （一）科创板医药公司的研发支出占比高于医药制造平均水平

研发和创新是拓宽生物医药企业产品线、驱动生物医药企业增长的重要推手。从研发投入的角度看科创板医药企业，可将其与A股医药制造业上市公司进行比较。由于科创板的特殊性，部分公司仍未实现盈利，该类公司营收较低而研发支出较大，我们选择以2023年是否实现盈利为标准，将科创板生物医药公司分为两类进行分析。

对于 2023 年实现盈利的 74 家公司，剔除部分前期大幅亏损企业（艾力斯、上海谊众），则 2018 年至 2023 年科创板医药公司研发支出占营收比例平均值分别为 12.1%、13.4%、13.1%、13.6%、15.2%、17.4%。A 股医药制造业上市公司 2018 年至 2023 年的研发支出占营收比例平均值分别为 6.5%、6.9%、7.0%、7.4%、8.2%、9.2%（剔除 2023 年负盈利企业及前期大幅亏损企业艾力斯、上海谊众）。整体来看，科创板生物医药企业研发支出比例高于 A 股医药制造业平均水平。

此外，科创板给了暂未盈利的公司上市融资的机会。以艾力斯（688578）为例，公司 2018 年收入仅为 462 万元，但当年研发费用达到 0.9 亿元，随着核心产品伏美替尼上市并放量，公司 2023 年实现营业收入 20.18 亿元，同比增长 155.1%；研发费用增加至 3 亿元，实现归母净利润 6.44 亿元，同比增长 393.5%。同样情况的还有泽璟制药–U（688266），2019 年尚无营业收入，研发支出为 1.8 亿元，在 2023 年实现收入 3.86 亿元。随着科创板不断成熟，更多有潜力但尚未实现收入的公司有望在科创板上市获得社会资金支持。

**（二）科创板医药上市公司中以器械类持有专利数量最多**

对生物医药企业而言，尽可能快地开发创新产品或技术并通过申报专利获取市场垄断权是其获取利润的重要途径。截至 2024 年 4 月 30 日，科创板生物医药上市公司专利合计数 14006 件，其中发明专利 10691 件，发明授权 1202 件；平均每家公司专利合计数 132 件，其中发明专利 101 件，发明授权 11 件；专利合计数中位数为 53 件，发明专利中位数为 38 件，发明授权中位数为 4 件。将这个数字与科创板整体上市公司数据进行对比：截至 2024 年 4 月 30 日，科创板 571 家注册公司中，专利合计数 98917 件，其中发明专利 76417 件，发明授权 8562 件；平均每家公司专利合计数 173 件，其中发明专利 134 件，发明授权 15 件；专利合计数中位数为 87 件，发明专利中位数为 62 件，发明授权中位数为 3 件。

比较可得，科创板生物医药上市公司在专利申请数量、获得授权专利数量以及获得发明专利数量方面，略低于科创板整体水平，这是因为创新药的专利主要围绕前期化合物发现阶段，而后期临床研发投入虽然较多，但申请的专利较少。医疗器械子领域对专利申请则更为重视，截至 2024 年 4 月 30 日，专利申请数量最大的两家科创板医药公司分别是联影医疗和天臣医疗。联影医疗主营高性能医学影像设备、放射治疗产品、生命科学仪器及医疗数字化、智能化解决方案，截至 2024 年 4 月 30 日，拥有专利数 3170 件，发明专利 2811 件，发明授权 270 件。天臣医疗以外科手术吻合器为主业，截至 2024 年 4 月 30 日，拥有专利数 1029 件，发明专利 717 件，发明授权 141 件。

### （三）募集资金主要投向研发

生物医药类企业投资周期长，处于创新研发阶段的企业对资金需求较大，但又无产品上市，因此往往需要借助资本市场的力量来帮助自身成长。截至 2024 年 4 月 30 日，统计的 106 家科创板上市的医药生物公司共计募集规模为 1719 亿元；其中，募资规模超过 20 亿元的企业为 9 家；募资规模在 10 亿~20 亿元之间的企业为 24 家；募资规模小于 10 亿元的企业为 38 家。从重点分析技术转化生产力情况来看，106 家企业过去 5 年（2019—2023 年）研发费用总计为 1418 亿元，占首发募集资金总额的 83%，其中超过 100% 的公司有 21 家，位于 50%~100% 之间的有 29 家，低于 50% 的有 56 家。生物医药行业作为高技术行业，研发是企业发展的关键，研发高投入也符合目前世界顶级生物医药公司的发展方向。

**（四）核心技术人员是发展的核心，超过 1/3 的企业推出股权激励**

医药生物公司属于高科技行业，依赖人才。医药生物公司留住人才采取的方式之一是股权激励。根据统计，2023 年末，106 家公司平均技术人员占比为 30.6%；其中，44 家超过平均值，超过 50% 的公司有 9 家，超过 70% 的有 7 家；平均核心技术人员为 5 人，超过平均的企业数为 39 家，核心技术人员 10 人以上的公司有 5 家；从学历构成上看，106 家公司员工本科学历平均占比为 41%，硕士以上为 14.5%，博士为 2%。2023 年 69 家企业公布的年人均薪酬为 25.26 万元，2023 年平均应付员工薪酬为 71 亿元。截至 2024 年 4 月 30 日，106 家上市的生物医药公司中，共有 66 家公司实施股权激励，绝大多数企业均以收入和利润作为激励核实指标；但对于不能产生盈利的企业，公司会从收入、临床前项目、临床进展等几个方面进行综合考察。

**（五）上游装备与填料的国产化是突破生物药生产的重要瓶颈**

近些年我国科创板上市的生物医药龙头企业拉动了相关产业链公司的发展。以大分子生物药为例，疫苗包括康希诺，单抗药物包括君实生物、神州细胞等大分子生物药企业的兴起，带动了产业链上游包括耗材、药机等的发展。

随着我国高端生物药逐步实现国产化，生物制药厂家面临巨大成本与安全供应压力，上游设备和耗材国产化的问题亟待突破。科创板的创立给这些高技术型公司打开了快速发展的通道。以微球耗材为例，公司经过多年研发，建立了全面的微球精准制备技术研发、应用和产业化体系，自主研发了多项核心专有技术，实现了同时规模化制备无机和有机高性能纳米微球材料，在微球耗材这项"卡脖子"的细分生物医药产业上实现有效突破。

## 四、新材料产业：乘风破浪攀高峰

截至2024年4月30日，在科创板上市的新材料产业公司共计64家，分为先进钢铁材料（4家）、先进有色金属材料（13家）、先进石化化工新材料（25家）、先进无机非金属材料（10家）、高性能纤维及制品和复合材料（4家）、前沿新材料（8家）。在科创板上市的新材料产业公司较2021年7月22日新增24家，按细分领域分别新增2家、4家、9家、7家、2家和0家，其中先进石化化工新材料和先进无机非金属材料细分领域企业数量增幅居前，前沿新材料细分领域无新增科创板上市公司。

### （一）研发投入占总营收比重依然差异不均，但均值低于科创板和创业板整体水平

在研发投入方面，2023年，64家新材料公司共计研发投入57.23亿元，占所有公司总营收的5.96%，研发投入均值在科创板的九大主题板块中占比最低，低于创业板整体研发占比的22.38%和创业板的8.14%。新材料板块研发投入绝对值分布在0.19亿元到3.29亿元的区间，研发投入平均数0.89亿元，中位数0.66亿元。研发投入占总营收比重分布在0.78%到27.54%的区间，平均值7.18%，中位数6.20%。

研发投入占总营收比重大于10%的有9家，其中营业收入超过10亿元的有3家企业，主营产品分别为金属3D打印设备及产品，宽禁带半导体碳化硅衬底材料和从事先进碳基复合材料及产品的研发、生产和销售；5%~10%的有37家，其中营业收入超过10亿元的有18家企业，主营产品

分别为高强高导铜合金材料及制品、数控刀具产品和硬质合金制品、航空航天和燃气轮机等领域用高品质高温合金业务、光引发剂、特种功能膜、高性能烧结钕铁硼永磁材料、环保催化剂、先进磁性金属材料、半导体硅外延片、纳米级碳材料、电子特种气体、新型生物基材料、碳纤维、中高端耐火材料、电子电路基材、半导体硅片、制程关键系统与装备、关键材料和专业服务、高端钛合金材料和低温超导材料；0%~5% 之间的有 18 家；研发占比高于平均水平 7.18% 的有 23 家，占比 35.94%，大多数企业的研发投入占比是低于平均水平的。

从新材料细分板块看，前沿新材料、高性能纤维及制品和复合材料研发占比最高分别为 10.48% 和 9.26%，主要因为两个板块下游行业多为电子产业、光伏产业、生物医药产业及先进制造产业，对技术更新迭代的要求更高，研发要求更高。先进钢铁材料研发占比最低，仅为 4.89%，这和钢铁材料相对较为传统有关，金属材料板块研发占比仅次于钢铁为 6.01%，这些分板块中公司很多研发投入相对保守，拉低了整体的研发占比水平。

### （二）核心技术专利申请及授权数量显著增长

专利方面，截至 2024 年 4 月，64 家上市公司共计专利数量 11484 件。64 家企业中，专利最多的有 572 件，最少的有 23 件。平均每家企业专利 179 件。

### （三）募资资金投向扩产升级为主、研发和经营均有涉及

IPO 募资方面，64 家企业合计募资净额为 673.25 亿元，平均每家企业募资 10.52 亿元。其中募资净额最大值为凯赛生物的 52.8 亿元，最小值为 0.7 亿元。募资投向方面，64 家企业均将募集资金主要用于新产能建设或产能升级，同时有部分资金用于研发中心建设和补充流动资金。根据募

集资金进度 13 家公司已经完成了募投计划，33 家公司募投项目完成进度超过 50%，8 家公司募集项目进度超过 30%，也有 10% 的公司募投项目进度低于 30%。新材料公司募投项目进展速度总体上按照计划进行，IPO 为科创板新材料公司的产能扩张和升级助力，建设研发中心为公司技术和研发提升打造坚实平台，补充流动资金进一步为初创期的科创板公司经营进一步助力。

### （四）新材料板块股权激励超过一半，高管持股比例总体有所下降

股权激励方面，64 家公司中共有 34 家公司在上市后推出了股权激励计划，占比 53%。股权激励数量累计值（截至 2024 年 5 月 5 日）合计 18523.24 万股，占 33 家公司总股本的 2.39%。其中，股权激励力度最大的企业三孚新科股权激励数量达到了总股本数的 17.39%，最少的上纬新材有 0.20%。新材料科创板的公司相对于 A 股其他板块上市公司还是比较注重股权激励。

从高管持股角度看，64 家企业中共有 55 家企业高管持有股票，占比 85.94%。55 家企业高管持有股票合计 22.62 亿股，占 55 家企业总股本数的 14.38%。其中，高管持股比例最高的明志科技达到 68.97%，持股比例比较高的原因是高管为公司的创始人。2020 年年报共有 30 家企业高管持有股票，持股总数 8.97 亿股，占 30 家企业总股本数的 19.52%，主要原因是部分上市公司原始股解禁期结束。2023 年高管持股比例较 2020 年大部分是减少的，64 家公司中 2020 年 IPO 之前上市公司有 39 家，其中只有 4 家公司的高管持股比例上升，其余的均为下降。

## 五、节能环保产业：市场空间远大，模式尚待完善

截至 2024 年 4 月 30 日，在科创板上市的节能环保产业公司共计

30 家，包括新光光电（688011.SH）、奥福环保（688021.SH）、金达莱（688057.SH）等。

### （一）研发投入占总营收比重高低差异大，均值高于主板

科创板共 30 家节能环保产业注册企业（截至 2024 年 4 月 30 日），2023 年总研发支出为 77.69 亿元，2023 年总营业收入为 1514.60 亿元，其中，研发支出最高的企业是天合光能，2023 年研发支出为 55.30 亿元，研发支出最低的企业是恒誉环保，2023 年研发支出为 0.12 亿元，每家节能环保产业科创板上市公司平均研发支出为 2.59 亿元，节能环保产业科创板上市公司研发支出中位数为 0.41 亿元。

统计科创板节能环保企业 2023 年研发支出占总营收的比重，30 家上市企业算术平均数为 7.84%，中位数为 6.52%。其中，研发支出占比最高的企业是新光光电，2023 年研发支出占比为 25.92%，研发支出占比最低的企业是通源环境，2023 年研发支出占比为 3.49%（如图 2-9-6）。根据中信行业分类，统计沪深两市环保 A 股上市公司 2023 年研发支出占总营收的比重，111 家上市企业（截至 2024 年 4 月 30 日）算术平均数为 3.85%，中位数为 3.40%。研发支出作为检验科创板上市企业科创属性的"硬核"指标之一，我们通过科创板与整体 A 股中节能环保产业研发投入占总营收比重的分析对比可见，科创板节能环保企业研发投入占总营收比重，平均要高于沪深两市 A 股整体环保企业的研发投入水平，"科创底色"浓厚彰显。

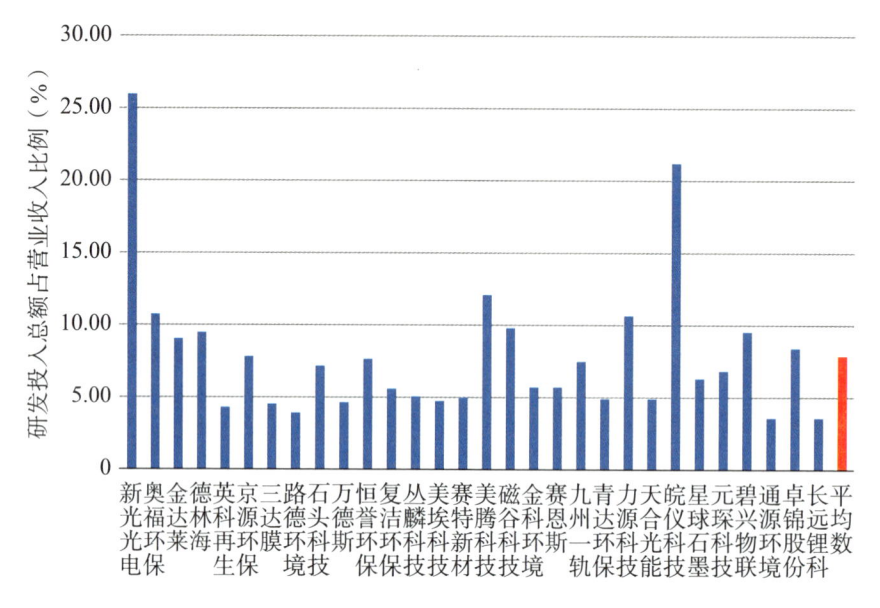

图 2-9-6 科创板上市的节能环保行业相关公司
2023 年研发投入在总营收中的占比

资料来源：iFinD、东兴证券研究所

**（二）企业平均专利数量超 200 件，研发能力为企业竞争力集中显现**

科创板共 30 家节能环保产业注册企业（截至 2024 年 4 月 30 日），截至 2023 年 12 月 31 日共获得授权专利量 7180 件，其中发明专利量 1804 件，实用新型专利量 4351 件，外观设计专利量 1025 件，软件著作权 955 件。其中，授权专利量最多的企业是石头科技，截至 2023 年 12 月 31 日累计获得授权专利量 1544 件。授权专利量最少的企业是力源科技，截至 2023 年 12 月 31 日累计获得授权专利量 60 件。发明专利量最多的企业是天合光能，截至 2023 年 12 月 31 日累计获得发明专利量 393 件。发明专利量最少的企业是复洁环保，截至 2023 年 12 月 31 日累计获得发明专利量 9 件。

从 2023 年度新获专利数据看，统计的 30 家科创板节能环保企业，

2023年新获授权专利量1595件，新获发明专利量430件。平均每家上市公司2023年新获授权专利量53.17件，授权专利量中位数为17.5件。平均每家上市公司2023年新获发明专利量14.33件，发明专利量中位数为7.5件。从截至2023年12月31日的累计授权专利数据看，平均每家上市公司获得授权专利量239.33件，授权专利量中位数为121件。平均每家上市公司发明专利量60.13件，发明专利量中位数为32.5件。可见，科创板节能环保领域核心技术专利门槛"高"。

### （三）募资投向专注于产能建设与研发

统计科创板共30家节能环保产业注册企业（截至2024年4月30日），首发募集资金总额为286.21亿元，募集资金净额为262.91亿元。根据各公司披露的招股说明书，科创板节能环保领域上市公司募投项目一般有以下几个方向：1）现有项目执行、产品升级与产能拓展，投向占比为55.77%；2）研发中心建设升级、新技术与产品研发，投向占比为13.30%；3）运营中心、信息化与管理中心建设，投向占比为2.97%；4）补充流动资金，投向占比为27.96%（如图2-9-7所示）。

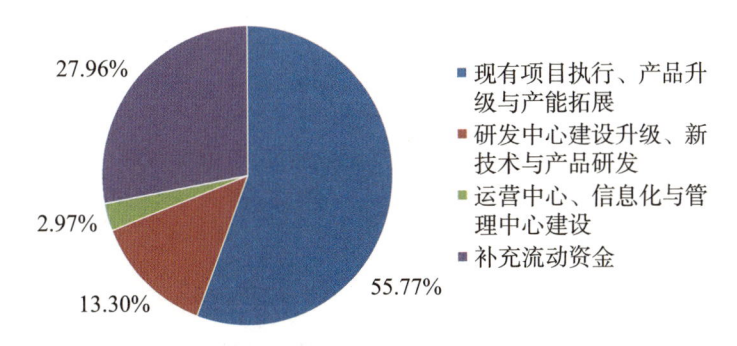

图2-9-7　科创板节能环保领域上市公司募投项目方向

数据来源：各公司招股说明书、东兴证券研究所以上可见，1）节能环保行业的企业一般将现有项目执行、产品升级与产能拓展作为公司的主募投项目，对公司现有项目、技术和产品进行升级与拓展可以在风险可控的情况下帮助企业扩大业务规模。2）节能环保行业的企业将一部分募集资金用于研发中心建设升级和新技术与产品研发，以保持技术创新。3）部分企业会将一部分募集资金用于建设运营中心和信息化与管理中心，帮助企业提高管理水平和运营效率，降低企业不必要的成本与开支。4）节能环保行业项目的执行需要垫付一定款项，具有部分重资产行业的特点，企业对流动资金有较大需求，因此募集资金的另一主要投向是补充流动资金。

### （四）多数企业实行股权激励，股权激励仍有提升空间

统计科创板共30家节能环保产业注册企业，截至2024年4月30日，其中20家公司公告了股权激励计划。激励对象主要包括董事、高级管理人员、核心技术人员、中层管理人员和业务骨干等。20家公司中，复洁环保激励对象占员工人数比重最高，为35.53%，激励股数也达到公司总股本的1.80%；德林海激励对象占员工人数比重最低，为5.15%，激励股数为公司总股本的0.32%。股权激励计划的推出在帮助锁定核心人才的同时，亦有助于公司完成自身业绩目标。

### （五）多集中于财政情况良好的东部省份

统计科创板共30家节能环保产业注册企业（截至2024年4月30日），公司多分布在华东地区，其中在江苏7家、山东4家、安徽3家、北京3家、上海2家、浙江2家、湖南2家，江西、广东、福建、湖北、陕西、黑龙江、天津各1家。主要是因为我国工业园区与化工园区较多分布在华东一带，相应孕育出更多环保处置需求。同时，这些地区的财政政策与财

政收入良好，环保产业的用户付费多来源于政府或共同来源于政府与处置企业，因而这些地区对节能环保行业相关企业具有较强吸引力。

## 六、新能源汽车与新能源发电：产业链全球竞争力凸显，未来成长潜力依旧强劲

截至2024年5月1日，在科创板上市的新能源汽车与新能源发电产业公司共计41家，与新能源汽车产业相关的有27家，主营为动力电池及电池材料（孚能科技、容百科技等）、新能源汽车零部件与制造/测试设备（威迈斯、巨一科技等）；与新能源发电产业相关的有14家，主营为光伏组件/辅材及风电设备（天合光能、固德威、电气风电等）、智能电网设备（金盘科技、威腾电气等)(如图2-9-8所示)。

### （一）研发投入占总营收比例近5%且维持稳定增长

在研发投入方面，41家公司2023年共计研发投入168.89亿元，占所有公司总营收的5.34%。其中，研发投入金额分布在0.33亿~55.30亿元，与公司所处阶段、总营收数量级有关，研发投入平均4.12亿元，中位

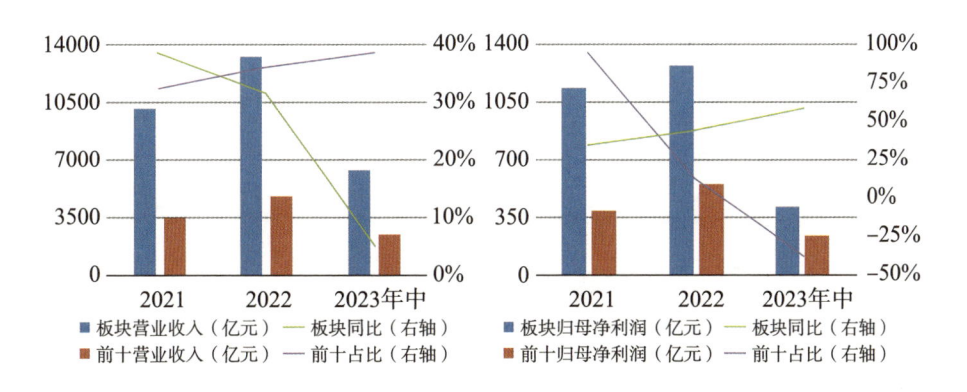

图2-10-6 科创板上市公司
营业收入情况
资料来源：Wind、东兴证券研究所

图2-10-7 科创板上市公司
归母净利润情况
资料来源：Wind、东兴证券研究所

数 1.64 亿元。从研发投入金额角度看，研发投入最高的企业是天合光能，2023 年研发投入为 55.30 亿元，研发投入最低的企业是正弦电气，2023 年研发投入为 0.33 亿元；比例角度看，研发投入占营收比例最高的企业是杰华特，2023 年研发投入占比为 38.47%，研发投入占营收比例最低的企业是容百科技，2023 年研发投入占比为 1.56%。

研发投入占总营收比重大于 10% 的有 13 家，5%~10% 的有 16 家，0%~5% 的有 12 家；研发占比高于平均水平 9.46% 的有 14 家，占比 34.15%，研发占比高于行业整体研发投入占比 5.34% 的有 27 家，占比 65.85%，多数企业的研发投入占比低于平均水平但高于行业整体研发投入占比，主要系杰华特、灿瑞科技、亿华通等高投入占比抬高算术平均结果。

科创板新能源上市公司研发投入 2021 年为 101.70 亿元，2022 年为 144.22 亿元，2023 年为 168.89 亿元，对应研发投入占营收比例分别为 5.65%、5.28%、5.34%，连续两年的研发投入增长率保持在 15% 以上，且研发投入占营收比例稳定在 5% 以上。研发投入持续维持高增代表科创板新能源汽车与新能源发电行业上市公司能够坚持以研发创新为驱动的发展战略，通过研发不断提升自身的产业竞争力与技术先进性。

图 2-9-8  科创板上市的新能源汽车与新能源发电行业相关公司
2023 年研发投入在总营收中的占比

资料来源：iFinD、东兴证券研究所

**（二）企业平均专利申请数量超 200 件，发明专利为主导专利类型**

专利方面，截至 2023 年末，41 家上市公司持有专利合计 10367 件，其中发明专利 7215 件，发明授权 808 件，实用新型专利 2042 件，外观设计专利 302 件；平均每家企业持有专利 259 件，其中发明专利 180 件，发明授权 20 件，实用新型专利 51 件，外观设计专利 8 件。24 家企业中，专利持有量最多是天合光能，共持有专利 1496 件，专利持有量最少是天奈科技，共持有专利 41 件；发明专利持有量最多的企业是天合光能，持有发明专利 926 件，发明专利持有量最少的企业是豪森智能，持有发明专利 19 件。

### （三）企业平均研发人员数量超 500 人，人才优势维持企业创新驱动力

研发人员的数量和占比以及高学历人才的数量和占比是衡量企业科创能力的重要指标。iFinD 显示，在新能源 41 家上市公司中，每家企业平均拥有研发人员 597 人，研发人员占比平均为 25.01%，其中 14 家占比超过平均值，占比超过 50% 的公司有 5 家；每家企业平均拥有核心技术人员 6 人，超过平均值的企业数为 23 家，核心技术人员人数在 10 人以上的公司有 7 家。

从学历构成上看，41 家公司本科以上学历占比平均为 40.31%，硕士以上为 31.37%，每家企业具有博士学位的人数平均为 15 人，具有博士学位的人数占比平均为 0.49%，每家企业具有硕士学位的人数平均为 199 人，具有硕士学位的人数占比平均为 7.91%。

### （四）募集资金规模情况

IPO 募资方面，41 家科创板上市新能源企业共计募集规模为 534.37 亿元，平均每家企业募资 13.03 亿元。其中，募资规模超过 20 亿元的企业为 9 家；募资规模在 10 亿~20 亿元的企业为 11 家；募资规模小于 10 亿元的企业为 21 家；募资规模最大的企业为万润新能，募资金额为 61.46 亿元，募资规模最小的企业为华依科技，募资金额为 1.94 亿元。

### （五）产业链集群效应显著，聚焦电池、汽车零部件及光伏相关产业

41 家新能源上市公司行业主要集中在电力设备、机械设备、电子、汽车等行业，从一级行业来看，有 22 家上市公司属于电力设备行业、6 家属于机械设备行业、6 家属于电子行业、5 家属于汽车行业，其余 2 家属于通信与计算机行业。

从细分行业来看，41 家新能源上市公司分布在产业链各个环节，已经

形成明显的产业链集群效应，如新能源汽车相关上市公司聚集于电池、电池材料及汽车零部件领域，光伏相关上市公司聚集于光伏中游组件制造及下游光伏电站配套设施与发电上网设备等。

近年来我国新能源汽车与新能源发电产业链取得了高速发展，目前已在全球范围内具备较强的竞争优势，产业链发展成熟完备且具有较强的集群效应，同时产、学、研相互支撑，学术研究不断催化新技术的落地转化，越来越多实验室前沿技术成果走向产业化应用。

展望未来，我们认为我国新能源汽车与新能源发电产业仍有较大的技术进步空间与行业成长潜力，在新能源汽车领域，动力电池通过材料体系革新及产品形态升级，不断提升安全性与能量密度，进而带来续航里程与补能速度的瓶颈与难点的突破，同时新能源汽车的智能化将是产业持续发展的动力与趋势；在新能源发电领域，光伏发电的转换效率进一步提升、拉晶技术的改进也是产业持续发力的方向；风力发电领域海上风电的降成本仍需共同努力。我们认为，在产业链各方的共同努力、政策的大力支持下，我国新能源汽车与新能源发电产业链仍将长期维持向好的发展态势，在全球范围的产业竞争力有望稳固提升。

# 第十章

## 制度不断完善

科创板对发展新质生产力具有独特优势。科创板设立的初衷就在于主要服务符合国家战略、突破关键核心技术、市场认可度高的科技创新企业。新质生产力的长远发展与资本市场的鼎力支持密不可分，科创板的健康发展将促进科技创新与资本市场的融合共生。

## 一、坚持初心，科创板快速发展，制度不断完善

### （一）制度不断完善，监管与创新兼顾

2022年至今，科创板迎来快速增长期和制度完善期。随着市场的不断发展和变化，科创板也面临新的挑战和问题，上海证券交易所坚持目标和问题导向，积极应对，及时完善各项制度，稳中求进。

2023年8月，《上海证券交易所科创板股票上市规则（2023年8月修订）》出台，对上市公司董事会、独立董事等机制作出了一定要求，推动形成更加科学的独立董事制度体系，提高上市公司质量。

2024年4月新"国九条"出台。同月，为深入贯彻落实中央金融工作会议精神和新"国九条"，完善对应制度机制，推动提高上市公司质量和投资价值，保护投资者合法权益，上海证券交易所对《上海证券交易所科创板股票上市规则（2023年8月修订）》涉及退市与风险警示制度的相关内容再次修订。

修订后的《上海证券交易所科创板股票上市规则（2024年4月修订）》进一步完善了规范类、重大违法类和财务类强制退市指标，大幅降低财务造假重大违法退市标准，释放"零容忍"鲜明信号。新增三项规范类退市情形，包括"资金占用""内控非标审计意见"和"控制权无序争夺"；新增一项信息披露或规范运作存在重大缺陷的退市情形。新规则还完善了组合类财务退市指标，提高科创板盈利的组合标准，增加财务类退市风险警示公司（*ST公司）撤销退市风险警示的条件，增加对"空壳僵尸"公司的出清力度，提高了撤销退市风险警示的内控规范性要求。

为落实从严监管要求、切实加强监管约束，借鉴其他成熟板块经验，新规则还建立了科创板其他风险警示制度。除明确上市公司出现控股股东资金占用或违规担保未及时整改等9项情形外，对公司股票实施其他风险警示，还将现金分红指标纳入其他风险警示情形，加强上市公司分红约束。将不触及重大违法强制退市的财务造假行为纳入其他风险警示情形，加大财务造假公司风险揭示力度。

科创板还积极推动制度创新。在前期审核实践的基础上，结合医疗器械领域科技创新发展情况和行业监管要求，《上海证券交易所科创板发行上市审核规则适用指引第7号——医疗器械企业适用第五套上市标准》于2022年6月发布实施。新标准在核心技术产品范围、阶段性成果、市场空间以及信息披露等方面作出了细化规定，进一步完善了科创板支持医疗器械"硬科技"企业上市机制，更好发挥服务科技创新发展战略的功能。

2022年—2024年建立的科创板制度如下。

科 2-10-1　创板制度一览表（2022—2024）

| 分类 | 时间 | 法律规则一览（2022—2024） |
| --- | --- | --- |
| 部门规章 | 2022 年 5 月 12 日 | 《证券公司科创板股票做市交易业务试点规定》 |
| 业务规则 | 2022 年 1 月 7 日 | 关于发布上海证券交易所科创板上市公司自律监管指引第 1 号至第 3 号的通知 |
| | 2022 年 3 月 4 日 | 关于发布《北京证券交易所上市公司向上海证券交易所科创板转板办法（试行）》的通知 |
| | 2022 年 6 月 10 日 | 关于发布《上海证券交易所科创板发行上市审核规则适用指引第 7 号——医疗器械企业适用第五套上市标准》的通知 |
| | 2022 年 7 月 15 日 | 关于发布《上海证券交易所科创板股票做市交易业务实施细则》的通知 |
| | 2022 年 10 月 14 日 | 关于发布《上海证券交易所科创板上市公司股东以向特定机构投资者询价转让和配售方式减持股份实施细则（2022 年 10 月修订）》的通知 |
| | 2022 年 10 月 28 日 | 关于发布《中国证券金融股份有限公司 上海证券交易所 中国证券登记结算有限责任公司科创板做市借券业务细则》的通知 |
| | 2022 年 12 月 30 日 | 关于发布《上海证券交易所科创板企业发行上市申报及推荐暂行规定（2022 年 12 月修订）》的通知 |
| | 2023 年 2 月 17 日 | 关于发布《上海证券交易所科创板股票异常交易实时监控细则》的通知 |
| | 2023 年 8 月 4 日 | 关于发布《上海证券交易所科创板股票上市规则（2023 年 8 月修订）》的通知 |
| | 2023 年 8 月 25 日 | 关于发布《上海证券交易所、中国证券登记结算有限责任公司科创板上市公司股东以向特定机构投资者询价转让和配售方式减持股份业务指引（2023 年 8 月修订）》的通知 |
| | 2023 年 12 月 15 日 | 关于发布《上海证券交易所科创板上市公司自律监管指引第 1 号——规范运作（2023 年 12 月修订）》的通知 |

续表

| 分类 | 时间 | 法律规则一览（2022—2024） |
|---|---|---|
| 业务规则 | 2023年1月13日 | 关于发布科创板上市公司持续监管通用业务规则目录的通知 |
| | 2024年1月13日 | 关于发布科创板上市公司持续监管通用业务规则目录的通知 |
| | 2024年4月30日 | 关于发布《上海证券交易所科创板股票上市规则（2024年4月修订）》的通知 |
| 业务指南 | 2022年7月15日 | 关于发布《上海证券交易所证券交易业务指南第8号——科创板股票做市》的通知 |
| | 2023年12月29日 | 关于发布《上海证券交易所科创板上市公司自律监管指南（2023年12月第二次修订）》的通知 |

资料来源：上海证券交易所网站、东兴证券研究所

### （二）建立做市商制度，丰富投资标的，增强投资属性

为增强流动性和加强监管，科创板在交易制度和投资标的方面做出了进一步完善。2022年，借鉴国际成熟市场经验，科创板引入竞争型做市商制度，吸引了更多的投资者参与交易，市场的竞争性、活跃度和流动性得到显著增强。2023年，科创板推出50ETF期权、科创100指数及相应ETF，丰富了投资标的（如表2-10-2所示）。科创板50ETF期权实现了沪市科创板ETF期权零的突破，不仅提升了科创板的定价效率和风险管理能力，也为投资者提供了有效的风险管理工具，降低投资组合波动性。科创100指数能全面反映科创板不同市值规模上市公司证券的整体表现，有助于投资者更好地把握科创板市场走势，为投资决策提供重要参考，帮助投资者实现资产的多元化配置。

表 2-10-2　科创板上市进程（2022—2024）

| 时间 | 内容 |
| --- | --- |
| 2022 年 7 月 15 日 | 上交所发布并施行《上海证券交易所科创板股票做市交易业务实施细则》和《上海证券交易所证券交易业务指南第 8 号——科创板股票做市》，对科创板做市交易业务作出更加具体细化的交易和监管安排 |
| 2022 年 10 月 31 日 | 科创板股票做市交易业务于 2022 年 10 月 31 日正式启动 |
| 2023 年 6 月 5 日 | 2023 年 6 月 5 日，上交所科创板 50ETF 期权上市交易，成为全面注册制下首次推出的股票期权新品种，同时也是科创板的首个场内风险管理工具 |
| 2023 年 8 月 7 日 | 2023 年 8 月 7 日，上证科创 100 指数发布，与科创 50 指数共同构成上证科创板规模指数系列。同月，首批科创 100ETF 获批 |
| 2024 年 2 月 8 日 | 2 月 8 日，科创板向全体公司发出了《关于开展科创板上市公司"提质增效重回报"专项行动的倡议》，截至 2024 年 4 月 13 日，已有 105 家科创板公司披露了 2024 年度提质增效重回报行动方案，其中科创 50 成份股公司已有 28 家披露了方案。 |

资料来源：上海证券交易所网站、东兴证券研究所

**（三）融资推动科技创新**

除传统 IPO 融资外，科创板还积极探索股权融资、债券融资等多元化融资方式。2023 年 11 月，沪硅产业成功发行了全国首单科创板上市公司科技创新公司债券，募资 13.4 亿元用于置换过去 12 个月内的科技创新领域资产投资以及半导体产业股权投资。这一创新性的融资方式不仅为沪硅产业提供了资金支持，也为其他科创板公司提供了借鉴和参考。

## 二、规模扩容，打造"新质生产力"良好载体

科创板在助力科技创新方面取得了显著成绩。板内聚集了大量科技创

新企业，涵盖集成电路、生物医药、高端装备制造等多个领域。截至 2024 年 4 月 22 日，科创板上市公司数量已达到 571 家，2020—2023 年上市家数分别为 143 家、162 家、124 家、67 家，科创板进入稳定发展期。从市值来看，截至 2024 年 3 月末，科创板首发募集资金累计共 9087 亿元，总市值已达到 5.56 万亿元。其中 8 家企业首发募集金额超百亿元，而首发募集金额小于 10 亿元的公司占比 50.44%，有 288 家。

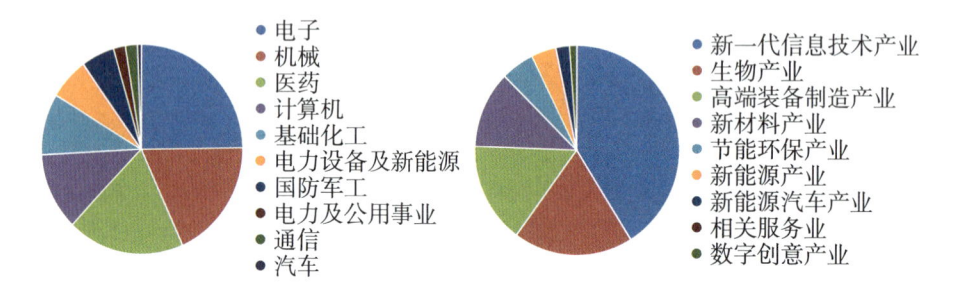

图 2-10-1　科创板上市公司前十大行业
资料来源：iFinD、东兴证券研究所

图 2-10-2　科创板上市公司按所属战略性新兴行业分类
资料来源：iFinD、东兴证券研究所

从行业分布来看，科创板 571 家公司主要分布于电子、机械、医药、计算机、基础化工行业（如图 2-10-1 所示）；按照战略性新兴行业分类，新一代信息技术产业、生物产业、高端装备制造产业、新材料产业、新能源产业分别有 235、109、89、67、29 家企业，符合科创板"支持新一代信息技术、高端装备、新材料、新能源、节能环保以及生物医药等高新技术产业和战略性新兴产业"的定位（如图 2-10-2 所示）。

近年来科创板上市企业主要集中于新型电子元器件及设备制造、新型信息技术服务领域，主要是半导体芯片企业，形成了头部引领、集群支撑的发展格局。在科创板的融资支持下，这些企业不断投入研发资金，提升技术水平和市场竞争力，促进了集成电路产业的协同发展，推动相关产业链的优化和升级。

2024年新上市的京仪装备主营半导体专用温控设备，上海合晶则主营半导体硅片的外延片和硅材料，灿芯股份提供一站式定制芯片业务，新上市科创企业进一步完善了半导体上下游产业链。

## 三、稳健运行，流动性稳中有升

科创板创立至今，持续保持稳定运行。571家上市企业总股本达2275.17亿股，总市值为5.56万亿元。2023年科创板新增上市公司达67家，2023年上市公司家数增速为13.43%，超过主板的6.24%、创业板的8.99%（如图2-10-3所示）。

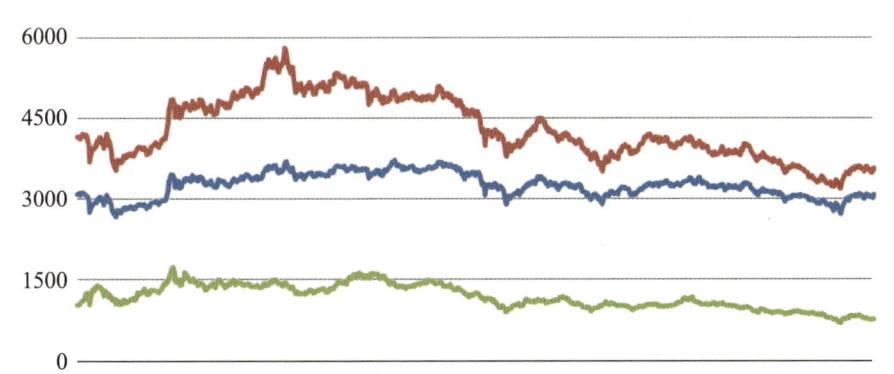

图2-10-3 科创50指数走势

资料来源：iFinD、东兴证券研究所

2019年以来，科创板流动性稳中有升。2021—2023年，科创板月均成交额自8684亿元升至13026亿元，2023年度月均成交同比增速达到31.63%。同时，科创板月均换手率（整体法）依旧维持相对较高水平，2023年月均换手率为1.72%，高于同期A股市场1.09%的换手率水平（如图2-10-4、2-10-5所示）。

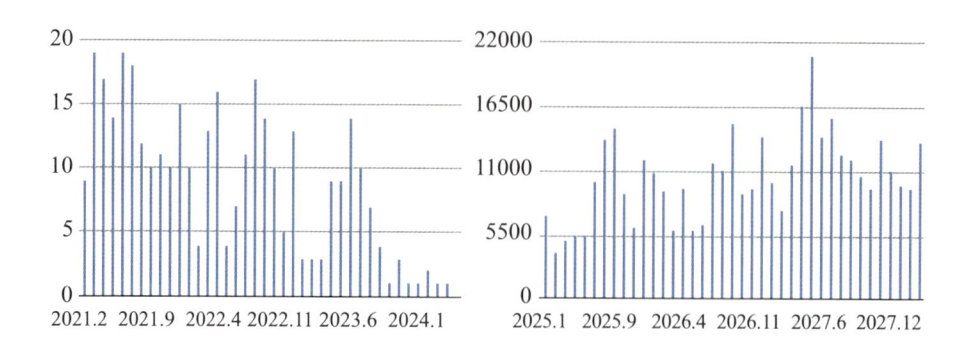

图 2-10-4  科创板月度上市公司数量
资料来源：Wind、东兴证券研究所

图 2-10-5  科创板月度成交金额
资料来源：Wind、东兴证券研究所

## 四、龙头效应助力，科技创新增效，投资者满意度不断提升

2023 年，科创板净利润表现相应下滑，但仍保持了营业收入正增长态势。科创板上市公司坚持科技创新，研发投入及研发人员不断增加，以过硬的投资价值赢得市场认可。

2023 年至今，基本面压力持续，科创板仍保持良好的经营能力。2023 年半年报来看，科创板共计实现营业收入 6355.87 亿元，同比增长 5.02%，355 家企业营业收入实现增长，29 家企业营业收入实现翻番；归母净利润共计 422.57 亿元，同比下滑 37.01%，36.25% 的企业归母净利润实现正增长，40 家企业增幅在 100% 以上，最高达 1256.21% 如图 2-10-6、2-10-7 所示。

### （一）龙头效应更加明显

在国家支持"硬科技"政策推动下，市场明确科技创新是未来很长一段时间的主线，2020 以来科创板不仅数量扩容，质量也有明显提高，科技龙头企业纷纷加入。2021—2023 年，科创板收入排名前 10 的公司合计实现营业收入占板块整体营收比例自 32.46% 升至 38.50%，归母净利润占板块整体归母净利润比例自 34.60% 升至 57.96%。

### （二）科创板公司加快培育新质生产力

科创板汇集了众多"硬科技"公司，不断加大研发投入。从 2022 年年报来看，科创板上市企业合计投入研发金额 1365.38 亿元，同比增长 29.07%；其中，2020—2022 三年期间，包括寒武纪、君实生物在内的共计 35 家科创板公司研发投资占比持续超过 30%；2022 年年报显示，百济神州、晶科能源、中芯国际、天合光能研发投入总额超过 30 亿元（如图 2-10-8 所示）。

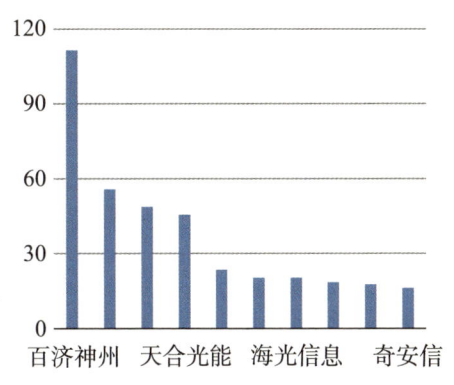

图 2-10-8　上市公司研发投入情况（亿元）
资料来源：Wind、东兴证券研究所

图 2-10-9　不同研发投入占比公司家数
资料来源：Wind、东兴证券研究所

同时，科研人员数量不断增长。2023 年中报来看，科创板上市公司研发人员已达到 21.50 万人，同比增长 27.45%，平均每家公司 376 人，研发人员占员工总数的平均比例超过 30%（如图 2-10-9 所示）。

截至 2024 年 3 月末，科创板专利累计达到 76417 项。科技成果方面，科创板公司加快培育新质生产力，科技成果不断涌现，例如，晶科能源 N 型 TOPCon 大面积光伏组件最高转换效率刷新最高记录，君实生物自主研发生产的"特瑞普利单抗注射液"成为首个 FDA 获批上市的创新生物药。

### (三)科创板投资价值凸显

2023年，股市跌幅较大，但科创板相对稳定。2023年，科创50、创业板跌幅分别为11.24%、19.41%，下阶段随着"新质生产力"关注度提升，科创50表现支撑更强（如图2-10-10所示）。科创50成交额也逐渐抬升，截至2024年3月末，科创50成交额已达3.28万亿元，其成交额与上证综指成交额比例维持于15%~20%区间内（如图2-10-11所示）。

图2-10-10 科创50涨跌幅相对情况

资料来源：Wind、东兴证券研究所

图2-10-11 科创50成交金额

资料来源：Wind、东兴证券研究所

科创板投资价值不断凸显，对投资者具备较强吸引力。国外来看，截至2024年3月末，纳入沪股通合格名单的科创板股票共计320只（其中14只仅可卖出），320只科创板股票自由流通市值已达到2.02万亿元。国内来看，截至2024年3月，已有150只已核准的科创主题基金，份额共计3352亿元。即便2023年股市跌幅较大，但仍有12只科创主题基金取得正收益，其中中邮科技创新精选混合A以8.2%的净值增长率居首，其次多只 ETF 基金涨幅也居前，嘉实上证科创板新一代信息技术 ETF、华安上证科创板芯片 ETF 单位净值涨幅分别为 8.1%、6.4%（如图 2-9-18 所示）。

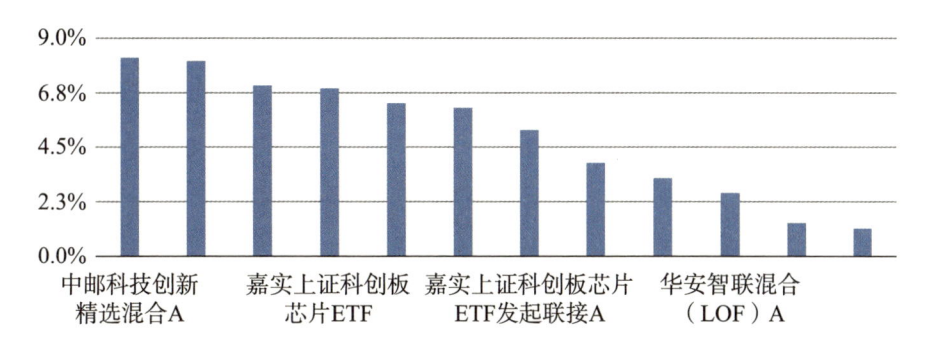

图 2-10-12　2023 年回报率为正的科创板基金

资料来源：Wind、东兴证券研究所

# 第十一章
## 科创板的未来

新质生产力的核心在于科技创新，通过技术的革命性突破，推动产业的创新性配置和飞跃性升级。它是高质量发展的核心驱动力，对优化产业结构，提高社会整体福利水平，增强国家核心竞争力具有重要意义。科创板作为科技创新的重要平台，始终坚持创新驱动的发展战略，鼓励更多具有核心技术、创新模式、市场前景广阔的科技型企业上市，为新质生产力发展贡献自己的力量。

**一、凸显硬科技特色，坚持高质量发展**

2024年4月，国务院发布的新"国九条"指出，未来5年，基本形成资本市场高质量发展的总体框架；投资者保护的制度机制更加完善；上市公司质量和结构明显优化，证券基金期货机构实力和服务能力持续增强；资本市场监管能力和有效性大幅提高；资本市场良好生态加快形成。

科创板始终坚持"硬科技"定位，代表了我国科技的高水平与各科技领域未来发展方向，是科技兴国在证券市场的具体落实。新"国九条"指出，要进一步完善发行上市制度。提高主板、创业板上市标准，完善科创板科创属性评价标准。2024年4月，证监会就《关于修改〈科创属性评价指引（试行）〉的决定》公开征求意见，其中提到"应用于公司主营业务的发明专利数量由'5项以上'调整为'7项以上'"，专利作用对于科创板上市公司的意义更加凸显。新"国九条"的落地将促进科创板公司"硬科技"属性进一步加强，对科创公司的研发投入和成果方面提出更高的科研门槛，强化科创属性要求，为真正的科创公司提供良好的融资环境。

## 二、丰富产品体系，推动中长期资金入市

新"国九条"指出，建立培育长期投资的市场生态，完善适配长期投资的基础制度，构建支持"长钱长投"的政策体系。建立交易型开放式指数基金（ETF）快速审批通道，推动指数化投资发展。

中长期资金对科创公司尤为重要，它关系着科技企业的长远发展，对企业在研发投入上的长期规划有重要意义。丰富科创板指数及ETF、衍生品体系可吸引国内外优秀投资基金进入科创板，增强科创板的流动性和价格稳定，增强科创公司在科创板上市的积极性。

# 第十二章

## 科创板大事记

科创板自 2019 年 7 月开市交易，经历 5 年的时间，其中的重大事件如表 2-12-1 所示。

表 2-12-1　科创板成立以来月度记事

| 时间 | 重大事件 |
| --- | --- |
| 2019 年 7 月 | 科创板开市交易。25 家首批在注册制机制下完成上市审核的科创板公司正式启动上市 |
| 2019 年 8 月 | 21 日，科创板满 1 月，市值总额达 6475.33 亿元，平均值 231.26 亿元 |
| 2019 年 9 月 | 当月上会 17 家，环比大增 13 家。有 2 家被否 |
| 2019 年 10 月 | MSCI：将符合条件的科创板股票纳入 MSCI 全球可投资市场指数 |
| 2019 年 11 月 | 16 日，首批 4 只科创 50ETF 上市，均以个人投资者为主。22 日，成都先导、华峰测控首发过会，科创板过会企业满百家 |
| 2019 年 12 月 | 6 日，科创板首个重大资产重组预案公布——华兴源创 |
| 2020 年 1 月 | 泽璟制药上市，成为 A 股首家未盈利上市企业；优刻得成功在科创板成功上市，成为首家同股不同权企业。17 日，科创板首现市值破千亿的公司——中微公司，当天科创板总市值突破万亿规模 |
| 2020 年 2 月 | 华润微电子作为 A 股首只红筹企业登陆科创板，突破了此前 A 股市场红筹企业无法上市的局面 |
| 2020 年 3 月 | 上交所发布科创企业上市申报暂行规定，将行业细化为七类。券商两类子公司管理规范修订，对其投资业务等进行规范。证监会发布科创板科创属性评价指标体系，提出了 3 项常规指标及例外条款 |

续表

| 时间 | 重大事件 |
| --- | --- |
| 2020年4月 | 科创板非公开转让细则出炉，对转让（配售）股份数量和转让价格下限等进行了规定。前者不得低于公司股份总数的1%（5%），后者不得低于认购邀请书发送日（配售首次公告日）前20个交易日公司股票交易均价的70% |
| 2020年5月 | 新三板精选层承销规范落地，主要涵盖路演推介、发行与配售、投资价值研究报告三个方面，对证券公司开展新三板股票承销行为的自律要求整体上与科创板规则保持一致 |
| 2020年6月 | 新三板分层以及转板制度正式生效，转板通道打开。<br>红筹企业申报科创板新政出炉，对对赌协议处理等具体事项作出了针对性安排 |
| 2020年7月 | 科创板减持细则出炉。<br>证监会科创板再融资办法落地，上交所发布科创板再融资相关规则。<br>上证科创板50成份指数发布 |
| 2020年8月 | 最高法发布司法保障意见，规定"互相适用"原则，保障创业板改革顺利推进。<br>证监会表示将分阶段实现全市场注册制改革。<br>注册制下欺诈发行将被证监会责令回购股票 |
| 2020年9月 | 首批科创板50ETF正式获批。<br>上交所精简优化科创板公司自律监管相关规则。<br>首批科创50ETF限额发售，首批4只产品的现金认购募集规模上限均为50亿元。<br>上交所发布科创板上市公司自愿信息披露指引 |
| 2020年10月 | 证监会报告了股票发行注册制改革有关工作情况，报告指出全市场推行注册制的条件逐步具备，将择机全面推进注册制改革 |
| 2020年11月 | 科创50ETF上市，上市首周规模大幅增长。<br>沪深交易所就新三板挂牌公司向科创板、创业板转板上市细则公开征求意见 |
| 2020年12月 | 上交所发布科创板股票发行上市审核规则，及科创板上市管理办法 |
| 2021年1月 | 沪深交易所修订沪深港通业务实施办法，扩大沪深港通股票范围，进一步明确纳入和不纳入沪股通范围的股票 |

续表

| 时间 | 重大事件 |
| --- | --- |
| 2021年2月 | 上交所规范科创板保荐业务现场督导工作。<br>科创板股票首次被纳入富时罗素指数。<br>新三板精选层公司转板制度正式发布，明确转板上市条件及审核要求 |
| 2021年4月 | 证监会修订科创属性评价指引，禁止房地产和金融、投资类企业上市科创板。<br>沪深交易所完善科创板、创业板并购重组审核，拟增设并购重组委员会，拟将重组审核期限相应延长，科创板延长至60天，创业板延长至2个月 |
| 2021年5月 | MSCI中国A股指数，新增39只标的，剔除19只个股。新增标的包括5只科创板股票，系科创板股票首次进入MSCI旗舰指数系列 |
| 2021年6月 | 首批双创指数ETF获批。<br>首批科创创业50ETF开启发售。<br>第二批双创50ETF和首批场外双创50指数基金获批。<br>沪深交易所发布科创板、创业板重大资产重组审核新规。<br>上交所发布科创板上市公司科创属性持续披露指引，督促公司坚守科创定位 |
| 2021年7月 | 首批9只双创50ETF陆续挂牌上市。<br>首批3只双创50指数基金正式发售。3只基金均设置了30亿份的募集规模上限 |
| 2021年9月 | 上交所修订科创板股票发行与承销业务规则 |
| 2022年1月 | 上交所发布科创板2021年年报新规，要求完善ESG信息披露 |
| 2022年4月 | 强化年报ESG信息披露。<br>实现送转股常态化：2022年，全年共计52家科创板公司披露资本公积转增股本方案，平均每10股转增4股 |
| 2022年5月 | A股首单转板上市：北交所公司观典防务转板到科创板上市，成为国内转板上市第一股，也是首家成功转板科创板的北交所企业 |
| 2022年6月 | 明确医疗器械企业适用第五套上市标准 |
| 2022年8月 | 进一步完善科创指数体系，推出科创板高端装备制造指数等多个主题指数 |

续表

| 时间 | 重大事件 |
| --- | --- |
| 2022年10月 | 优化询价转让制度：2022年10月14日，上交所修订发布《上海证券交易所科创板上市公司股东以向特定机构投资者询价转让和配售方式减持股份实施细则》，优化了相关操作流程与信息披露要求。<br>做市商试点落地：2022年10月31日，科创板股票做市交易业务正式启动，标志着科创板交易机制改革再进一步 |
| 2022年11月 | 证监会对*ST紫晶、*ST泽达做出行政处罚告知书，两公司可能触及重大违法退市 |
| 2022年12月 | 发布提高上市公司质量新三年行动计划。<br>科创板首单GDR获得中国证监会批复。<br>科创板上市企业总数达500家 |
| 2023年2月 | 科创板首单科创债获批 |
| 2023年4月 | 上交所对*ST紫晶、*ST泽达实施重大违法强制退市。<br>推出科创板新能源指数、科创板长三角指数等4个主题指数 |
| 2023年5月 | 科创板指数产品规模突破千亿元，三年不到实现"0到1000"的跨越 |
| 2023年6月 | 上交所科创50ETF期权上市 |
| 2023年7月 | 科创板专精特新"小巨人"企业突破300家 |
| 2023年8月 | 上证科创100指数发布。<br>科创50ETF成为境内第二大宽基指数产品 |
| 2023年10月 | 科创板首次发布信息披露评价结果 |
| 2023年11月 | 科创板迎来板块设立5周年 |
| 2023年12月 | 科创板公司回购、增持创新高 |
| 2024年1月 | 19日，上交所正式发布修订后的《上海证券交易所上市公司自律监管指引第10号——纪律处分实施标准》，明确科创板上市公司适用《纪律处分实施标准》，将核心技术人员纳入相关监管对象，并重点明确科创属性相关事项信息披露违规、表决权差异安排违规、违反科创板特别规定的股票买卖行为等处理标准 |
| 2024年3月 | 21日，上证科创板ESG指数正式发布 |

续表

| 时间 | 重大事件 |
| --- | --- |
| 2024 年 4 月 | 开展"提质增效重回报"专项行动。<br>证监会发布《科创属性评价指引（试行）》，对申报科创板企业的研发投入金额、发明专利数量以及营业收入增长率设置更高标准。<br>上交所发布《上海证券交易所科创板股票上市规则》，公开征求意见 |

资料来源：证监会、上交所官网、深交所官网

本部分由证券日报科创板调研组和东兴证券研究所共同完成

第三部分
PART 3

科创优秀案例

# 三六零（601360.SH）

依托多年人工智能技术积累以及搜索、浏览器等场景优势，360集团（以下简称360）坚持核心技术研发，自研千亿参数的认知型通用大模型"360智脑"，覆盖大模型应用所有场景，综合能力位列国内大模型第一梯队。在2023年12月举办的全国信息技术标准化技术委员会人工智能分委会全体会议上，国内首个官方"大模型标准符合性评测"结果公布，"360智脑"成为首批通过评测的四款国产大模型之一。

为推动大模型走进千家万户，赋能百行千业，360积极面向政府、企业和消费，将大模型与应用场景结合。2023年9月，"360智脑"接入"360全家桶"面向公众开放。2024年，360推出全新360AI浏览器，作为国内首款真智能浏览器，将工作场景浏览效率提升60倍。同时打造360AI搜索，定位为新一代答案引擎，通过大模型重塑搜索，为用户提供更智能、更精准的答案。

在产业数字化的战略背景下，中国发展大模型的关键是推动大模型产业化、垂直化发展。2023年6月，依托"360智脑"能力，360集团发布企业级AI大模型解决方案，遵循"可靠、向善、可信、可控"四原则打造企业级垂直大模型。截至目前，"360智脑"已率先为政务、交通、文旅、医疗等十余个核心行业提供大模型企业级解决方案。2023年6月，360牵头成立大模型产业联盟，与生态合作伙伴携手促进AI产业化和产业AI化发展。2024年4月，"360智脑"7B参数模型正式开源，在360K长度下，可支持50万字左右输入，使大模型相关开发者可做到"开箱即用"，推动国内大模型的场景化落地，为大模型在应用层创新提供重要支撑。

作为国内唯一兼具数字安全和人工智能能力的科技企业，360着力解决大模型安全这一世界难题，累计帮助谷歌、META等厂商修复AI框架漏洞200余个，影响全球超过40亿终端设备，并首创大模型安全风险评估体系"AISE"。

# 好未来（TAL.N）

百年大计，教育为本。随着国家不断加大在教育领域的投入，越来越多的人得以接受更好的教育，同时也更为渴望有针对性的个性化教育。如何满足更多不同学习层次与状态的人们的教育需求，成为当下教育的重点与难点。

为此，学而思联合暨南大学开展"大语言模型辅助的智能评价与多级精准导学关键技术及其应用"探索，融合大语言模型、人工智能、大数据、知识图谱等技术能力，深入挖掘和利用大语言模型及相关人工智能技术在智慧教育中的潜力。一是利用大语言模型与知识图谱对海量题目数据中的知识结构的精细化构建与优化，便利其他应用对于知识点定位、认知状态诊断、教学资源内容对照、学者学习能力的动态评估；二是利用多层级神经网络强大的知识提取等能力，分别对学习者所产生的多源异构数据（如行为数据、成绩数据、交互数据等）进行有效融合并捕捉其中所蕴含的复杂学习行为模式和关系，实现更精细、更准确的认知诊断，从而实现个性化的学习资源和策略的精准推荐；三是根据大语言模型对具有丰富上下文信息的知识资源的理解能力以及对学习者学习过程的推理能力，提出基于大语言模型的多模态学习资源推荐技术，通过资源的精准推荐实现自适应导学的目标；四是集成大模型的多层次细粒度教育知识图谱、多源异构学习者数据驱动的多层级深度认知诊断等技术，设计与开发一个全周期细粒度的智能评价导学和课后服务系统，实现精准导学与融合推荐，为智能在线作业和归因反馈提供高质量的数据支撑。

最终，突破和实现基于大模型的多层次细粒度教育知识图谱构建；融合过程性学习行为分析和大语言模型框架理论，实现多层级深度认知诊断技术；研发多模态教学资源的多级精准导学与融合推荐，实现"资源找人"；通过学而思的亿级教育大数据，实现高可用的智能测评诊断系统，进而以实际应用目标推动教育信息化、智能化进程。

## 兆信科技（430073.NQ）

北京兆信信息技术股份有限公司（以下简称兆信科技）作为"一物一码"行业的最大服务商之一，依托二十多年的商品数字化、防伪溯源经验，自主研发了"智码坞"产品。该产品提供了一系列功能，包括动态二维码制码、智能分码、安全传输、高效打印以及自动化校验。这些功能的结合，使得企业能够实现全自动化管理。"智码坞"产品包含了一项专利申请和一项软件著作权。

"智码坞"的综合功能能够满足企业在商品数字化管理方面的多方面需求。通过提供统一的系统支持，该产品能够保证商品数字码在整个生命周期中的安全性、唯一性和高效性，从而为企业提供全面的解决方案和管理体系。在上游包材供应商、企业生产车间等环节，通过"智码坞"提供的统一系统支持，可以实现从申请码、制码、分码、获取码包、打印码、到校验码、回收码等环节的一体化管理。这种统一的管理体系能够提高整个流程的效率，减少错误和漏洞，并确保信息的一致性和安全性。

"智码坞"提供的智能制码功能进一步增强了二维码的应用价值。根据企业的商品规格、码制、安全规范、校验规则等生成基于二维码的动态码，叠加在二维码之上，不仅能够弥补二维码易损等不足，还能加强信息校验和二维码验真能力，提升产品的防伪性和安全性。

在过去的几年间，"智码坞"为众多企业客户完成了智能制码、多包材商分码和印刷管理等任务。特别是在新兴的电动自行车电池生产领域，"智码坞"彻底解决了企业快速增长带来的多地域、多工厂统一管理商品码的难题，为企业的发展提供了强有力的支持。

总的来说，在数字化的大环境下，兆信科技的"智码坞"为企业提供了高效、安全的解决方案，从而助力企业适应新的市场环境，提高运营效率，增强竞争力，实现可持续发展。

# 科大讯飞（002230.SZ）

科大讯飞股份有限公司（以下简称科大讯飞）是亚太地区知名的智能语音和人工智能上市企业，作为"中国人工智能国家队"承建了中国唯一的认知智能全国重点实验室、语音及语言信息处理国家工程研究中心，以及国家首批新一代人工智能开放创新平台等国家级平台。

2023年5月6日，科大讯飞正式发布讯飞星火认知大模型（简称讯飞星火）。讯飞星火在多个第三方机构专业评测中排名第一。

2023年10月24日，科大讯飞携手华为，宣布首个支撑万亿参数大模型训练的万卡国产算力平台"飞星一号"正式启用。2024年1月30日基于"飞星一号"全国产算力平台训练出的千亿参数模型讯飞星火V3.5正式发布，性能指标处于国内领先水平，验证了全国产算力平台的可靠性。另外，基于该平台对标GPT-4的更大参数规模的星火大模型训练项目正在有序推进。

目前，讯飞星火的成果已取得了良好的经济效益和社会效益。讯飞星火已在教育、医疗、汽车、金融、工业等B端业务赛道以及AI学习机、智能办公本、讯飞听见APP、星火语伴APP、iFlyCode智能编程助手、星火科研助手、讯飞晓医等C端软硬件全面落地应用。在C端，搭载了讯飞星火的AI学习机、智能办公本、翻译机、录音笔获得2023年"双11"京东&天猫7个品类销售冠军，销售额同比2022年增长126%。在B端，联合金融、汽车、运营商、工业、住建、物业、法律、科技文献、传媒、政务、文旅、水利等12个行业龙头发布行业大模型。讯飞星火持续赋能央国企加快推动自主可控的大模型底座建设和行业应用实践，已中标中国煤炭、国家能源、国家电投上海核工院、海尔集团、国家自然博物馆、湖北利川等大模型项目。同时带动人工智能生态蓬勃发展，发布以来已新增超过180万开发者，其中讯飞星火直接开发者超37万。

## 中铁工业（600528.SH）

中铁高新工业股份有限公司（以下简称中铁工业）作为中国高端装备制造领域的龙头企业和典型的科技型国有企业，不断强化"科技创新是第一源动力"的核心理念，推动企业持续高质量发展。

2008年，中国第一台具有自主知识产权的复合式土压平衡盾构机——中国中铁1号下线，12年后的2020年，"中国中铁1000号"盾构机下线。如今，全球每10台盾构机就有7台来自中国。作为中国盾构龙头企业，中铁工业的盾构机订单数量超过1600台，出口32个国家和地区，中国盾构机已然成为名副其实的"争气机"，成为中国高端制造闪亮名片。

"上天有神舟，下海有蛟龙，入地有盾构"。近年来，在引领中国盾构产业稳步向前的基础上，中铁工业坚持面向国家重大战略需求，相继攻克超大直径、超小直径、极限工况下的盾构设计、制造关键技术，世界首台马蹄形盾构机"蒙华号"、超大直径泥水盾构"春风号"、世界最大直径硬岩掘进机"高加索号"、国产首台高原高寒掘进机、国产首台大倾角（39度向上）斜井TBM"永宁号"等一批世界首台、国内首创、代表行业先进水平的产品相继问世，创新成果荣获国家科学技术进步奖一等奖、二等奖，中国优秀工业设计奖金奖、中国专利金奖等多项重大科技奖项。承接"央企攻坚工程任务"，联合基础零部件制造企业和多家研究机构协同攻关，建成了盾构机主轴承、减速机等比例负载模拟试验平台，在常规直径盾构用主轴承、大排量泵、主驱动密封等关键部件国产化方面取得突破，为民族盾构装上了中国"芯"。

2023年1月19日，"国家工程师奖"表彰大会在人民大会堂举行，中铁工业盾构创新研发团队被授予"国家卓越工程师团队"称号。正是这样一群艰苦奋斗，自主创新的中铁工业人，完成了中国盾构从0到1到N的逆袭之路，并且一路掘进向前。

## 神州细胞（688520.SH）

北京神州细胞生物技术集团股份公司（以下简称公司）是由国际知名的生物药研发和产业化专家谢良志博士创办的创新生物药和疫苗研发公司，致力于开发具备差异化竞争优势的产品，为国内外患者提供高质量、低成本的选择，树立领先的生物制药品牌。

自科创板上市以来，得益于资本市场和国家金融政策的大力支持，公司发展全面提速：截至目前，已有 1 个重组蛋白药物及 3 个单抗产品获批上市、3 个疫苗产品被纳入紧急使用，商业化格局全面打开，研发开始进入"收获期"。

公司用于罕见病甲型血友病治疗的首个国产重组凝血八因子产品安佳因®于 2021 年 7 月获批上市。

同时，公司还持续通过公益组织无偿向患者群体捐赠现金及药品，积极反哺社会，践行公众公司社会责任。

公司自主研发的 14 价 HPV 疫苗 SCT1000 是全球首个进入临床研究的 14 价 HPV 疫苗，涵盖了 WHO 公布的全部 12 个高危致癌的 HPV 病毒型及 2 个最主要导致尖锐湿疣的 HPV 病毒型，其生产在工艺和成本控制方面具有很大的挑战性和较高的技术门槛。目前该产品正在开展 III 期临床研究，曾创造短短 2 个月内完成 18000 名受试者入组的"神州速度"。

自新冠疫情暴发以来，公司全力投入新冠疫苗研发中，针对不断变异的病毒株迅速开发出系列多价重组蛋白疫苗（安诺能®）并先后被国家纳入紧急使用，以其突出的安全性、免疫原性和广谱保护效力成为老年人、免疫力低下人群构筑免疫屏障的最优选之一。

公司还有多款单抗、双抗药物及创新疫苗产品正陆续由临床前推进到临床研究阶段，覆盖恶性肿瘤、自身免疫性疾病及感染性疾病等多个治疗和预防领域。

# 热景生物（688068.SH）

北京热景生物技术股份有限公司（以下简称热景生物或"公司"）成立于2005年6月，是IVD领域首家科创板上市企业。公司不断探索自主创新诊断技术平台，在疾病诊断新领域积极研发拓展液体活检（糖链外泌体、DNA甲基化）的癌症早筛技术。同时不断拓展公司战略业务，积极布局抗体药物、核酸药物等生物制药领域前沿创新技术，打造从诊断到治疗的全产业链发展战略。

热景生物持续开发基于糖捕获技术的异常糖链捕获外泌体的技术，推出具有核心自主知识产权的"GlyExo-Capture® 外泌体快速分离系统"和全球突破性技术战略新品"外泌体microRNA全自动检测仪（EXO-01）"。

热景生物持续完善糖链异常蛋白捕获检测技术，加大基于糖捕获技术的甲胎蛋白异质体比率（AFP-L3%）检测试剂的推广应用，建立以AFP-L3%为核心的肝癌早诊三联检产品（AFP、AFP-L3%、DCP），可显著提高早期肝癌检出率，并在众多大型三甲医院应用。

此外，热景生物打造了"国人脑健康工程"，深化脑健康相关疾病诊断、治疗领域的研发布局。

热景生物还在国际上率先实现上转发光技术的产业化，将稀土元素所构成的上转发光材料（UCP）应用于临床诊断及生物安全领域，该技术荣获2015年国家技术发明二等奖。

基于上转发光技术开发的毛发毒品检测产品，吸毒后3天至6个月均可检测。

公司始终聚焦科技创新，不断加大研发投入，积极推出新产品，持续探索新的诊断技术、发现新的诊断标志物。同时，不断探索新的业务领域，逐步加大在生物创新药领域的投入，努力实现公司在体外诊断和生物制药领域的双向布局。践行"发展生物科技，造福人类健康"的使命。

## 怡和嘉业（301367.SZ）

北京怡和嘉业医疗科技股份有限公司（以下简称公司或怡和嘉业）成立于 2001 年，属于国家高新技术企业和中关村高新技术企业。近年来，公司荣获北京市专精特新"小巨人"、国家级专精特新"小巨人"企业称号。公司是国内领先的呼吸健康领域医疗设备与耗材产品制造商，主要产品包括家用无创呼吸机、通气面罩、睡眠监测仪、高流量湿化氧疗仪、制氧机，并提供呼吸健康慢病管理服务。

公司具备雄厚的研发创新能力，并取得了丰厚的研发成果。截至 2023 年 12 月 31 日，公司拥有 537 项国内专利，国际专利 114 项，软件著作权 75 项。公司自主掌握主营产品的核心技术，在人体生理信号采集处理、呼吸气流分析及事件判断、湿化控制、高速风机控制、电磁兼容性设计及可用性设计等方面积累了丰富的技术储备，并为后续新产品研发并成功商业化提供有力的支持。

公司原创性创新产品包括：（1）无创正压通气呼吸机：RESmart® 瑞迈特单水平 CPAP 呼吸机、全自动 AutoCPAP 呼吸机、双水平 BPAP 呼吸机；（2）呼吸健康管理云；（3）高流量湿化氧疗系统；（4）Mini 系列呼吸机；（5）6 系面罩；（6）1 代制氧机等。

公司产品 Mini 系列呼吸机是具有无水加湿和无线远程控制的 Mini 单水平睡眠呼吸机，其由小型空气压缩机、控制电路、传感器和管路组成。根据预先选定的模式，机器持续输出一定水平的正压和流量的气流，通过管路与面罩施加到病人的上呼吸道。开关电源通过对流量、压力等参数的采集，自动调节输出气体压力的状态。

这款 Mini 呼吸机具有 CPAP 和 Auto CPAP 双模式，并支持多种智能算法，其中针对女性用户推出了符合女性生理特性的调压灵敏度算法，使女性用户使用起来更加舒适。

## 经纬恒润（688326.SH）

北京经纬恒润科技股份有限公司（以下简称公司或经纬恒润）成立于2003年，总部位于北京，是一家专业为汽车、无人运输等领域客户提供电子产品、研发服务和高级别智能驾驶整体解决方案的高新技术企业，于2022年4月19日在上海证券交易所科创板上市。公司在全球有14处分支机构，3处现代化生产工厂，曾获"国家知识产权优势企业""北京市民营企业科技创新百强""北京市专利示范单位"等多项荣誉。

经纬恒润是目前国内少数能实现覆盖电子产品、研发服务及解决方案、高级别智能驾驶整体解决方案的企业之一。公司部分核心产品及服务打破国外垄断，技术水平及市场地位在国内供应商中处于领先地位。

公司积极开展体系化知识产权布局，对技术不断创新与突破，荣获中国汽车工业科学技术进步一等奖、中国港口协会科学技术一等奖等多个科学技术奖项。截至2023年末，公司拥有1763项专利权（其中发明专利890项）及243个软件著作权。

随着汽车智能化、电动化的快速发展及电控系统由分布式向集中化的加速演变，公司在推进各分布式汽车电子产品更新迭代以提升竞争力的基础上，大力整合资源并进一步拓展业务边界。公司加大对中央计算平台和区域控制器等相关产品的研发投入，智能驾驶产品覆盖智能传感器、行泊一体和高级别自动驾驶控制器；底盘域控制器已经配套多个车型，集成公司复杂域控软件，适合下一代整车电子电气架构；HUD产品开始量产配套某主流车型。公司高级别智能驾驶业务使用公司全栈自研电控产品，涵盖"车—路—网—云—图"及运营多个领域。目前，公司基本完成整车电控产品的全覆盖布局，并形成"分布式电控单品—域控产品—L4集成平台"短中长期结合的产品模式，并实现量产落地。

## 以岭药业（002603.SZ）

作为中国中药 TOP10 企业，石家庄以岭药业股份有限公司（以下简称以岭药业或公司）30 余年来始终坚持"市场龙头，科技驱动"的发展战略，牢牢把握科技创新的主基调，在理论创新、技术创新、模式创新、业态创新等方面取得令人瞩目的成就。

经过不断探索创新，以岭药业系统构建络病理论体系，打造公司独有的科技核心竞争力。"络病理论及其应用研究"获 2006 年度国家科技进步二等奖，该研究提高了疑难病的防治水平，带动了创新药物研发。研发上市 14 个创新专利中药，并通过系列循证医学研究加以证实和诠释。2023 年 10 月，中国通心络治疗急性心肌梗死心肌保护研究的论文在全球顶级医学期刊 JAMA 刊出，并获评 2023 年度中医药十大学术进展、中国十大医学研究、中国心血管病学领域十大亮点。八子补肾胶囊在中医药抗衰老研究方面取得重大进展。

以岭药业狠抓技术创新，六次荣获国家科技大奖。奖项涵盖了理论创新、技术创新、应用成果等，解决了多个重大疾病和疑难疾病。

以岭药业创新药立足国内，布局国际。截至目前，其创新专利中药品种累计在全球 50 余个国家和地区获批上市，使中医药科技成果惠及全球。

近年来，以岭药业持续加大研发投入，在加大中药研发的同时，将业务拓展到化生药和大健康领域。化生药板块，公司目前已有 4 个一类创新药品种进入临床阶段，多个一类创新药处于临床前研究阶段，其中苯胺洛芬注射液已完成三期临床。转移加工及非专利药的美国及全球市场业务已经展开，代理药物销售快速增长。

大健康板块，以岭药业在"通络、养精、动形、静神"通络养生八字理论指导下，布局通络健康心脑、养精抗衰老、动形、静神助眠、连花呼吸健康等五大系列产品，以满足消费者的多元化健康需求。

# 宇通客车（600066.SH）

宇通客车股份有限公司（以下简称宇通客车或公司）是中国客车行业领先企业，行业首家上市公司，集客车产品研发、制造与销售为一体，产品主要服务于公交、客运、旅游、团体、校车及专用出行等细分市场。2023年1月至10月，宇通客车累计销量突破2.8万辆，达到28524辆，同比增长30.59%。宇通整车节能技术达到国际领先水平，截至目前，产品累计出口超过9万辆，批量出口英国、法国、丹麦、卡塔尔等全球40多个国家和地区，产销规模全球领先，成为中国先进制造输出的重要名片。

宇通客车长期坚持合理的研发投入，每年研发费用保持在营业收入的7%以上，拥有7个国家级创新平台、13个行业及省级研发平台，建立了客车专用的试验中心、国家级企业技术中心等。紧跟电动化、智能网联化、低碳化、轻量化等技术发展趋势，截至2023年6月底，公司已获得国家及省级科技进步奖32项，包括国家科学技术进步二等奖2项，河南省科学技术进步一等奖7项、二等奖14项、三等奖9项，承担国家、省、部级科研项目70余项。

2023年，公司发布了商用车行业首个软硬件一体化电动专属平台"睿控E平台"，可以实现硬件高度融合集成、软件在线升级。通过对关键技术的创新应用，实现续航领先10%以上，运营成本降低20%。

2023年9月，中国企业联合会、中国企业家协会发布"2023中国制造业企业500强"和"2023中国大企业创新100强"榜单，宇通客车连续19年入选中国制造业企业500强，中国大企业创新100强较前一年跃升32位，位列36名，创新能力显著提升。

2023年10月，在比利时世界客车博览会上，宇通客车携4款最新高端纯电动车型惊艳亮相，并发布先进的纯电动技术YEA。其中T15E高端豪华纯电动公路客车荣获Busworld设计奖和环保奖，是全场唯一获奖的纯电动公路车型，宇通客车也成为本届车展中唯一获奖的中国品牌。

## 路德环境（688156.SH）

酿酒副产物主要是指在酿酒生产过程中产生的废渣、废水等，以白酒糟为主，是一类具有广阔发展潜力的生物质资源。路德环境科技股份有限公司（以下简称路德环境）通过发酵菌株，工艺创新技术、产品开发以及核心关键装备创制等方面的创新技术研发，实现酿酒副产物产业化应用。

项目实施过程中，路德环境主持四川省重点技术创新项目1项；获授权发明专利8项、实用新型专利12项；获批四川省名优产品2项；科技成果2项；发表论文13篇。主要科技创新点如下：

一是开发了化学表面防霉与物理密封堆放协同增效的新鲜酒糟贮存保鲜技术，解决了大批量新鲜酒糟无法长期贮存的行业共性难题。优选微生物菌种研制了复合菌剂，极大提升了酒糟营养价值，改善了适口性。

二是构建了多类型酒糟三段式固态发酵技术体系；开发了连续低温干燥技术，创制了酒糟发酵与烘干系列核心装备，实现发酵酒糟在烘干过程中动态匹配烘干曲线、自动调控烘干温度，烘干后的物料含水率约12%，有益菌数量超过3亿个/克。

三是开发了不同动物的生物发酵酒糟产品；构建了酒糟生物发酵饲料安全与质量控制体系，实现产品生产工艺的标准化控制，保障产品质量稳定。

项目技术成果推广应用到国内知名的酿酒集聚区，如赤水河流域贵州和四川酱酒集中区及淮河酿酒带安徽和江苏酿酒集中区，已在全国范围内建设6个酿酒副产物资源化利用基地，全部基地建成达产后年处理白酒糟近200万吨；开发的产品在新希望六和、海大集团、澳华集团、首农集团、蒙牛乳业、伊利股份等30余家国内规模化养殖集团和饲料加工集团被广泛使用。

# 圣湘生物（688289.SH）

圣湘生物科技股份有限公司（以下简称圣湘生物）成立于2008年，是以自主创新基因技术为核心，集诊断试剂、仪器、第三方医学检验服务为一体的体外诊断整体解决方案提供商。公司于2020年在科创板上市，连续两年登榜全球医疗器械企业TOP100榜单，连续三年入选中国医药工业百强。

圣湘生物打造了长沙、上海、北京三大产业基地，建立了以长沙为核心的全球研发中心总部，在法国、美国、英国、印尼、菲律宾等国家设立了本土化分公司、研发实验室和分中心，吸引聚集全球范围内体外诊断领域优质资源、高端项目、顶级人才。

圣湘生物始终坚持科创定位，以"创新+服务"为核心竞争力，围绕提升检测技术的精确性和可及性，在传染病防控、妇幼健康、血液安全、癌症防控、伴随诊断、农牧科技等领域开发了系列性能赶超国内外先进水平的产品1000余种，打造了系列整体解决方案，填补国内行业多项空白，有力打破进口垄断，推动生命科技从疾病解决方案到智能健康管理、从三甲医院到基层医疗机构、从B端到C端的全方位升级，实现覆盖全人群、全医疗机构、全渠道的变革。目前，公司累计提供了超三十亿人次的检测产品。

近年来，圣湘生物在呼吸道、HPV、血筛、测序等多个领域连续取得突破性成果，以领先的技术和方案重新定义市场。

以呼吸道为例，圣湘生物搭建了涵盖60余种产品的矩阵式布局。

创新研发的拥有磁珠级灵敏度的超声直扩快检系统，是目前独家拥有抗原胶体金操作体验滴管技术的门急诊核酸快检方案，引领公司在分子诊断领域抢先迈入"直扩法"时代。

# 普源精电（688337.SH）

普源精电科技股份有限公司（以下简称普源精电或公司）2023年荣获第二十四届专利金奖，全国共有29家单位入选，普源精电为2023年通用电子测试测量领域唯一一家获得该殊荣的企业，也是苏州市唯一获得该殊荣的企业。本次获奖的专利名称为"亚稳态检测装置和方法、ADC电路"、专利号为：ZL201911366573.5，本专利提出的触发器亚稳态检测技术，首创将额外设置的第二触发器单元的第二数据输出端作为第一触发器单元的亚稳态检测端来检测第一触发器单元的亚稳态，使得检测结构简单且检测精度高，成功攻克了多颗ADC芯片时钟同步的基础技术难题。

基于此专利技术普源精电成功研制出搭载亚稳态检测技术的高端ADC芯片，并根据应用需要研制出搭载此专利技术的中高端示波器系列产品。经试验测试，搭载此专利技术的高端ADC芯片的亚稳态检测精度高、成本低，是全球高集成度示波器模拟前端芯片典型代表之一，有效解决了多颗ADC同步信号和时钟信号存在的亚稳态的关键性难题。

示波器作为硬件研发、生产中的测量设备，是电子电器工程中必不可少的工具，也是电子测量仪器中产值占比最大的产品类别，其中通信、电子制造、航空航天、军事和国防是示波器应用的主要行业。本专利技术产品对于研发技术创新有重要支撑作用，可以提升电子测量仪器开发中的核心基础能力，推进我国电子测试设备仪器及管件器件的国产化进程，满足众多领域的通用设计、调试、测试的需求，改变国际测试测量行业的格局。

作为国内技术领先的通用电子测量仪器企业，公司大力实施创新驱动发展战略，突破了一批关键核心技术，取得了诸多创新成果，提升了我国高端科学仪器领域的水平。本专利技术有效解决了行业卡脖子技术难题，具有很强的政策适应性。

# 国芯科技（688262.SH）

苏州国芯科技股份有限公司（以下简称"国芯科技"或"公司"）深耕嵌入式CPU技术二十载，坚持守正创新，围绕市场需求和国家重大需求应用，瞄准我国行业技术和产品的长远发展，立足被国外芯片"卡脖子"的产品领域，以实现关键核心技术突破为目标，2023年在汽车安全气囊点火芯片、Raid控制芯片等关键领域取得重要突破，打破国外长期垄断。

2023年6月，国芯科技基于公司高压混合信号平台研发的汽车电子安全气囊点火驱动专用芯片CCL1600B内部测试成功，标志着国内首款汽车电子安全气囊点火驱动专用芯片研发成功，打破国外长期垄断。

此外，国芯科技经过多年研发，于2023年成功研发基于公司C*CoreCPU内核C8000的第一代Raid芯片产品CCRD3316及其适配卡，该芯片支持Raid0/1/5/6/10/50模式，支持掉电保护和恢复功能且适配国产阵列管理软件，具有高性能、大缓存、低功耗等特点，可实现同类产品的国产化替代。特别是在AI服务器、存储服务器和信创存储设备等领域均有广泛应用。

## 晶科能源（688223.SH）

2023年，晶科能源股份有限公司N型TOPCon大面积光伏组件经TUV南德认证，最高转换效率达到24.76%，刷新了第三方权威机构认证的全球组件最高效率纪录。同时，晶科能源182 N型TOPCon电池经国家光伏产业计量测试中心测试，转换效率达26.89%；基于N型TOPCon的钙钛矿叠层电池，经中科院上海微系统与信息技术研究所检测转化效率达到32.33%。

钙钛矿叠层电池效率的突破，则使用了晶科能源自主开发的N型TOPCon作为底电池，开发新型中间复合叠层结构、钙钛矿体相钝化提升技术，实现高传输通量、无迟滞效应高效钙钛矿界面钝化技术，证明了TOPCon可较好融合下一代叠层技术，从而突破单结晶硅电池效率的上限。

2023年，晶科能源研发投入超过68亿元，已申请专利3700余项，获得授权专利2400项，专利涵盖了PERC、TOPCon、BC等多种高效光伏电池和组件技术。在N型TOPCon专利排行榜上，公司以330项TOPCon专利数量超越了大多数品牌。截至目前，公司已经先后25次打破产品效率功率世界纪录。

凭借出货结构中超过60%的N型产品占比，晶科能源在2023年以超过78GW的组件出货量，重夺全球组件出货第一桂冠。2024年，公司将继续保持N型TOPCon先发优势，实现技术、规模、成本等多方面领先，将努力实现2024年底N型电池平均量产效率提升至26.5%，N型出货占比接近90%，N型产能超过100GW。

## 富创精密（688409.SH）

沈阳富创精密设备股份有限公司（以下简称公司）是国内半导体设备精密零部件的领军企业，也是科创板首家国产化自主可控的半导体设备零部件上市公司。公司专注于金属材料零部件精密制造技术，掌握了可满足严苛标准的精密机械制造、表面处理特种工艺、焊接、组装、检测等多种制造工艺，产品主要应用于半导体领域。

公司于2011年、2014年相继牵头承担了两期国家02科技重大专项，并已顺利通过验收。通过自研和承接专项，攻克了零部件精密制造的尖端技术和特种表面处理工艺，解决了一系列"卡脖子"难题。

其中，公司自主研发出先进陶瓷涂层工艺，成功制备了行业领先的耐腐蚀和耐物理轰击的致密涂层产品。

公司"先进受限工艺零部件耐腐蚀和耐轰击致密涂层研发和产业化项目"，于2023年获得由中国集成电路创新联盟主办的第六届"集成电路产业技术创新奖"成果产业化奖。项目具体情况如下：

随着逻辑芯片技术节点进入28nm以下以及3DNAND128层以上，对于芯片制造设备内部适用的材料提出了新的技术挑战。以芯片制造中的关键设备刻蚀机为例，本项目成果产业化应用的等离子喷涂技术制备耐腐蚀和耐轰击致密涂层，解决了零部件表面制备涂层的耐腐蚀性等难题，提高了零部件耐腐蚀性能及使用寿命，实现了高端零部件国产化供应，降低了整机成本，大幅度提升了我国集成电路装备制造产业链的整体竞争力。

该致密涂层具有低孔隙率、高耐腐蚀性及高力学性能，适用于集成电路制程中核心零部件内部等离子刻蚀的环境。同时采用先进清洗技术，使得涂层具有高洁净度，表面无金属离子及杂质粒子污染。

## 中触媒（688267.SH）

中触媒新材料股份有限公司（以下简称中触媒或公司）为2008年8月8日成立的高新技术股份制企业，位于大连金普新区松木岛化工园区，注册资本金为1.7620亿元，总资产约29亿元，现有员工700余人。公司主要产品为特种分子筛及催化剂、非分子筛催化剂、催化应用工艺及化工技术服务等，并为客户提供一站式化工全产业链技术整体解决方案。

中触媒拥有省级企业技术及省级专业技术创新中心，截至目前拥有205项专利，其中151项国内发明专利，2项PCT国际专利，52项实用新型专利。荣获辽宁省科技进步奖二等奖、辽宁省专利三等奖等，是国家知识产权示范企业、国家级专精特新"小巨人"企业、国家制造业单项冠军示范企业。

公司拥有一支由8名博士和多位专家组成的研发技术团队，通过丰富的实践经验和自主研发能力积极解决核心技术"卡脖子"、关键领域"补短板"等问题，打破国外对核心材料的技术管控。公司熟练掌握并持续完善了多种骨架结构分子筛系列产品及相关催化剂的制备技术，其自主研发和生产的移动源脱硝分子筛具有气体净化效率高、适用温区宽、使用寿命长、无毒无害、环境良好等特点，其生产技术水平处于"国内领先、国际先进"，不仅填补了国内同类催化剂产业的空白，也打破了国外高强度的技术壁垒，占全球市场份额约25%，位居前三。

中触媒主导产品移动源脱硝分子筛主要用于柴油车领域移动源尾气脱硝，控制其氮氧化物排放并满足全球现有移动源尾气排放规定的脱硝要求，在引导绿色技术创新及持续推进产业结构和能源结构调整方面提供重要保障。

# 亚辉龙（688575.SH）

深圳市亚辉龙生物科技股份有限公司（以下简称亚辉龙）主要从事生物医药产业体外诊断领域（IVD）产品的研发、生产、销售和服务，是拥有大量自主知识产权的国家高新技术企业，同时也是国家知识产权示范企业，并荣获深圳市科技进步一等奖，广东省、深圳市专利奖，深圳创新企业70强，第十八届深圳知名品牌等多项荣誉。

2023年4月，国家知识产权局正式发布了"2022年度国家知识产权优势企业和示范企业"评定结果。亚辉龙凭借强大的知识产权综合竞争优势成功入选国家知识产权示范企业。

目前，亚辉龙已申请专利中发明专利占比达70%；已授权专利中发明专利占比达50%。通过数据来看，亚辉龙授权发明专利占比情况在同行业公司中较为突出，这充分说明了亚辉龙在技术创新方面的卓越实力。

亚辉龙作为一家科创型企业，截至目前已有157项化学发光诊断项目获得境内外注册证书，居全国第二，公司的化学发光检测试剂几乎覆盖所有市场主流检测种类，尤其是自身免疫病检测和生殖健康检测。

2022年起亚辉龙在多地新建了研发中心，并通过日本的战略合作伙伴MBL公司，与东京大学、庆应大学等多家日本排名靠前的学府建立联系，开展临床比对和学术交流，使中国体外诊断产品成功进入日本市场的同时，也提升了自身的研发创新能力。

从初创至今，亚辉龙就认识到自主核心技术对一个民族品牌的重要性。近年来，公司加大了在原材料等环节的自主研发力度，构建自主可控的产业链。

亚辉龙积极响应国家创新驱动发展战略，与多家知名高校、医疗机构建立联合实验室，通过紧密的学术合作，积极探索IVD领域前沿技术，推进专家共识，加速科研成果的转化和产业化，助力行业发展。

## 鼎阳科技（688112.SH）

作为中国科技创新的积极参与者和贡献者，深圳市鼎阳科技股份有限公司（以下简称鼎阳科技或公司）是国家级专精特新"小巨人"企业，是国内极少数具有数字示波器、信号发生器、频谱分析仪和矢量网络分析仪四大通用电子测试测量仪器主力产品研发、生产和全球化品牌销售能力的通用电子测试测量仪器厂家，同时也是国内极少数同时拥有这四大主力产品并且四大主力产品全线进入高端领域的企业。

面对国内电子测试测量仪器市场长期依赖进口的现状，鼎阳科技在通用电子测试测量仪器领域，特别是在高端产品的自主研发和国产化方面，发布了多款高端产品，高端化发展战略取得了显著进展。公司产品屡次实现技术突破，不仅打破了国外技术垄断，还显著提升了国内科技企业的综合竞争力。

公司的产品迭代不仅提升了产品性能，更重要的是通过技术创新实现了产业链的安全性和变革性。在全球供应链面临挑战的背景下，鼎阳科技的自主创新能力有利于推动国内电子测试测量行业的稳定发展，有利于增强国家产业链的抗风险能力。

此外，公司的技术创新还带来了显著的经济效益和社会效益。通过优化产品结构和提升产品品质，公司的高端产品量价齐升，成为公司重要的利润增长点，其中射频微波类产品盈利能力尤其突出。2023年1月至9月，公司射频微波类产品平均单价为示波器产品的5.07倍，平均毛利率水平相较于示波器高12.20个百分点，显示出其相对其他类产品更强的盈利能力。

鼎阳科技在通用电子测试测量仪器领域的技术突破充分体现了公司自主创新与技术研发的实力，将为推动科技强国建设贡献力量。

# 华大智造（688114.SH）

华大智造在"科技、人才、创新"的持续投入，成功打造了生命科学领域的"新质生产力"。近年来，华大智造聚焦基因测序仪、实验室自动化、新业务三大业务线，均取得了不斐的成绩。在基因测序领域，公司拥有达国际先进水准的"DNBSEQ 测序技术""规则阵列芯片技术"等多项核心技术。在生命科学领域，公司逐渐发展出了以"关键文库制备技术""远程超声诊断技术"等为代表的文库制备、实验室自动化和其他组学相关技术。截至 2023 年 9 月 30 日，公司获得 736 项涵盖多方面技术的境内外专利。2023 年 7 月，公司"一种用于基因测序仪的光学系统"获得了专利领域的国家级最高荣誉——中国专利金奖，这是基因测序行业首次夺得专利金奖。

华大智造研制了从 Gb 级至 Tb 级低中高不同通量的临床级基因测序仪，引领中国基因测序核心工具和技术实现自主可控，完成了从无到有的突破。2023 年 2 月，公司重磅发布了超高通量测序仪 DNBSEQ-T20×2。该测序仪每年可完成高达 5 万例人全基因组测序，创造了全球基因测序仪通量的新纪录；单例成本低于 100 美元，为行业构筑了一款"超级测序工厂"，加速基因科技惠及人人的进程。

2023 年，华大智造测序平台数据产出超过 120Pb，体现出在推动科研成果产出上做出的贡献。其中，大人群基因组方面助力中国人慢性病前瞻性研究（CKB）、天坛医院万人级别卒中队列等超过 30 个项目；在细胞组学及时空组学方面，华大智造支持多篇高水平文章发表，尤其在疾病发生和脑科学等领域均有代表性科研成果。在临床领域，从出生缺陷、遗传病到罕见病的防控及编辑治疗，从肿瘤最早期的早筛、复发监测到后期的靶向治疗，从病毒感染、细菌/真菌感染、寄生虫感染到疑难感染的精准诊断，华大智造用基因测序技术为人类健康护航。在新兴应用领域，华大智造持续拓展生命科技工具在疾控、海关、农业、科普教育等创新场景的应用。

# 欣旺达动力（A23261.SZ）

欣旺达电子股份有限公司子公司欣旺达动力科技股份有限公司（以下简称欣旺达动力）凭借对超充市场的精准研判，提前布局 4C/5C 超充电芯，并取得巨大成果。通过采用超快充高电压三元材料、高比能长寿命微晶超充负极材料、高安全低阻抗轻质隔膜材料以及具有全温域适应性的超充电解液配方等高性能材料，采用了高精密复核电极涂布技术、低膨胀高保液技术、全生命周期自适应快充策略以及全生命周期高安全可靠性技术等一系列创新性技术，开发出一系列具有超充能力和高能量密度兼容的电池产品。

其中 2022 年 9 月发布的 4C 超充电芯（SFC480）是全球首款量产的超充电芯产品，对维持我国动力电池的先进性具有重要意义。该款电池系统方案满足 800V 充电平台，最大充电功率达 480kW，实现充电 5 分钟续航 200km，充电 10 分钟续航 400km，其超级快充能力足以打消用户的"续航焦虑"。更重要的是，该款电芯实现无热扩散（NTP）功能，为消费者的生命安全保驾护航。2023 年 3 月，公司超级快充实验室获得广东省重点实验室项目（2024 年度）立项。2023 年 4 月，欣旺达动力重磅发布全球首款量产闪充电池，该款动力电池具有超快充、欣安全、特耐用等特点，支持电动汽车轻松续航 1000 公里，10 分钟可从 20% 充至 80% SOC，让充电像加油一样便捷。由于先进的超充电池产品，欣旺达动力已与多家头部车企进行深度合作，共同开发全球领先的超充电池，对促进新能源汽车产业的快速发展、产业链升级和促进就业都具有重要意义。欣旺达动力在未来 3 年分阶段开发快速补能、高能量密度（长续航）和高安全性能，长寿命以及极具成本竞争力的"闪充电池"，使得终端用户 5 分钟补能即可畅享 400km 续航。

# 希荻微（688173.SH）

希荻微电子集团股份有限公司（以下简称希荻微）成立于2012年，2022年1月21日于科创板挂牌上市，是国内领先的电源管理及信号链芯片供应商之一。众所周知，汽车和工业等前沿领域对于模拟芯片的安全认证要求较高，导入周期相对较长，而希荻微较早就开始涉足汽车等前沿领域。

2015年，希荻微自主研发的高性能车规DC/DC芯片就进入了高通SA820A智能座舱汽车平台参考设计；2018年，希荻微车载芯片进入韩国现代、起亚供应链；2021年，希荻微车载芯片进入德国奥迪供应链。2022年，希荻微更进一步设立了汽车、计算、云事业部，吸引了行业内资深的汽车芯片设计团队加入，团队成员平均工作年限超过15年，且车规产品的设计、量产经验丰富。2023年6月，希荻微以"多通道高/低边驱动芯片"项目获选北京科委2023年度车规级芯片科技攻关"揭榜挂帅"榜单任务；2023年10月，希荻微推出汽车级低IQ同步升压控制芯片；2023年11月，希荻微荣获"芯向亦庄·2023汽车芯片50强"；2024年1月，希荻微推出带电流检测的新型车载单/双通道的高PSRR LDO；2024年3月，希荻微已完成车规产品的ISO 26262功能安全认证。

希荻微车规级产品已应用于小鹏、红旗、问界、长安、奥迪、现代、起亚等中德日韩多国汽车品牌中，累计装车超数百万辆，且保持着零客返的品质纪录。希荻微持续在汽车应用领域布局，增加车规项目的研发投入。展望未来，希荻微将继续坚持以自主研发为核心竞争力，聚焦自动驾驶（ADAS）、智能座舱、车身电子以及电动汽车带来的其他新兴应用领域，紧密围绕汽车行业客户需求，致力于打造出业界领先的、安全可靠的车规芯片产品与解决方案，不断推动汽车芯片的国产化进程，为汽车行业的繁荣发展贡献更多力量。

## 今天国际（300532.SZ）

深圳市今天国际物流技术股份有限公司（以下简称今天国际）是一家专业的基于工业互联网的智慧物流解决方案提供商，成立于 2000 年，注册资本 3.1 亿元。

在专利和资质方面，今天国际已拥有 600 多项产品著作权和专利权，获得 ISO9001、ISO14000、ISO/IEC27001、ISO20000、CMMI5 体系认证，公司自主研发的智能装备堆垛机和 AGV 均获得欧盟 CE 认证。同时，公司是国家级高新技术企业、国家级制造业单项冠军企业、广东省工程技术研究中心、深圳市重点（技术型）物流企业、深圳市 5G 智慧物流和智能制造示范单位、中德智能技术博士研究院理事成员单位等，全资子公司今天软件、今天机器人荣获国家级专精特新"小巨人"企业认定，今天软件获评国家鼓励的重点软件企业。

今天国际 2019 年与中国电信签署 5G 战略合作协议，开启 5G 智慧物流应用探索以来，在行业内率先进行了多项 5G 技术研发创新并取得一系列实施应用成果，包括：全国首批 5GSA 全覆盖园区、首批 5G 全连接工厂试点园区、第一批 5G-A 示范园区、首个物流行业 5GRedCap 试点等。今天国际积极参与 5G 赋能行业的应用和推广。2023 年 8 月，入选 5G 应用产业方阵组织评定的"5G 应用解决方案供应商推荐名录（第一批）"，被评为三星级 5G 应用解决方案供应商。2023 年 11 月，5G+ 仓储物流应用解决方案入选《十大 5G 应用解决方案部署指南》。

2024 年 3 月，深圳市工业和信息化局公示了第八批国家级制造业单项冠军企业名单，今天国际锂电智能物流仓储系统凭借其卓越的技术实力和市场表现，获得了国家级制造业单项冠军产品的殊荣。今天国际锂电智能物流仓储系统，补齐了当时我国在该领域的技术短板，打破垄断，目前不仅广泛应用于国内新能源锂电头部客户，还实现了欧洲、日本、北美洲出口。

## 英集芯（688209.SH）

目前低功耗电子设备（如可穿戴设备、植入式医疗器件、无线传感器等领域）得到了广泛的应用，在人们的日常生活中发挥着越来越重要的作用。人们对系统的性能也提出了更高的要求，尤其是系统的可持续性。微能量采集技术从环境中提取能量，极大延长了电子产品的续航时间，甚至实现无限续航，对智慧城市的建设起到关键性作用。

深圳英集芯科技股份有限公司（以下简称英集芯）主要针对能量收集系统的超低功耗和超低电压冷启动两个问题进行探索，设计具有超低功耗和超低电压冷启动的集成能量收集芯片。

从整个半导体产业布局来看，低功耗技术是整个智能"终端"的核心，低功耗产品市场在未来几年将会爆发，现在是提前布局低功耗市场的最佳时机。全球都在推行节能减排，推动低碳环保，而低功耗产品正是一个非常典型的低碳环保产品。

该项目旨在攻克技术难点，实现国产替代，推动深圳智能设备产业从以外来加工、进出口贸易为主导的经营模式向"中国智造"转变。该芯片率先推出低功耗Boost充电、低电压冷启动技术，填补领域空白，能够补齐国内相关技术的短板，实现微能量收集技术国产化，可改变产业链的薄弱环节。

该项目是一款专门针对太阳能等 μW 至 mW 级的微弱能源收集芯片，集成了一个超低功耗、超低电压启动的升压充电电路，能高效地降低至 0.1V 电压升压到给锂电池充电。主要应用于智能穿戴设备、光伏发电领域，起到收集能源并转化为可存储电能的作用。

该项目采用了特殊的低电压冷启动电路、自适应Boost峰值限流技术、电容动态采样技术、低功耗MPPT控制电路等创新设计电路，攻克低冷启动电压和低功耗Boost电路等技术难点，达到国际先进水平。

# 康冠科技（001308.SZ）

2024年3月22日，深圳市康冠科技股份有限公司（以下简称康冠科技）携旗下自主品牌明星产品KTC随心屏PRO亮相深圳"专精特新"企业优秀产品展览会。

可伸缩升降杆技术是其核心技术痛点，过去传统升降杆采取侧壁开槽的方式，灰尘会进入内部结构，长此以往影响其可靠性。且传统升降杆通常为机械结构打造，并不完美贴合智能显示设备。KTC随心屏在内部加入滚轮、POM滑套，以及定力弹簧，下固定杆插入底座后，显示设备挂入横杆。该技术解决方案通过小阻尼设计，在确保平稳可靠地上下升降的同时，兼顾了产品的可靠性和美观性。

创新的产品和品牌离不开公司管理的创新。2024年3月，康冠科技荣获"2023年度卓越创新组织（企业）"认定。公司坚持以创新为本，以技术立身。创新管理中研发管理是核心，康冠科技拥有多个创新平台。

康冠科技践行"科技改善生活"的企业使命，以创新驱动推动产品形态升级，引领行业发展。在产品设计、驱动系统、交互系统、智能触控模组等软硬件上坚持自主研发，并在红外触控技术、电容触控技术、区域控光技术、显示模组背光技术等核心技术上拥有大量数据和丰富经验，多项核心技术处于国际或行业领先水平。截至2023年，康冠科技已获得超过1500项的PCT专利、发明专利、实用新型专利、外观专利、软件著作权以及境内外商标，并主导或参与制定了数十项国家和行业团体标准。

管理与产品的完美结合铸就了康冠科技如今的成就。以创新自主品牌为支点，以管理创新为抓手，康冠科技先后获得了"广东省第一批制造业单项冠军企业""2023年中国电子信息竞争力百强企业""广东省质量发展促进会科学技术奖""第八批国家级制造业单项冠军企业"等荣誉。

# 北方稀土（600111.SH）

中国北方稀土（集团）高科技股份有限公司（以下简称北方稀土）不断加强稀土等战略资源开发利用，大力实施创新驱动发展战略，推动关键核心技术攻关，培育更具活力的创新技术，为造世界一流稀土领军企业、当好"两个稀土基地"建设主力军注入强劲动力。

北方稀土自主研发的"万吨级轻稀土碳酸盐连续化生产工艺研究及产业化"项目，不仅能够改善现场环境、提高生产效率，还能大幅降低二氧化碳排放量。

2015年2月份，刚刚成立三年的包钢集团"张文斌技能大师工作室"将攻关目光瞄向碳酸稀土沉淀工艺，创新性地提出稀土碳酸盐连续化生产节能降碳技术，用新型沉淀剂替代单一沉淀剂，有效减少二氧化碳排放，同时结合北方稀土自主研发的连续串级沉淀工艺，萃取生产线产出的氯化稀土溶液无须配制直接进入沉淀系统，实现连续进料、连续产出以及资源高效循环利用。

稀土碳酸盐连续化生产节能降碳技术具有三大优势，首先解决了氨水过剩问题，实现了生产平衡，进而保证生产稳定顺行；其次为现场职工"减负"，每年可减少碳酸氢铵搬运量30%；三是环保效益显著，每年减排二氧化碳50%以上、减排生产废水15%。如该技术推广至全行业，预计年节约标准煤13.4万吨，到2030年预计二氧化碳减排量达100万吨以上。

在推进能耗双控的过程中，北方稀土成为稀土行业首家废水"零排放"企业，承担的行业首个国家级"稀土冶炼节能标准化示范项目"顺利通过验收，实现了冶炼分离板块绿色低碳技术全线突破，推动稀土产业向"新"发展、向"绿"而行，成为引领绿色化转型升级的行业标杆，全力当好建设全国最大的稀土新材料基地和全球领先的稀土应用基地主力军。

# 华熙生物（688363.SH）

华熙生物科技股份有限公司（以下简称华熙生物）是全球知名的生物科技公司和生物材料公司。作为生物科技全产业链平台型企业，华熙生物的业务模式为"四轮驱动"（生物活性物原料、医疗终端、功能性护肤品、功能性食品）。

近年来，华熙生物研发投入持续增长，2019年至2022年公司研发投入分别为0.94亿元、1.41亿元、2.84亿元、3.88亿元，年均增速超过50%，占营收的比例分别为4.98%、5.36%、5.75%、6.1%。2023上半年公司研发费用达到1.87亿元。截至2023上半年，公司已申请专利801项（含发明专利637项），其中已获授权专利395项（含发明专利260项）。

通过持续的研发投入和科技创新，华熙生物已逐步构建起一个兼具"科技创新、中试及产业转化、市场转化"三大能力的合成生物全产业链平台。

1. 打通合成生物全产业链：华熙生物在合成生物领域打通了从上游工具研发、中游中试转化到下游产品市场化的全产业链条，实现了科技成果的高效转化和应用。

2. 全球最大的中试转化平台：华熙生物建成了全球最大的合成生物中试转化平台，规划有64条中试生产线，其中30多条中试生产线已投入使用。

3. 智能化绿色生物制造：华熙生物在生产制造端坚持落实工业4.0标准，打造"信息化、数字化、智能化"的生物智造工厂。

公司拥有国家企业技术中心、国家药监局化妆品原料质量控制重点实验室、山东省生物活性物合成生物学重点实验室、天津市生物合成与过程工程重点实验室、海南省再生医学技术与材料转化重点实验室、山东省透明质酸示范工程技术研究中心、山东省院士工作站等科研人才创新平台。先后承担了多个国家和省级的重大科研项目。

## 兰剑智能（688557.SH）

物流机器人作为实现智能化、无人化的重要依托，无论是在制造领域还是在流通领域的应用都拥有很大发展空间。面对生产制造中的前工序物流、生产物流、自动化仓储物流等线库全流程需求，需要有全系列的智能物流机器人与其相匹配。兰剑智能科技股份有限公司（以下简称兰剑智能）深耕物流科技领域三十余载，始终致力成为全球高端智能物流机器人的先行者。目前已拥有仓储机器人、穿梭机器人、搬运机器人、拣选机器人、拆码垛机器人、包装机器人、装卸车机器人等全流程通用物流机器人，以及特定商品专用定制机器人。

公司依托深厚的工业机器人研发实力，作为工业和信息化部产业发展促进中心2023年重点"智能机器人"研发计划项目牵头单位，承担"自主移动机器人集群系统动态调度与优化"研发课题。

公司AMR产品的应用实现智能制造、管理和运营效率提高10%以上，打造基于云边端协同的自主移动机器人集群系统调度平台，运输作业工作人员数量减少50%以上，提高商品运输效率20%以上，平均运营成本降低10%以上，可产生显著的经济效益。

公司AMR产品技术深度应用于医药流通、电商零售、鞋服、智能制造等典型场景，有效提高自主移动机器人系统和第三方信息系统的自动化、数字化、智能化，已经深度赋能新能源汽车、锂电池、光伏、3C电子、医疗健康等行业。

兰剑智能全系列智能物流机器人已在锂电行业、烟草行业、医药行业、汽车行业、电商行业、3C行业、石化行业等拥有成熟的应用案例，并且各有亮点。

## 盟科药业（688373.SH）

自成立以来，上海盟科药业股份有限公司（以下简称盟科药业）的研发团队始终聚焦全球日益严重的细菌耐药性问题，以"解决临床难题、差异化创新"为核心竞争力，目标是为临床最常见和最严重的耐药菌感染提供更有效和更安全的治疗选择，为饱受疾病困扰的急性及慢性感染的患者提供更安全有效的药物。与此同时，公司也在积极探索非感染领域，包括实体瘤治疗领域的创新药物。

公司于中国和美国两地建立了研发中心，拥有国际化的核心研发团队。公司的研发团队具有多年国际创新药研发和管理工作经验，曾主导或参与了多个已上市抗感染新药的开发。随着业务的发展，公司正在积极建立一支具备生物药物研发经验的全新团队，为公司未来的研发方向奠定基础。

小分子药物研发是盟科药业新药研发的基础，公司利用掌握的药物化学、构效关系，建立了完善的技术体系，形成了适合公司自身研发特点的三大核心技术，包括药物分子设计和发现技术、基于代谢的药物设计与优化技术、靶向治疗平台技术。基于这三大核心技术，公司建立了以急性及慢性感染领域为核心，同时拓展至非感染领域的研发管线。其中，公司的核心产品康替唑胺片于2021年6月在中国大陆上市，同年12月被纳入医保，2023年底以原价与医保续约。2023年年报数据显示，公司2023年康替唑胺片销售收入9077.64万元，同比增长88.31%。

康替唑胺片获得国家"重大新药创制"科技重大专项的补助资金支持；MRX-I、MRX-4和MRX-8均入选国家"重大新药创制"科技重大专项；康替唑胺片被CDE纳入优先审评审批程序。

与此同时，盟科药业还在积极布局和拓展海外市场，各项围绕康替唑胺片和其他核心产品的临床试验在全球多个国家同步开展。

## 华虹半导体（688347.SH）

华虹半导体有限公司（以下简称华虹半导体）是全球领先的特色工艺晶圆代工企业，同时也是中国大陆最大的特色工艺晶圆代工企业。凭借长期的技术积累和雄厚的研发实力，华虹半导体提供五大特色工艺平台，涵盖嵌入式存储器、独立式存储器、功率器件、模拟与电源管理以及逻辑与射频。华虹半导体是全球最大的智能卡IC厂商，也是中国大陆最大的MCU代工厂商，同时也是全球产能排名第一的功率器件晶圆代工企业，拥有全球第一条12英寸功率器件代工产线，功率器件技术的丰富度与先进性更是在晶圆代工领域保持领先地位。华虹半导体目前拥有4条晶圆代工产线，其中3条8英寸线位于上海，月产能约18万片；1条12英寸线位于无锡，月产能达到9.45万片。目前正在无锡新建一条拥有更先进节点的12英寸线，规划月产能8.3万片，进一步巩固公司的市场地位。

2000年，公司首次获得ISO9001质量管理体系认证；2005年，通过IATF16949汽车质量管理体系认证。此外，公司荣获亚太质量组织颁发的全球卓越绩效奖的最高级别奖，是2013年度全球仅有的2家获得制造业最高级别奖项的企业之一，也是该年度中国国内唯一获得此最高级别荣誉的企业。2018年度荣获上海市质量金奖，是首家获此奖项的集成电路制造企业。2020年，荣获"全国质量标杆"称号，成为该奖项设立以来唯一获奖的集成电路制造企业。

华虹半导体积极把握清洁能源机遇，将主要工艺平台运用在不同应用领域，赋能下游价值链绿色产品发展。2023年，公司举办"芯联通、车联通、链联通"车规芯片生态合作大会，联合集成电路领域及汽车领域整车、零部件等近百家企业，以"聚技术创新之力，谋产业发展之机"共同推进车规芯片生态合作，促进产业协同联动发展。

# 华勤技术（603296.SH）

华勤技术成立于 2005 年，是全球消费电子 ODM 领域拥有领先市场份额和独特产业链地位的大型科技研发制造企业。

公司是业界为数不多的同时有能力实现基于 ARM 架构的研发设计和 X86 架构设计研发的企业，在智能手机、笔记本电脑、数据中心产品、汽车电子智能硬件上均有所突破并形成规模效应。

公司作为智能手机 ODM 领域的全球龙头企业，积累了强大的研发能力、制造能力、供应链能力、质量管控能力和成本优势、规模优势，已成为多家国内外知名终端厂商的重要供应商。

在个人电脑领域，公司已实现全栈式个人电脑产品组合，并与国内外知名品牌客户建立了良好的合作关系，公司将手机等产品领域的先进技术应用到 PC 产品中，不断提升研发效率，2023 年市场份额已进入全球前四。

在数据产品业务领域，公司能够提供从通用服务器、异构人工智能服务器、交换机数通产品到存储服务器等全栈式产品组合，目前已经与多个国内知名的云厂商密切合作并实现产品发货和营收。

在汽车电子领域，公司已构建起包含硬件、软件、HMI、测试等在内的全栈式自研能力，及通过车规认证的制造中心，智能座舱、智能车控、智能网联、智能驾驶四大业务模块均已实现突破，与国内外汽车主机厂达成多项合作。

公司在全国设有五大研发中心，拥有超过 12000 人的研发团队，2022 年研发投入为 50 亿元。截至 2022 年 12 月，公司拥有知识产权授权数量 4400 项，软件著作权 1200 项，发明专利授权 900 项，海外专利 11 项。2020 年至 2022 年，公司开发具有自主知识产权的项目 45 项，成果转化率保持在 95% 以上。

## 毕得医药（688073.SH）

上海毕得医药科技股份有限公司（以下简称公司）的主要业务聚焦于新药研发的前端核心环节，公司的核心技术以药物分子砌块研发设计、合成生产、检测纯化技术为立足根本，以产品研发设计技术为先导，以检测纯化技术为产品质量生命线，以合成生产为生产工艺抓手，不断夯实核心技术能力，持续增强分子结构确证和纯度检测的能力，不断提升药物分子砌块和科学试剂的结构独特性、种类丰富性，促进新药研发的进度，提高研发效率。

公司注重产品研发与技术创新能力建设，建立了专门的研发技术中心，拥有研发人员191人，26个常规实验室，15个放大实验室，以及核磁共振波谱仪、液相色谱仪、气相色谱仪、电感耦合等离子体质谱仪、X射线衍射仪及Elemantra元素分析仪等一系列先进分析仪器，提高了研发效率。

公司知识产权获得授权数量119个，其中发明专利39个，实用新型24个，外观设计专利1个，软件著作权2个，其他53个。

近三年公司获得多项荣誉，2021年被评为上海市科技小巨人、国家级专精特新"小巨人"，2023年获评上海市企业技术中心、上海市专利试点企业、上海市专精特新企业、杨浦区双创"小巨人"企业、杨浦区博士后创新实践基地。

公司凭借多年深耕药物分子砌块和科学试剂领域所积累的行业经验及较强的研发能力，通过自主研发及对接上游供应商，精准识别下游客户的多品类、微小剂量、多频次的需求。公司联动总部和区域中心，实现国内外重要医药研发高地、区域中心布局，实现快速响应客户需求，满足下游客户对药物分子砌块综合需求，提升了整个生物医药研发产业链的运行效率。

# 安路科技（688107.SH）

上海安路信息科技股份有限公司（以下简称"安路科技"或"公司"）是国内较早开始 FPGA、FPSoC 芯片及专用 EDA 软件研发、设计和销售的企业，已成为国内领先的 FPGA 芯片设计企业。公司基于市场需求，自主开发了硬件系统架构、电路和版图，与硬件结构匹配的完整全流程软件工具链，符合国际工业界标准的芯片测试流程，以及高效的应用 IP 和参考设计，在硬件、软件、测试、应用方面均掌握了关键技术，形成了日趋完善的产品布局，积累了丰富的客户资源和应用案例。

FPGA 芯片是其优势项目，但由于高技术门槛长期被国外企业垄断。针对国内市场对大规模高性能国产 FPGA 的迫切需求，公司自主研发面向复杂场景的高性能 FPGA 芯片及专用 EDA 软件，实现高质量稳定量产和规模销售，有力填补了国内民用市场空白。芯片逻辑规模覆盖 100K—400K LUTs，支持高速多协议 SerDes 接口、速率 1866Mbps 的 DDR3/DDR4 接口、PCIe Gen3 协议，相比国外同类产品具有显著后发优势，多项指标达到国际先进水平，配套自主知识产权的全流程专用 EDA 软件，已大量应用于工业控制、网络通信、消费电子等领域，促进国内 FPGA 行业快速发展，经济和社会效益显著。

公司持续迭代芯片硬件设计、专用 EDA 软件、芯片测试、应用 IP 及参考设计等领域核心技术，进一步扩大公司在领先产品开发及应用方面的技术积累。

安路科技始终以自主创新为驱动，积极拓宽技术和产品，凭借在 FPGA 芯片及专用 EDA 软件领域的技术能力，近年来已荣获国家级专精特新"小巨人"企业、高新技术企业、上海市企业技术中心、张江国家自主创新示范区"张江之星"成长型企业等称号，并获得了 2022 年上海市重点产品质量攻关成果一等奖，入选 2021 年度上海市创新产品推荐目录，获评 2023 年度"上海市创新型企业总部"，同时入选《2024 上海硬核科技企业 TOP100》。

## 艾为电子（688798.SH）

上海艾为电子技术股份有限公司（以下简称"艾为电子"或"公司"）成立于2008年6月份，是一家集成电路设计公司，专注于高性能数模混合信号、电源管理、信号链等领域的集成电路设计业务。

成立至今，艾为电子秉持"客户需求是艾为存在的唯一理由，高素质的团队是艾为的最大财富"的理念，深入了解客户需求，专注自主研发，不断迭代创新。截至2023年底，公司累计发布产品1200余款，涵盖42个产品子类，不断满足新智能硬件的国产化替代需求，并为消费电子、AIoT、工业、汽车等领域客户提供优质可靠的技术服务支持，累计取得国内外专利532项，计算机软件著作权111项，集成电路布图设计登记558项。2023年度公司产品出货超过53亿颗，创历史新高。新兴技术领域如人工智能、高性能计算等的迅速发展，也将为公司提供新的机遇。

公司近3年研发投入共计15.2亿元，占营业收入比例达22%。凭借长期的技术积累和高效的研发能力持续扩充产品品类，覆盖消费电子、AIoT、工业、汽车等领域，形成了诸多独具特色的优势产品。公司开发出的自创K类架构芯片和SKTune神仙算法一体的音频解决方案、自定义封装引脚架构的芯片与TikTap算法相结合的触觉反馈解决方案、高精度光学防抖OIS芯片和防抖算法一体的摄像头马达系统方案等方面均具有较强的竞争优势，保障产业链安全稳定。

公司作为第一起草单位，联合上海市集成电路行业协会发布《音频用智能诊断集成电路功能需求》和《音频用集成电路信号传输与控制接口要求》两项行业标准。公司参与制定和发布《IEEE Standard for Haptic Interface Enhancement For Mobile Gaming》移动游戏性能优化国际标准，成功推动相关技术的规范化与标准化，促进行业发展。

# 普冉股份（688766.SH）

普冉半导体（上海）股份有限公司（以下简称"普冉股份"或"公司"）成立于2016年，于2017年逐步推出基于SONOS工艺平台（电荷俘获技术）的NOR Flash系列产品，是业内第一家采用SONOS特色工艺设计生产NOR Flash产品的公司。

目前公司已经基于第一代55nm制程推出第二代40nm制程产品，且40nm制程产品已成为量产交付主力，总营收已超过第一代55nm产品，实现了升级替代，显著提升了产品性能和成本效益。容量方面，公司研发出256Kbit—128Mbit全系列产品，体现了公司工艺水平和设计能力的高效融合。同时，基于SONOS工艺平台，公司研发成功并推出业界首家1.1V超低电压超低功耗NOR Flash产品，具备宽电压范围，可涵盖1.2V和1.8V系统，体现了公司在低功耗技术方面基于SONOS工艺平台的持续创新。

公司发挥深厚的存储芯片设计经验，利用先进的逻辑工艺平台优化嵌入式存储器技术，构建了通用高性能和高可靠性的MCU产品平台，这一自研Flash IP使得公司产品在性价比、低功耗、体积等方面可以延续存储器的特异性优势，构建了公司在MCU领域的竞争壁垒。同时，公司的MCU产品在设计时考虑到电磁兼容性（EMC），确保了产品在各种电磁环境下都能稳定运行。此外，通过优化电路布局和使用专门的保护器件，公司MCU产品能够有效抑制外部干扰，保持数据完整性和系统稳定性。

2023年全年，公司存储系列产品，即NOR Flash及EEPROM，共计出货量超50亿颗；MCU及VCM Driver产品共计出货量近3亿颗。公司基于特色工艺平台的NOR Flash和MCU产品，为市场带来了创新工艺设计思路，为客户带来了高性能和高性价比以及低功耗的产品。

截至2023年底，公司已获授权的发明专利达36项，集成电路布图设计证书48项，已经建立了完整的自主知识产权体系。

# 概伦电子（688206.SH）

随着集成电路行业的技术迭代，先进工艺的复杂程度不断提高，下游集成电路企业设计和制造高端芯片的成本和风险急剧上升。EDA 行业作为撬动整个集成电路行业的杠杆，以一百亿美元左右的全球市场规模，支撑和影响着数千亿美元的集成电路行业，以及数万亿级的数字经济产业。

上海概伦电子股份有限公司（以下简称"概伦电子"或"公司"）是国内首家也是科创板唯一的 EDA 上市公司，是关键核心技术具备国际市场竞争力的 EDA 领军企业。

公司器件建模及验证 EDA 工具、电路仿真及验证 EDA 工具在国际市场具有技术领先性和国际竞争力，能够支持 7nm/5nm/3nm 等先进工艺节点和 FinFET、FD-SOI 等各类半导体工艺路线，已被国际领先的半导体厂商大规模采用。公司的低频噪声测试系统 981X 系列是低频噪声测试领域的黄金标准测试工具，被用于 28nm、14nm、10nm、7nm、5nm、3nm 和 2nm 等各工艺节点的先进工艺研发和高端集成电路设计，已被众多半导体代工厂所采用。

公司核心技术储备充足，截至 2023 年末，公司已拥有制造类 EDA 技术、设计类 EDA 技术、半导体器件特性测试技术三大类核心技术及其对应的 40 余项细分产品和服务。公司已在全球范围内拥有 29 项发明专利、80 项软件著作权，合计 112 项有效知识产权，并有超过 100 项已申请待批复的专利或软件著作权。

近年来，企业获得过多项奖项。2022 年度获上海市科学技术奖"科技进步奖"二等奖、工业和信息化部工业软件优秀产品。2023 年度荣获上海硬核科技企业 TOP100、上海市专利工作试点企业和上海市创新型企业总部等多项荣誉。同时，公司是国家级第四批专精特新"小巨人"企业。

## 和辉光电（688538.SH）

上海和辉光电股份有限公司（以下简称"和辉光电"或"公司"）成立于 2012 年 10 月份，是国内领先的高解析 AMOLED 显示面板研发、生产及销售的知名企业，是中国平板、笔记本电脑、车载和航空等中大尺寸高端 AMOLED 显示领域的开创者和领先者。公司是高新技术企业、国家知识产权优势企业、国务院国资委"科改示范企业"、上海市专利工作示范企业，并荣膺"上海知识产权创新奖"。公司的科技创新成果也得到了资本市场的认可，获得了中国上市公司创新奖和金牛科创奖。

在中大尺寸显示领域，公司是国内 AMOLED 面板行业中最早开拓，并最早实现稳定供货的面板厂商，建立了领先的技术优势、较为完整的供应链体系和成熟的生产线。经过长期的研发投入，公司已形成具有自主知识产权的中大尺寸 AMOLED 成套关键技术体系，填补了技术与产品开发的多项国内空白，引领一线品牌搭载 AMOLED 面板产品的推出。特别是在平板/笔记本电脑领域，公司 2020 年开始量产首款平板电脑类 AMOLED 显示面板，从量产至今持续保持该领域出货量全球第二、国内第一的领先地位，持续批量供应知名品牌客户的多款高端旗舰产品。公司在中大尺寸显示产品方面获得了众多荣誉。公司携中大尺寸显示产品亮相国际消费电子展（CES）、上海国际消费电子技术展、中国电子信息博览会、国际显示技术及应用创新展等展会，相关产品获得了国内及海外知名客户的关注与好评。目前，公司多款中大尺寸在研显示产品正在有序推进中，预计未来可实现量产上市。

未来，随着 AMOLED 在中大尺寸显示领域的加速渗透，公司作为中国平板/笔记本电脑、车载显示和航空机载显示等中大尺寸高端 AMOLED 显示领域的开创者和领先者，将紧抓先发优势，持续科技创新，加快供应链布局，持续领跑中大尺寸高端 AMOLED 显示领域新赛道，为全球消费者带来更大、更靓、更精彩的显示体验，为促进人类可持续发展贡献智慧。

## 光明乳业（600597.SH）

作为国内乳业的领军企业，光明乳业长期致力于科技创新，推动企业高质量发展。在创新平台建设上取得显著进展，不仅全力推进乳业生物技术国家重点实验室的重组工作，还荣获了"优秀专家工作站"称号。在功能菌株及合成生物学方面的深度合作，为公司的研发创新提供了源源不断的动力。此外，牧业饲料检测中心和奶牛生产性能测定中心的系统搭建，以及"农业农村部南方奶牛遗传改良重点实验室"的成功申报，都彰显了光明乳业在育种科技创新上的领先地位。

在重点项目推进上，光明乳业聚焦现代乳业关键技术研究及应用，包括巴氏杀菌牛乳保质期延长技术研究与产业化示范等多个重要项目。这些项目的成功实施不仅提升了产品的品质与安全性，也推动了整个行业的技术进步和产业升级。

在知识产权方面，光明乳业积极参与国家及行业标准的制定，发表多篇 SCI 文章和中文核心期刊论文，申请和获得多项国内外发明专利。这些成果的取得，不仅提升了公司的品牌影响力，也为行业的创新发展贡献了光明智慧。

除了科技创新，光明乳业在渠道创新和管理创新上也同样出彩。通过数字化转型升级，光明乳业将原本的"送奶上门"平台升级为"鲜食宅配"平台，为消费者提供了更加便捷、完善的购物体验。

在人才培养方面，光明乳业注重引进和培养高层次创新科技人才，为公司培养了一批批优秀的后备人才。这些人才不仅为公司的发展注入了新的活力，也为行业的可持续发展提供了有力的人才支撑。

作为一家全产业链的乳品企业，光明乳业还积极推进全产业链数字化转型和管理变革。通过引入先进的数字化技术，公司在智慧营销、智慧牧场、智能制造、智慧物流、智慧财务等方面取得了显著进展。

# 蒙牛（02319.HK）

据国家卫健委2023年10月7日发布的公告，母乳低聚糖（HMOs）中的2′FL（2′-岩藻糖基乳糖）和LNnT（乳糖-N-新四糖）正式被批准为食品营养强化剂，可应用于婴幼儿配方奶粉、调制乳粉（儿童用），以及特殊医学婴儿食品。其中，内蒙古蒙牛乳业（集团）股份有限公司（简称"蒙牛"）自主研发的2′FL成为中国本土唯一获得审批的母乳低聚糖HMO。此次成功获批，对于助力我国生命早期营养研究、推动婴幼儿食品研发升级具有深远意义。

HMOs是母乳中仅次于乳糖和脂肪的第三大固体成分，具有调节免疫、帮助大脑发育及调节肠道菌群等功效，尤其在改善婴幼儿健康和营养需求方面具有重要意义。由于婴配奶粉主要是用牛羊乳为原料制成，而牛羊乳中HMOs的含量非常少，所以在婴幼儿配方奶粉添加HMOs更贴合母乳营养，更能呵护宝宝健康成长。

长期以来，蒙牛践行"营养领先"战略，专注于为中国和全球消费者提供营养、健康、美味的乳制品和功能食品，积极回应新健康时代下营养新需求，持续强化研发技术技能、开发稀有营养成分。本次HMOs获批，是蒙牛的又一个重大突破，标志着蒙牛作为行业引领者，在母婴研究领域的多年技术积淀陆续"开花结果"，全面打造面向未来的新质生产力。

一直以来，HMOs产业化技术在欧美巨头的手里，成为中国乳企精准营养的"卡脖子"难题。蒙牛在HMOs领域的技术成果和产业化，将进一步助推相关科研进步和产业发展，突破国外技术垄断，解决我国在这一领域的"卡脖子"难题。

# 海创药业（688302.SH）

海创药业股份有限公司（以下简称"海创药业"或"公司"）是一家专注于癌症和代谢性疾病的全球化创新药物企业，致力于研发和生产满足重大临床需求、具有全球权益的创新药物。

公司拥有"靶向蛋白降解PROTAC技术平台、氘代药物研发平台、靶向药物发现与验证平台及转化医学技术平台"4大核心技术平台，入选2项国家"重大新药创制"科技重大专项和多个省市级科研项目，拥有7款在研产品。

公司现有产品管线中，AR抑制剂氘恩扎鲁胺（HC-1119）中国Ⅲ期临床试验已达到主要研究终点，临床Ⅲ期数据入选2023年6月份美国临床肿瘤学会（ASCO）年会，氘恩扎鲁胺HC-1119-04注册研究信息纳入2023版CSCO前列腺癌诊疗指南，氘恩扎鲁胺软胶囊新药上市申请于2023年11月获NMPA受理；URAT1抑制剂HP501单药用于治疗高尿酸血症/痛风已完成多项临床Ⅰ/Ⅱ期试验，正在积极推进Ⅱ/Ⅲ期临床试验，HP501用于治疗痛风相关的高尿酸血症的临床Ⅱ期试验于2023年12月获美国FDA批准；HP501中国联合用药（联合黄嘌呤氧化酶抑制剂非布司他）的IND申请，已于2024年4月获中国NMPA批准；HP518是中国首款进入临床阶段的口服ARPROTAC在研药物，已完成在澳大利亚用于治疗转移性去势抵抗性前列腺癌（mCRPC）的Ⅰ期临床试验，澳大利亚临床研究结果入选2024年1月美国临床肿瘤学会泌尿生殖系统肿瘤研讨会（ASCO-GU），并入选2024年美国ASCO年会。此外，HP518同适应症临床试验申请已于2023年1月获美国FDA批准，中国Ⅰ/Ⅱ期临床试验申请于2023年11月获中国NMPA批准，并于2023年12月完成首例受试者给药。用于治疗血液系统恶性肿瘤的HP537片中国临床试验申请于2024年2月获中国NMPA批准。

## 海光信息（688041.SH）

海光信息技术股份有限公司（以下简称"海光信息"或"公司"）成立于 2014 年 10 月，公司持续深耕高端处理器，立足突破相关领域的核心技术，研制出性能优异、安全可靠的海光通用处理器（CPU）和协处理器（DCU），在国内处于领先地位。海光信息于 2022 年 8 月 12 日在上海证券交易所科创板上市（证券代码 688041.SH），当前市值超 1800 亿元。

公司研发出了多款满足我国信息化发展的高端处理器产品，建立了完善的高端处理器研发环境和流程，产品性能逐代提升，功能不断丰富。海光 CPU 系列产品兼容 x86 指令集以及国际上主流操作系统和应用软件，软硬件生态丰富，性能优异，安全可靠，在国产处理器中具有非常广泛的通用性和产业生态。海光 DCU 系列产品以 GPGPU 架构为基础，采用"类 CUDA"通用并行计算架构，能够较好地适配、适应国际主流商业计算软件和人工智能软件。海光 DCU 具有全精度浮点数据和各种常见整型数据计算能力，能够充分挖掘应用的并行性，发挥其大规模并行计算的能力，快速开发高能效的应用程序，主要部署在服务器集群或数据中心，为应用程序提供性能高、能效比高的算力，支撑高复杂度和高吞吐量的数据处理任务。公司高端处理器系列产品广泛应用于各行业的数据中心，以及云计算、大数据、人工智能等应用场景，获得客户普遍认可。

公司在国内率先研制完成了高端通用处理器和协处理器产品，并实现了商业化应用。相较于国外厂商，公司根植于中国本土市场，更加了解中国客户的需求，能够提供更为安全可控的产品和更为全面、细致的运营维护服务，具有本土化竞争优势。随着公司产品竞争力和市场影响力的不断提升，公司营收规模及利润等经营指标实现稳步增长。公司 2021 年、2022 年、2023 年分别实现营业收入 23.10 亿元、51.25 亿元、60.12 亿元，最近 3 年复合增长率达到 80.52%，归属于上市公司股东的净利润持续稳定增长。

# 美腾科技（688420.SH）

天津美腾科技股份有限公司（以下简称"公司"或"美腾科技"）创办于2015年1月，于2022年12月在科创板挂牌上市（证券代码688420.SH）。公司专业从事工矿业智能装备、智能仪器和系统等软硬件产品研发、制造和销售，致力于引领工矿业迈入智能化时代，荣获国家级专精特新"小巨人"企业、国家高新技术企业等多项荣誉称号。

公司在天津已拥有研发生产基地近50000平方米，与山东能源、晋能控股、济宁能源等大型集团公司强强联手设立子公司，并与诸多知名高校及科研机构开展学研合作，公司自成立以来持续投入研发，研发人员占比33.18%，已获得近500项专利和软件著作权授权，其中发明专利115项。

煤炭在我国能源结构和经济体系中保持着重要的基础地位。经过数十年的发展，煤炭洗选加工技术已经取得多项突破，干法选煤技术也逐步成为主流技术之一。

公司TDS、TGS等智能装备类产品作为煤炭干法分选的主要设备，契合煤炭清洁高效利用趋势，除了可以满足对分选核心算法及处理能力的智能化要求外，还能够与整个选煤工厂智能系统进行对接，实现干选设备与其他智能模板相协调，提升智能工厂运行效率。智能干选设备、末煤梯流干选系统基于本身的智能化数字化属性，更易接入智能工厂系统平台，未来干选设备将与大系统平台深度融合，实现整个工厂运行层面的智能化、数字化。

同时公司智能系统及仪器类产品推动选厂的智能化建设，结合物联网、Wi-Fi、5G等成熟的通信技术，通过AI算法、数字孪生等技术手段对智能装备、智能系统及仪器采集来的数据进行实时收集、存储、汇总、分析及应用，以信息增值与智能服务为装备"智造"赋能，进一步实现智能化管理，解决制造业正在面临的三大痛点（数字化能力欠缺、产业大数据积累有限、远程协同机制不成熟），助力我国工矿行业装备制造业向智能化、数字化发展。

# 公牛集团（603195.SH）

公牛集团股份有限公司（以下简称"公牛集团"或"公司"）深耕民用电工领域，始终坚持"专业专注、走远路"的经营理念。自1995年创立以来，公司以创新为灵魂，凭借产品研发、营销、供应链及品牌方面的综合领先优势，逐步拓展形成电连接、智能电工照明、新能源三大主营业务，凭借过硬的产品品质和良好的口碑，公牛品牌的知名度、美誉度不断提升，产品销量领先，围绕民用电工及照明领域形成了长期可持续发展的产业布局。

近年来公司研发投入持续增长。

2023年，公司共获得10项国际设计大奖，截至报告期末，累计获得德国红点、德国iF、日本G-Mark、IDEA、中国红星、艾普兰、中国设计智造等国内外设计大奖74项，拥有国家工业及信息化部认可的国家级工业设计中心。

2023年，公司技术实力进一步增强，新增专利授权370项，新增软件著作权9项。截至报告期末，公司累计有效专利授权2686项，软件著作权68项，为国家知识产权示范企业、国家级博士后工作站设站单位。

公司不断提升精益化、自动化、数字化制造水平，建立了集研发、设计、制造于一体的工业自动化团队，自动化设备和智能组装设备的自主研发设计及组装应用能力持续提升，"人机结合"的柔性生产模式得到快速推广。借助业内领先的自动化立体仓库及智能分拣出货系统，公司实现了仓库作业的机械化和自动化，大大提高了配货发货速度和客户响应能力，自动化立体仓库有效衔接前端自动化生产，构建了"进料—生产—仓储—出货"端到端全流程的智能制造体系。同时，通过全面升级MES系统，整合ERP、QMS、PLM等软硬件体系，实现了"设计制造一体化、生产加工自动化、生产过程透明化、物流控制精准化"的数字化全过程信息监控和管理，为公司业务的持续发展提供了坚实的支持。

## 凯尔达（688255.SH）

作为具备自主研发、自主可控工业机器人核心技术与高端焊接核心技术的高新技术企业，杭州凯尔达焊接机器人股份有限公司（以下简称凯尔达或公司）始终秉承科技为第一生产力的理念，致力于在技术研发、市场拓展、产能扩张等方面深耕企业。

在技术研发方面，凯尔达一直以自主研发为核心，坚持创新驱动发展战略。目前，凯尔达已成为少数几家同时掌握机器人焊接设备、机器人手臂及控制器核心技术的厂商之一。2023年公司推出了新一代工业机器人控制器KC30，采用了在高速情况下保持顺滑动作的"新运动控制"算法，显著提升了自产机器人运动速度、稳定性和精准度。同时，KC30控制器生产成本相比上一代更有优势，大幅提升了公司自产机器人的市场竞争力。此外，公司在高端焊接核心技术方面还推出了超低飞溅焊接及伺服焊接两大系列产品，大幅降低了客户的使用成本。

经过多年的技术积累，凯尔达形成了以工业机器人技术及工业焊接技术为核心的技术体系。公司作为多项国家标准的第一起草单位，凭借在科技创新方面的卓越实力，荣获工业和信息化部颁发的"船舶高效节能电弧焊关键技术研究及应用"国防科学技术进步三等奖，中国机械工业联合会及中国机械工程学会颁发的"船舶高效节能电弧焊关键技术研究及应用"中国机械工业科学技术二等奖等多项国家级和省部级科学技术奖项。

凯尔达自2010年起研发基于PC+运动控制卡（外购）的工业机器人，至2019年，公司工业机器人手臂及控制器技术已逐步成熟，并于2020年开始生产。

公司自产机器人主要定位于中高端市场，相比外资品牌具有较强的性价比和市场竞争力。同时，公司自产机器人搭载使用了"新运动控制"算法KC30控制器，销售情况良好。

# 江丰电子（300666.SZ）

宁波江丰电子材料股份有限公司（以下简称"江丰电子"或"公司"）主营业务为超高纯金属溅射靶材以及半导体精密零部件的研发、生产和销售。公司先后承担或主持了"863计划重点项目"1项、"863计划引导项目"1项、"02专项"等多项国家级研究课题。

近年来，公司不断加大研发投入。2020年研发投入7381.10万元，同比增长23.55%，占公司营业收入的6.33%；2021年研发投入9826.12万元，同比增长33.13%，占公司营业收入的6.16%；2022年研发投入1.24亿元，同比增长25.73%，占公司营业收入的5.32%。

截至2022年12月31日，公司及子公司共取得国内有效授权专利602项，包括发明专利368项，实用新型234项。另外，公司取得韩国发明专利2项、中国台湾地区发明专利1项、日本发明专利1项。

公司分别建立了"宁波市企业工程（技术）中心""国家示范院士专家工作站"，并不断扩大研发团队、承担或主持国家级高新技术课题研究。公司研发中心被评为"省级高新技术企业研究开发中心"。2008年公司首次通过"高新技术企业"认定，2023年公司通过高新技术企业重新认定。2020年，公司技术中心入选由国家发改委、科技部、财政部、海关总署、国家税务总局联合发布的《第27批国家企业技术中心名单》。

公司制订的《集成电路用高纯钛溅射靶材》团体标准获得"2022年中国标准创新贡献三等奖"。2022年，公司被工业和信息化部认定为"2022年国家技术创新示范企业"。2021年，公司的"超高纯铝钛铜钽金属溅射靶材制备技术及应用"项目荣获"2020年度国家技术发明二等奖"荣誉，公司荣获"浙江省半导体行业标杆企业""中国新型显示产业链发展特殊贡献奖""中国半导体材料十强企业""浙江省电子信息出口前20强""浙江省亩均效益领跑者"称号等各项荣誉。

# 激智科技（300566.SZ）

宁波激智科技股份有限公司（以下简称"激智科技"或"公司"）是一家集光学薄膜和功能性薄膜的配方研发、光学设计模拟、精密涂布加工技术等服务于一体的科技型企业。公司目前主要业务分三大板块：光学薄膜板块、光伏薄膜板块和汽车薄膜板块。作为国内较早从事光学膜研发、生产、销售的企业，公司的自主创新能力、技术水平、产品品质均为国内领先。

科技创新一直是激智科技发展的源动力。2021年，激智科技主持项目"液晶显示用高性能光学薄膜关键技术研发与产业化"获得浙江省科技进步奖一等奖。获得该奖项证明激智科技在科技创新成果方面取得了突破性成效。该项目依靠企业自身的研发实力，自主设计了新型光学结构、开发了高性能树脂配方、攻克了液晶显示用高性能光学薄膜关键制备技术瓶颈，并实现了产业化示范和规模化生产。该项目打破了国外企业对国内高端光学膜市场的垄断，填补了我国在液晶显示器光学膜领域的技术与产品空白。

公司注重技术水平的提高及研发能力的提升，研发投入持续增长，占据营业收入的6%以上。公司研发部在科技创新路上不断成长，主导项目（产品）曾获中国电子学会科技进步一等奖、浙江省知识产权奖三等奖、宁波市科学技术进步奖二等奖等多项重量级荣誉，并多次承担国家级和省市级科研项目。截至2023年6月底，激智科技已取得专利160项，其中发明专利127项。

2024年，激智科技先后获评宁波市高新区2023年度重点骨干企业、高新区科技创新十强企业等荣誉。同时，激智科技凭借着创新的产品力获得供应商认可，在BOE（京东方）全球供应商合作伙伴大会中荣获"协同创新奖"。未来，激智科技将继续立足于"技术创新"带动企业发展，不断加大研发投入，加强关键核心技术攻关，不断提升企业自主创新能力，巩固光学膜行业领军地位，引领产业发展和技术进步。

# 思进智能（003025.SZ）

思进智能成形装备股份有限公司（以下简称"思进智能"或"公司"）主要从事多工位高速自动冷成形装备和压铸设备的研发、生产与销售，是一家致力于提升我国冷成形装备技术水平、推动冷成形工艺发展进步、实现紧固件及异形零件产业升级的高新技术企业。

2023年度，公司已成功研发出 SJBP-88S 复杂零件冷成形机、SJBP-108S 多连杆精密零件冷成形机、SJBP-138L 及 SJBP（H）-168S 精密智能冷镦成形装备等八工位系列机型。此外，公司还完成了 SJBL-108R 引长打平冲收组合机、SJBS-106R 多工位打凹平底冲孔组合式冷成形装备、SJBL-105 连引挤口机三款军工成形装备的设计试制工作。截至目前，SJBP-108S 多连杆精密零件冷成形机、SJBP-88S 复杂零件冷成形机、SJBS-106R 多工位打凹平底冲孔组合式冷成形装备及 SJBL-105 连引挤口机、SJBP-138L 精密智能冷镦成形装备均已完成订单交付。

近年来，公司不断加大研发投入。2020年研发投入1706.67万元，同比增长15.07%，占公司营业收入的4.40%；2021年研发投入2426.38万元，同比增长42.17%，占公司营业收入的5.08%；2022年研发投入3063.68万元，同比增长26.27%，占公司营业收入的6.03%；2023年研发投入3079.64万元，同比增长0.52%，占公司营业收入的6.34%。

截至2024年4月27日，公司共拥有专利权99项，其中发明专利27项；软件著作权7项。2023年度，公司共获得授权发明专利1项，实用新型专利7项；新申请专利15项，其中发明专利2项，实用新型专利13项。

公司多工位高速自动冷镦成形装备荣获了"国家重点新产品""装备制造业重点领域省内首台（套）产品""名、优、新机电产品""中国机械工业名牌产品""浙江名牌产品""宁波名牌产品"等荣誉。

# 喜悦智行（301198.SZ）

作为国内较早的可循环包装企业之一，宁波喜悦智行科技股份有限公司（以下简称"喜悦智行"或"公司"）高度重视产品和技术工艺的研发，建立了完善的研发体系，并取得良好的研发成果。经过长期的技术积累和不断的技术创新，公司的技术研发中心被评为"省级高新技术企业研究开发中心"和"宁波市企业工程技术中心"。公司构建了良好的知识产权体系，持有发明专利6项，实用新型专利67项，外观设计专利58项，并主导制定了浙江省团体标准T/ZZB0615—2018《组合式可循环厚壁吸塑包装单元》，有效促进了可循环厚壁吸塑行业标准化建设工作。

随着可循环包装对生产技术和生产工艺提出更高的要求，以及客户对包装的智能化、数字化、可视化、个性化的应用需求加强，公司积极研发符合不同行业客户需求的产品，探索更加优化的工艺技术标准，从而增强公司在可循环包装行业的产品技术优势。

在产品方面，公司将通过生产及研发带有RFID芯片的智能化包装，配合建立RFID仓库管理平台，提高产品的追溯性和管理效率；通过将纸质便签升级为可读改水墨显示屏，提高产品辨识需求；通过开发可随意拼接及调节高度的模块搭建式包装箱，满足客户对产品多样性需求。目前传统物流企业正在加快推进业务流程的数字化改造，通过云计算、大数据、物联网等新型基础设施的建设，把物流环节的信息化转化为数据，并按照数字化的要求对业务流程及组织管理体系进行重构，推动全流程的透明化改造，通过智能化技术赋能物流各个环节，提高效率并降低成本，实现数据业务化。

2022年公司研发费用11673325.92元，2021年研发费用9950801.67元，同比增加17.31%，主要原因系期内研发投入增加所致。

## 虹软科技（688088.SH）

虹软科技股份有限公司（以下简称"虹软科技"或"公司"）是一家致力于视觉人工智能技术的研发和应用，坚持以技术创新为核心驱动力，全球领先的计算机视觉人工智能企业。多年来，虹软科技专注于计算机视觉领域，为行业提供算法授权及系统解决方案，在全球范围内为智能设备提供一站式视觉人工智能解决方案。

公司视觉人工智能解决方案成功落地于智能手机、笔记本电脑、智能汽车、智能家居、互联网视频等多种场景中。与此同时，公司不断探索前沿技术，利用深度学习等技术不断优化迭代，实现了在嵌入式设备的广泛应用，目前已在全球数十亿台智能设备上成熟应用，并且仍在不断探索新的视觉人工智能技术和终端应用场景。

依靠多年专注影像领域的经验，虹软科技全面掌握了视觉人工智能核心技术强大的技术变现能力、一站式解决方案能力与产业链生态体系，并长期服务于全球知名消费电子厂商。在视觉人工智能产品研发和创新上，一直走在行业前沿，且构建了完整的视觉人工智能技术体系，拥有大量视觉人工智能领域底层算法。这些底层算法具有通用性、延展性，除了可以广泛运用于智能手机外，还可应用于笔记本电脑、智能可穿戴设备等其他消费电子产品以及智能驾驶、智能保险、智能零售、智能家居、医疗健康等多个领域。

2023年，全球智能手机出货量持续下滑，但对于新技术的需求依然非常迫切，公司自创的"智能超域融合（TurboFusion）"技术产品化且量产出货，为手机拍摄提供创新性的全链路超域解决方案，成为计算机摄影产品尤其是手机拍摄产品的核心卖点，引领了部分手机品牌高端机型、旗舰机型的功能升级。

# 华光新材（688379.SH）

杭州华光焊接新材料股份有限公司（以下简称公司）一直专注于钎焊技术研发与高品质钎焊材料制造，被认定为中温硬钎料行业"制造业单项冠军示范企业"，并荣获"国家科技进步二等奖"，是国内钎焊材料领域领先品牌。

近年来，公司以国家、行业需求为引领，积极开发符合环保理念的新型绿色钎焊材料，获得了多项创新成果：

2020年，公司参与的"异质材料钎焊、扩散焊关键技术及应用"项目获得"中国机械工业科学技术奖科技进步类特等奖"。

该项目解决了异质材料连接存在的冶金难相容、润湿不同步、应力难协同等国际难题。

2021年，公司主持的"铜磷钎料清洁高效制备技术开发及产业化"项目荣获"中国产学研合作创新成果二等奖"。

该项目成功研发出高性能铜磷钎料及其短流程制备技术，实现节能减排，推动产业绿色低碳发展。

2022年，公司参与的"新型绿色钎焊技术及应用"项目获得"产学研合作创新成果奖一等奖"。

该项目推广应用到航空航天、高性能船舶、动车组机车、电机、制冷、工具等多个行业，解决了国家重大需求领域核心零部件钎焊制造难题，支撑了钎焊产业链绿色低碳转型发展。

2023年，公司牵头的"高性能铜基钎料高效制备及其在刀具制造中的应用"荣获"中国机械工业科技进步二等奖"。

除以上重要项目之外，2024年度公司还牵头实施了浙江省"尖兵"研发攻关项目"环保型高性能焊接复合材料关键技术研发—环保型高性能复合钎焊材料关键技术研发"。

## 中控技术（688777.SH）

中控技术股份有限公司（以下简称中控技术）坚持自主创新，通过持续的研发投入及研发平台建设，提高整体解决方案与生态体系平台建设能力，逐步打破技术壁垒。

秉承着"让工业更智能，让生活更轻松"的愿景和使命，中控技术创新性提出了"1+2+N"智能工厂架构。其中，"1"代表一个工厂操作系统，"2"代表两个自动化，即生产过程自动化（PA）和企业运营自动化（BA），"N"代表 N 个工业 APP。

"1+2+N"智能工厂架构作为行业客户数字化转型、智能化发展的愿景蓝图，帮助企业实现"安全、质量、低碳、效益"的高质量发展目标。

其中，工厂操作系统将数据信息分层传递的传统 Purdue 模型架构转变为同级交互的扁平化架构，向下连接海量工业装备、仪器、产品等终端数据，向上支撑覆盖企业运营管理全业务线的工业 APP 生态开发与部署，打破了数据孤岛，提高了运营效率和灵活性，使工厂的层次标准发生了革命性的改变。在此基础上，中控技术打造了"工厂操作系统+工业 APP"技术架构，形成了以"开放融合、协同智能"为特征的工业智能技术架构，为流程工业企业全生命周期数智化发展赋能。

"PA+BA"智慧企业架构整合两个自动化。PA 层面上，中控技术以仪器仪表、控制系统产品为基础，通过技术融合创新，研发出以 OMC 为主的五大工业软件产品与服务，帮助企业实现全生产过程的安全、平稳、高效、低碳。在 BA 层面，中控技术基于"工厂操作系统+工业 APP"技术架构，利用 AI、大数据、数字孪生等先进软件技术，搭建了 R&DS 等五大系统，满足企业实现"安稳长满优"的核心需求，助力企业实现卓越的运营管理。

# 智翔金泰（688443.SH）

重庆智翔金泰生物制药股份有限公司（以下简称"智翔金泰"或"公司"）成立于 2015 年，是一家集研发、生产和商业化于一体的生物制药企业。公司聚焦自身免疫性疾病、感染性疾病和肿瘤三大领域，持续开发单克隆抗体和双特异性抗体药物。目前拥有国内外核心专利 45 项，其中发明专利 39 项。承担数十项国家及省部级课题，并获得"国家级知识产权优势企业""重庆市知识产权优势企业""高新技术企业""专精特新企业"等荣誉称号。

2023 年 6 月 20 日，智翔金泰成功在科创板上市。作为一家坚持创新驱动的企业，智翔金泰秉承为患者提供可信赖和可负担的创新生物药理念，持续研发创新。截至 2023 年底，公司已累计投入研发资金超 15 亿元，完成了产品的差异化布局，形成了多元化且具有竞争力的产品管线。智翔金泰现有在研产品 13 个，处于临床阶段产品 9 个，涵盖 17 个不同的适应症。

创新成果的取得，离不开公司日益完备的创新体系建设。经过多年发展，公司形成了一支规模化、专业化的研发团队，先后在北京、上海、重庆等地设立了研发中心，总面积超过 15000m$^2$，满足多个疾病领域管线的开发需求。另外，公司还建立了一批具有自主知识产权、国际领先的技术平台。其中，基于新型噬菌体呈现系统的单抗药物发现技术平台，为产品的研发提供了强大的支持；该平台利用噬菌体的高效筛选能力，快速识别并优化针对特定靶点的抗体，大大缩短了药物研发周期。同时，智翔金泰持续强化商业化体系建设，在重庆国际生物城建设的抗体产业化基地，原液生产规模已达 24400 升，这一规模化的生产基地不仅提高了生产效率，降低了生产成本，确保了产品质量的稳定性和可靠性，还能带来积极的社会效益，促进本地经济及就业。

## 唐源电气（300789.SZ）

为强化高铁站台安全防护水平，提高行车组织效率，提升客运服务品质，针对我国高速铁路运营动车组车型多的特点，成都唐源电气股份有限公司自主研发了全球首台套创新型产品——高铁自适应智能站台门，实现了站台门多车型自适应技术的创新突破，是保障旅客及运输安全，提高运输质量和效率的高度智能装备。

本项目依托 2 项国家级课题、1 项省部级及 1 项铁路重大课题，系统深入开展"多种类型动车组共线运营条件下高铁自适应站台门关键技术"科研攻关，旨在突破高铁多车型"自适应站台门"关键技术瓶颈。高铁自适应智能站台门解决了不同车型、不同编组动车组车门位置多样化条件下站台门与车门位置精准对齐的技术难题，在传统站台门技术的基础上，增加了车型—车号—车门智能识别、列车运行图自动关联、站台乘客防护、站务智能监控、旅客候车引导等功能，满足 350km 时速正线过车和环境叠加风压以及连续百万次无故障开合安全要求。经四川省技术市场协会专家鉴定，项目成果解决了高铁站台门和车门位置不匹配的问题，发明了"移动门体设计、机电协调控制、主导安全保障"的站台门自适应技术与装备，整体技术达到了国际领先水平。

本产品目前已应用于四川自贡高铁站、成都天府机场站，在提高站台空间综合利用率，降低列车运行噪音对车站的运营影响、保障旅客乘降安全、提高乘客候车舒适性等方面实现了良好的经济和社会效益。

## 五菱汽车（00305.HK）

五菱汽车集团控股有限公司（以下简称五菱汽车）坚持向科技创新要新质生产力，聚焦关键核心技术突破"卡脖子"难题，聚焦行业发展趋势布局新兴产品，聚焦市场和客户提升创新成果落地转化率，科技创新的"关键变量"正转化为高质量发展"最大增量"。

建成的国内首条超高强度钢管热气胀成型生产线，是广西首家通过竞争方式获得的工业和信息化部科研揭榜课题《高档数控机床与基础制造装备》项目，解决了汽车安全法规要求（偏侧碰撞等）和车辆轻量化等行业"卡脖子"难题，填补了国内空白。

2024年，旗下H15ATD前驱混动系统再次拿下第五届中国源动力奖。

2023年五菱汽车成功研制出国内首创的醇氢油气多元燃料发动机平台，实现了发动机与燃料的整体模块化，即在同一发动机平台、同一机械结构的基础上，可兼容甲醇、氢气、汽油、天然气等多种燃料，具有大部分零部件通用、使用周期长、制造成本低等优势。

在2022年微型电动桥产销突破100万台后，五菱汽车进一步巩固传统燃油桥优势、优化电动桥性能。独家配套上汽通用五菱明星产品五菱缤果副车架、后扭梁、减速器，配套长安凯程、瑞驰、江淮等车企的同轴式电驱桥在国内率先实现商业化落地，皮卡和非承载式SUV的前、后桥产品已在长城、福田等主流市场量产应用。

# 海目星（688559.SH）

海目星激光科技集团股份有限公司（以下简称"海目星"或"公司"）创立于2008年，总部位于深圳，是杰出的激光及自动化综合解决方案提供商、国家高新技术企业、全球智能装备尖端科技企业之一。公司业务涵盖锂电池智造装备、光伏智造装备、新型显示智造装备、3C智造、医疗激光智造装备等五大领域。目前，公司已在全球建立起四座先进的智能化基地，并在欧洲、北美、亚洲等多地区设立了8家海外子公司，成为宁德时代、特斯拉、比亚迪、苹果、华为、富士康、中创新航、京东方等行业头部客户的重要合作方。

成立15年来，海目星始终坚守"改变世界装备格局，推动人类智造进步"的使命，坚持把每年营业收入的10%左右投入研发。上市4年间，公司累计投入的研发资金已经超过10亿元。公司不仅成立了集团研究院，还构筑起独有的"123133"研发体系。在全球约8000名员工当中，研发及技术人员占比超过46%，处于业界领先地位。

依托持续高研发投入带来的深厚技术积累，海目星实现了多项核心技术的突破。仅2023年，海目星新增授权专利374件，新增软著作权130件，累计已获得758件授权专利和300件软著作权。基于强大的研发体系和研发实力，公司近年陆续推出多项具有行业开创性和影响力的新产品和新技术，既赋能了中国制造业的数智化升级，也为社会绿色低碳发展贡献了力量。

公司已获得"国家高新技术企业""广东省激光与增材智造产业集群重点产业链链主""广东省动力电池智能制造装备工程技术研究中心""广东省工业设计中心""广东省智能智造生态合作伙伴""深圳市总部企业""深圳市级企业技术中心""深圳市博士后创新实践基地"等资格认证。此外，公司近年来获批多项重点课题研究项目，进一步彰显了公司的研发创新实力。

## 凌雄科技（02436.HK）

凌雄科技集团有限公司（以下简称"凌雄科技"）以数字化为基础，创新打造数字化闭环 DaaS 服务模式。在 DaaS 服务模式下，企业客户可以根据自身业务发展阶段和实际需求"按需定制，按使用付费"，从而实现企业办公资产配置最优化、成本开支最低化，以及运营效率最高化。

通过数字化闭环 DaaS 服务，凌雄科技深刻解决了企业日常运营和数字化转型过程中 IT 设备全生命周期管理痛点，降低企业数字化转型门槛的同时，已累计助力数万家企业实现降本增效和高质量发展。

依托数字化 DaaS 闭环服务的突出服务成果，以及数字科技成果在行业中的先行示范作用，凌雄科技先后被工业和信息化部认定为"国家中小企业公共服务示范平台"和国家级专精特新"小巨人"企业，是 DaaS 行业唯一获此"双认证"的企业。此外，凌雄科技也是国家高新技术企业。

凌雄科技在服务企业的过程中，积极践行循环经济理念，绿色处置回收设备，通过整备服务最大化延长设备的使用寿命，并再次用于设备订阅服务，实现设备使用率的提升，进而为社会创造额外的碳减排价值。

作为行业首家上市、DaaS 行业龙头企业，凌雄科技具备明显的"链主效应"，并积极发挥"链主"企业主引擎作用，联合包括京东、腾讯、联想等在内的战略股东，持续丰富数字化闭环解决方案，共建 DaaS 服务生态。

## 领益智造（002600.SZ）

作为全球领先的消费电子精密功能件制造商，广东领益智造股份有限公司（简称"领益智造"或"公司"）业务覆盖精密功能件、结构件、模组及充电器业务的全产业链，在全球范围内为客户提供一站式智能制造服务及解决方案，产品和服务广泛覆盖AI终端及通讯、新能源汽车、光伏储能等多个下游领域，同时积极探索XR、可穿戴、机器人、服务器等人工智能终端领域的发展潜力。

截至2023年底，公司研发人员约6000人，近三年累计研发投入约60亿元。公司累计获得各项专利2094项。同时，公司加强产学研合作，与上海交通大学、新加坡科学院、中科大等多所大学及科研机构建立合作，提高企业技术创新的能力和效益。

在第三届广东省质量创新与质量改进成果发表赛上，公司团队凭借"降低DJJ649 A级面刀纹不良率80%"等项目，斩获了5个六西格玛一等奖荣誉中的2个。

在第五届东莞市工业工程与精益管理创新大赛上，领益智造"冲压车间节能改善"获二等奖，"手机电源壳贴膜流程再造"获优秀奖，领益智造荣获"2023年度精益践行先锋奖"。

在技术创新方面，领益智造全资子公司深圳市领鹏智能科技有限公司（简称领鹏智能）拥有自主知识产权机器人系列产品、掌握精密数控设备和先进制造领域核心技术。该公司推出的高性能新型RV减速器可应用于以机器人为代表的高端制造领域。

2023年5月，领鹏智能推出了领鹏智能工业控制器产品等一系列解决方案。

在深圳市机器人协会2024会员大会上，领鹏智能凭借工业控制器，荣获"年度核心技术创新奖"。

# 达闼科技（CMDS.N）

达闼科技（北京）有限公司（以下简称达闼机器人）始终坚持云端智能机器人的发展方向，并致力于为其建立云端大脑，提供类人通用人工智能。在 2022 年，达闼机器人被科技部授予建设"云端机器人国家新一代人工智能开放创新平台"（以下简称"开放创新平台"）的任务，成为该领域首个国家级平台企业。

达闼机器人开放创新平台为第三方开发者和合作伙伴开放提供机器人端到端的数字孪生环境、建模、仿真、训练、开发和运营等全流程工具链和平台，开放了丰富的资源。

目前达闼机器人开放创新平台已包含 5000+ 项技能、10000+ 个数字资源供开发者和用户使用，平台已有 6000+ 名 RDK 开发者用户，200+ 所高校接入，并已有数十家第三方机器人/智能设备厂商接入平台，初步建立了机器人产业生态。

达闼机器人开放创新平台已经成为越来越多学校教学和科研的平台，与清华大学、北京大学、华中科技大学等一百多所高校以及几十个职业院校开展合作。同时，海睿具身智能机器人开放创新平台已经成为机器人行业最重要的赛事平台之一。

在持续支撑开放创新平台生态构建过程中，2023 年，达闼机器人还成为工业和信息化部牵头的"国家人形机器人制造业创新中心"的核心企业；当选全国信标委人形机器人（具身智能）工作组联合组长单位、中国人工智能产业发展联盟具身智能工作组副组长单位；达闼基础大模型算法和 RobotGPT 多模态具身大模型算法通过国家互联网信息办公室备案，成为国内唯一获得备案的机器人具身智能大模型，标志着达闼机器人取得成果和竞争力持续扩大，将更加有力支撑生态构建的各项工作。

# 三一重能（688349.SH）

三一重能股份有限公司（以下简称三一重能）成立于2008年，致力于成为全球清洁能源装备及服务的领航者。2022年6月22日，三一重能在科创板上市，为科创50公司，股票代码为688349。三一重能是"全球新能源500强企业"，并被工业和信息化部认定为"智能制造标杆企业"。

2030年实现"碳达峰"，2060年实现"碳中和"的"双碳"目标，指引着我国新能源行业的发展方向。公司主营业务为风电机组的研发、制造与销售，风电场设计、建设以及运营管理业务，具备3.XMW到15MW全系列风电机组的研发生产能力。公司叶片、电机目前实现完全自制，具备产业链上下一体化优势、核心技术与研发体系优势、整机与零部件协同设计优势、生产成本优势、数字化优势及新能源项目设计、建设、运营能力优势等。

三一重能一直秉承"一切源于创新"的理念，持续加大对技术研发的投入，以及引进国际化高精尖人才，建立涵盖风机研究院、试验检测中心和叶片研究院的国际化、专业化、多领域研发平台，并下设研发管理办公室和多个研究所，负责对应领域的产品及技术研发工作。

公司以海上风机和陆上大兆瓦风机为重点研发方向，持续推动技术创新。2023年，公司919平台完成四款陆上样机开发、试制、吊装和并网，922平台发布全球最大陆上风电机组。公司还完成三一重能试验中心主体建设，该中心具备大兆瓦叶片、电机等关键部件可靠性验证能力。

2023年，三一重能不断突破风电机组的环境条件限制。2023年11月，公司在西藏措美参建的中国海拔最高风电项目成功并网发电，标志着超高海拔地区的风电开发"基地化、规模化、集中连片"成为可能。此外，公司在甘肃省北大桥地区，国内首个6兆瓦级以上的沙戈荒风电项目顺利通过了连续一年以上的运行考验。

## 软通动力（301236.SZ）

软通动力信息技术（集团）股份有限公司（以下简称软通动力）是开源模式的引领者和践行者，基于开源鸿蒙打造全域智能 SwanLinkOS 鸿鹄操作系统，围绕系统内核、系统框架、性能优化等持续创新，构建全栈式 SwanLinkOS AI 技术体系，端云结合加速推进基于开源鸿蒙的 AI 行业大模型落地，以基础软件根技术新质生产力领航第三代物联网操作系统。

软通动力依托鸿鹄操作系统持续领航生态创新，已发布首个开源鸿蒙数字视听商业发行版和唯一商用国产化信创通行解决方案。并率先实现 X86 PC 鸿蒙化，打通开源鸿蒙移动端到 PC 端的互联之路。

以鸿鹄操作系统为数字底座，软通动力积极探索开源技术与商业有机结合，率先发布商显、矿山、交通 3 款行业发行版，适配芯片超 20 款，推出超 10 款开发板及模组，联合 30 余家战略合作伙伴，打造近 50 款商用设备，在多行业、多领域成功实现商业闭环。基于鸿鹄操作系统的无感通行、党建信发、燃气安防、智慧政务、安平应急等解决方案，成功落地雄安 20 多个单位及社区；作为华为首批矿鸿生态使能合作伙伴，最早参与、最坚定支持矿鸿生态的 OSV 厂商，软通动力基于矿鸿的鸿鹄操作系统矿山发行版，实现从模组适配到协议转换、组件开发及解决方案的跨越式发展。已完成 10 多款国产芯片适配，助力 15 个客户实现智能化升级，协助获取矿鸿资质认证超 60 个，数量位居行业第一。此外，软通动力还助力南方电网发布国内首个基于开源鸿蒙打造的电鸿物联操作系统，并作为生态合作伙伴率先完成近 20 款电力设备鸿蒙化适配工作。

鸿鹄操作系统将进一步满足垂直行业互联互通需求，从数据源头实现安全可控，助力企业数字化、智能化转型。软通动力将持续构建从产品创新到行业应用再到产业落地的全产业链生态，为开源生态及数字中国建设赋能。

## 有研新材（600206.SH）

有研新材料股份有限公司（以下简称有研亿金）成立于2000年，前身为北京有色金属研究总院稀有及贵金属材料研究所。主要从事电子材料、稀有与贵金属材料的研发、应用和生产，公司是国内屈指可数具备从超高纯原材料到溅射靶材、蒸发膜材垂直一体化研发和生产的产业化平台，自主开发的全系列高纯溅射靶材产品是集成电路制造、封装用关键材料。20余年来，有研亿金攻克从高纯原材料提纯到集成电路领域全尺寸、全品类溅射靶材制备等50余项关键制备技术，累计承担国家科技重大专项、工业强基工程等国家项目36项；获国家/省部级奖20余项；累计授权专利230余项；制修订国家/行业标准65项，国际标准2项。公司开发出超高纯铝及铝合金、铜及铜合金、钛、钴、镍及镍合金、钽、金、银、铂、钨及钨合金等超百款靶材，满足先进制程逻辑、存储等高端集成电路制造及先进封装需求，推进集成电路用溅射靶材国产化技术研发和产业化，保障集成电路产业链供应链安全。

超高纯铜及铜合金靶材是先进集成电路晶圆制造和先进封装用关键互联材料，应用于先进制程、先进封装与三维集成技术，公司成功突破超高纯铜深度净化、高品质熔铸、微观组织调控、高可靠焊接、超高纯铜原材料的梯次应用及绿色低碳可循环利用等多项关键核心技术，成为国内第一家、全球极少数掌握99.9999%级超高纯铜及其合金从原材料提纯到靶材制备垂直一体化全套技术的企业，产品性能达到国际先进水平，在国内主要集成电路企业实现批量应用，满足客户需求。

高纯铁磁性钴靶及阳极是先进制程逻辑电路芯片及先进存储芯片晶体管接触与互联关键材料，有研亿金通过自主开发成功突破高纯钴深度净化、高纯熔铸、磁性能调控及高可靠焊接等多项关键核心技术，靶材纯度达到99.999%以上，透磁率高，透磁波动及焊接等性能均达到国际领先水平。

# 八亿时空（688181.SH）

在现代半导体制造过程中，光刻技术是至关重要的一环。它决定了芯片的线宽，即芯片的性能和功耗。而光刻胶则是光刻过程中不可或缺的材料。随着科技的进步，对光刻胶的要求也越来越高。光刻胶的上游核心原材料为单体和树脂，越先进的光刻胶，其树脂价值占比越高。

高端 KrF 光刻胶用窄分布树脂由北京八亿时空液晶科技股份有限公司（以下简称公司）研发，利用阴离子聚合法，成功开发出了一种 PDI<1.10 的单分散 PHS 树脂，材料性能指标达到国际先进水平，并实现了 KrF 光刻胶用 PHS 树脂及其衍生物百公斤级别的中试量产，弥补了国产光刻胶树脂的不足，向打破国外技术垄断迈出了坚实的一步。

1. 该成果利用活性阴离子聚合方法，在无水无氧条件下，进行阴离子聚合并脱保护，得到窄分布 PHS 树脂，单体转化率高，可以显著降低单体的残留率，并且不会为树脂结构引入其他冗余基团。

2. 该科研成果的优势是反应过程可控性强，易于获得所设计分子量的聚合物，反应条件简单，很容易实现无水无氧的反应条件，易于量产，可帮助控制反应速度，使反应温和进行。

3. 该科研成果的实验室开发已经完成，与对照标品 GPC 谱图基本吻合，并且聚合工艺已经确认了吨釜的工艺可行性，目前可以在 100L 反应釜规模稳定生产，并且批次稳定性满足要求。

## 天玛智控（688570.SH）

北京天玛智控科技股份有限公司（以下简称"天玛智控"）从煤炭行业长远发展和急迫需求出发，形成了机、电、液、软深度融合的无人化智能开采控制系统解决方案，满足了不同类型煤矿综采工作面智能化建设需求。公司成功自主研发国内首套SAC型液压支架电液控制系统、SAM型综采自动化控制系统、630L/min（40MPa）高端大流量乳化液泵，填补国内行业空白。首创了"1人巡视、无人操作"可视化远程干预型智能采煤模式和"地面规划采煤、装备自动执行、面内无人作业"无人化采煤新模式。2023年国家能源局、国家煤矿安全监察局确定的71处（含5处露天煤矿）国家首批智能化示范建设煤矿中，有39处由天玛智控提供技术支撑，占比55%，既服务国家战略，也彰显行业技术引领地位。

公司坚持以智能制造的方式为用户提供智能产品，打造"智能制造+智能产品"的"双智"企业，持续开展核心产品无人值守高效精密加工、柔性智能装配技术攻关，建立从原材料到成品全工艺流程的智能制造新模式。建成智能化无人采煤控制装备智能工厂，实现核心产品生产过程自动化智能化及研发、生产、供应链和服务全流程信息互联互通与高效协同，获评"北京市智能工厂"、工业和信息化部"新一代信息技术与制造业融合发展试点示范企业"和"国家级智能制造示范工厂揭榜单位"。

公司持续推动治理体系建设，全力打造原创技术策源地和现代产业链链长，加快布局智能制造、数字液压阀等非煤产业，深入推进国企改革3年行动和深化提升行动，不断提高生产运营质量和管理成效，有效实施创新驱动、数字化转型和人才强企，加快建设世界一流专业领军示范企业。近年来荣获"国务院国资委创建世界一流专业领军示范企业""国有重点企业管理标杆创建行动标杆企业""国资委数字化转型试点示范企业""国家级制造业单项冠军企业""第二届国有企业深化改革实践成果全国特等奖"等荣誉。

# 金山办公（688111.SH）

北京金山办公软件股份有限公司（以下简称"金山办公"）作为一家在全球范围内具有影响力的科技创新企业，近5年在科创领域作出了卓越的贡献，不仅在知识创新、技术创新和管理创新方面取得了显著成就，而且通过其产品和服务的广泛应用，推动了经济效益和社会效益的双提升。

在知识创新方面，金山办公注重前沿科技的研究与发展，特别是在人工智能、大数据和云计算等领域。通过深入研究用户需求，金山办公不断推出创新的解决方案，帮助用户提高工作效率，降低成本。例如，WPS Office套件中的智能助手功能，通过自然语言处理和机器学习技术，能够智能识别用户需求，提供个性化的服务，有效提升了用户的知识获取和应用能力。

在技术创新方面，金山办公致力于将最新科技应用于产品研发中，推动产品升级换代。例如，金山办公推出的在线协作平台，实现了多人实时在线编辑和共享文档的功能，极大地提高了团队协作效率。此外，金山办公还积极投入研发，推动产品向移动端、云端和智能化方向发展，满足用户多样化的需求。

在管理创新方面，金山办公注重组织架构的优化和流程再造，以提高企业的运营效率和创新能力。公司通过引入敏捷开发和精益管理的理念，缩短了产品开发周期，提高了产品质量。同时，金山办公还建立了完善的激励机制和人才培养体系，吸引了大量优秀人才，为企业的发展提供了有力的人才保障。

这些创新举措不仅为金山办公带来了显著的经济效益，也产生了广泛的社会效益。公司的产品和服务广泛应用于教育、政府、企业等各个领域，帮助用户提高工作效率，降低成本，推动了社会生产力的提升。同时，金山办公还积极参与社会公益事业，通过技术捐赠、人才培养等方式，为社会的可持续发展作出了贡献。

## 海天瑞声（688787.SH）

北京海天瑞声科技股份有限公司（以下简称海天瑞声）自 2005 年成立以来，持续为国内外领先的科技公司、互联网企业、AI 企业等提供数字化基础设施，取得了良好的社会效益和经济效益。

面对"语种多、稀有小语种研究不足"的困境，海天瑞声全球化的母语发音人资源布局以及全球语言学家团队，支持 70+ 个国家/地区、200 多种语言及方言的数据方案设计、语音采集、转写、发音词典制作等本地化项目服务，截至目前已累计服务 229 个海外客户。

此外，海天瑞声多语种服务还涉及数 10 个"一带一路"共建国家，覆盖语种达 44 个。同时，助力 200 余家中国 AI 企业"出海"，以及国外企业的全球化扩张，由海天瑞声支持的 AI 产品已遍布全球主要国家和地区。

海天瑞声依托 100% 自主研发的国产化技术体系、生产体系，开发 DOTS 一体化数据处理平台，涵盖基础研究、平台工具、训练数据生产 3 个维度，打造人工智能训练数据一站式解决方案。

针对不同的任务和应用场景，海天瑞声打造了超过 1550 个具有自主知识产权、工程化的多语言多模态数据集，包含稀有小语种在内的 100 多种语言，让 AI 企业无需花费精力根据不同的语言特性单独建模，加速 AI 应用的开发与迭代，提升开发效率、服务质量及数据安全性。

数据在人工智能中发挥着至关重要的作用，尤其是人工智能大模型的基础设施，关乎人工智能的先进性、准确性、安全性和平等性。海天瑞声积极应对产业需求的新变化，在大模型数据领域持续进行研发投入，启动并进行包括"大语言模型中文对话预训练数据集""语音大模型（声音复刻、歌曲）微调数据集""视觉大模型（图文生成）预训练及微调数据集"等方向的数据能力建设，已为境内外多家大模型头部企业在预训练、指令微调、偏好对齐等方面提供了训练数据服务或标准化产品，有效支持大模型行业发展。

## 龙芯中科（688047.SH）

龙芯中科技术股份有限公司（以下简称龙芯中科）是国内唯一坚持基于自主指令系统构建独立于 Wintel（Windows-Intel）体系和 AA（Android-ARM）体系的开放性信息技术体系和产业生态的 CPU 企业。经过长期积累，形成了自主 CPU 研发和软件生态建设的体系化关键核心技术积累。

龙芯中科坚持自主研发核心 IP，形成了系列化 CPU IP 核、GPU IP 核、内存控制器及 PHY、高速总线控制器及 PHY 等上百种 IP 核。

与国内多数 CPU 企业主要基于 ARM 或者 X86 指令系统融入已有的国外信息技术体系不同，龙芯中科推出了自主指令系统 LoongArch，并基于 LoongArch 迁移或研发了操作系统的核心模块，包括内核、三大编译器（GCC、LLVM、Golang）、三大虚拟机（Java、JavaScript、NET）、浏览器、媒体播放器、KVM 虚拟机等。形成了面向信息化应用的基础版操作系统 Loongnix 和面向工控类应用的基础版操作系统 LoongOS。

与国内多数 CPU 设计企业主要依靠先进工艺提升性能不同，龙芯中科通过设计优化和先进工艺提升性能，摆脱对先进工艺的依赖。通过自主设计 IP 核，克服境内工艺 IP 核不足的短板。

龙芯中科发布新一代处理器龙芯 3A6000，性能达到市场主流产品水平。龙芯 3A6000 处理器采用龙芯自主指令系统龙架构（LoongArch），是龙芯第四代微架构的首款产品，主频达到 2.5GHz，集成 4 个最新研发的高性能 LA664 处理器核，支持同时多线程技术（SMT2），全芯片共 8 个逻辑核。集成安全可信模块，可提供安全启动方案和国密（SM2、SM3、SM4 等）应用支持。3A6000 处理器的推出说明国产 CPU 在自主可控程度和产品性能上已双双达到新高度，也证明了国内有能力在自研 CPU 架构上做出一流的产品。

# 安杰思（688581.SH）

安杰思成立于 2010 年，是一家研发、生产及销售内镜微创诊疗器械领域的高新技术企业，并于 2023 年 5 月 19 日于上交所上市。公司在创业初期即确立技术创新的差异化发展路线，经过 12 年的创新积淀，提出了以临床学术研究、专利分析和科技成果研究为核心的"三棵树"理念，建立以临床需求为导向、以产品创新、工艺优化为基础、以行业技术发展为支持的研发体系，实现了"销售一代、研发一代、探索一代"的产品策略，开发出更加安全、有效的手术诊疗器械。截止 2023 年年末，公司累计获得专利 89 项，其中发明专利 50 项、实用新型 37 项、拥有二类医疗器械注册证 15 项、三类医疗器械注册证 5 项。

公司在 EMR、ERCP、ESD 等术式中不断贴合临床，提升产品的适配能力。特别在 ESD 的微创手术中，研发出了公司独有的双极高频消化道早癌治疗解决方案。

公司自主研发的双极高频系统，主要用于防治消化道早癌筛查的 ESD 产品中，产品主要是基于电切原理，通过双极黏膜切开刀和双极电圈套器等设备和匹配的耗材，有效降低了手术风险。双极回路技术开创性地将负极板内置到内镜前端的透明帽上，缩短了人体导电距离，电流方向也从纵向贯穿消化道壁改为横向沿消化道黏膜方向，可大幅降低单极回路技术造成的组织损伤或穿孔风险，同时减少患者在手术中因高频电而产生的电磁干扰，扩大了手术的适用人群，开创了 EMR/ESD 早癌治疗的新阶段。

公司还在双极治疗系统基础上，公司开发了"第三只手"牵引夹和补液动力源三代水泵，形成了安杰思独有的双极 ESD 手术技术。

随着"健康中国 2030"战略的推动落实，公司将在内镜领域不断深耕及探索，不断推出光纤成像（多模态成像技术）、内镜辅助治疗机器人、软性内窥镜等创新设备，为健康中国行动贡献一份力量。

## 长城汽车（601633.SH）

长城汽车股份有限公司（以下简称长城汽车）是一家全球化智能科技公司，坚持以长期主义践行高质量发展，注重创新与品牌建设，不断推动品类创新升级，以满足消费者多样化的需求，同时促进企业与社会的和谐发展。

2024年1月17日，长城汽车Hi4-T获得"汽车评价研究院第二届世界十佳混合动力系统"，以技术创新突破自主混动技术天花板，助推长城汽车新能源再创辉煌。

长城汽车Hi4-T是Hi4技术体系中专门面向越野用户开发的技术序列，Hi4-T中的T（TANK）代表该技术序列是为实现坦克级越野，专属研发的纵置并联混动四驱构型，具有油电纵置并联、多档位燃油直驱、硬核四驱、智慧能量管理等关键技术，做到"全工况从容驾驭，全场景极致体验"，让越野用户体验到"要野能野、要劲有劲儿、要电有电、要省能省"。

Hi4-T采用专为重度越野打造的非解耦机械四驱构型，有2.0T和3.0T两款发动机，加上9HAT的超级混动变速器，配合三把硬锁，结合58.1的超大攀爬比，可以从容应对重度需要低速大扭矩持续运行的极限工况。

坦克500 Hi4-T是依托越野超级混动架构Hi4-T打造的首款量产车型，全面满足用户对于城市通勤、近郊出行、长途旅行、穿越露营、拖挂房车等多样化的用车需求。坦克400 Hi4-T、坦克700 Hi4-T首发限定版、山海炮长续航PHEV等新能源车型也采用了Hi4-T越野超级混动架构，在保证强越野能力和高可靠性的同时，实现全场景综合效能最优，满足了消费者个性化和多元化需求，在舒适和智能方面同样位居同级领先水平。

未来，长城汽车将在新能源和智能化领域持续深耕，在技术创新上加大投入，让用户充分感受到新能源和智能化带来的变革。

# 亚虹医药（688176.SH）

江苏亚虹医药科技股份有限公司（以下简称亚虹医药）是专注于泌尿生殖系统（Genito-urinary System）肿瘤及其他重大疾病领域的全球化专科创新药公司。秉承"改善人类健康，让生命更有尊严"的企业使命，公司立志成为在专注治疗领域集研发、生产和销售为一体的国际领先制药企业，为中国和全球患者提供最佳的诊疗一体化解决方案。

APL-1702是亚虹医药核心管线之一，是一种用于治疗宫颈高级别鳞状上皮内病变（HSIL）的光动力治疗产品。公司于2024年美国妇科肿瘤学会年会（SGO）和2024年欧洲生殖器官感染和肿瘤研究组织大会（EUROGIN）上，以大会口头报告的形式发布APL-1702国际多中心Ⅲ期临床试验数据，已完成的统计分析结果显示，研究已达到主要疗效终点，安全性良好。

APL-1702具有显著的疗效，试验结果显示，在主要疗效终点方面，APL-1702组的应答率较安慰剂对照组提高了89.4%，对于高危HPV16和/或HPV18，APL-1702组的清除率较对照组提高了103.9%（31.4%vs.15.4%）。

APL-1702可最大程度地避免或延缓宫颈切除手术带来的风险，让患者在逆转病程的同时，不透支未来的手术治疗机会，填补从病情发生到充分满足切除手术指征这中间巨大的治疗空白地带。

APL-1702是一种经阴道宫颈局部外用组合产品，由APL-1702软膏（活性成分为5% HAL·HCl）和APL-1702 CL7器械（一种一次性使用的阴道内宫颈光动力治疗灯，自带LED红色治疗光源）组成。APL-1702通过局部给药治疗HSIL，操作简便，安全性好，提供了不具备手术治疗条件情况下的可及性。

## 艾森股份（688720.SH）

江苏艾森半导体材料股份有限公司研发了一种铜凸块工艺用高性能厚膜负性光刻胶，属于集成电路关键材料高端光刻胶领域。创新性地研发了丙烯酸树脂制备技术、厚膜光刻胶涂布高均一性技术、铜凸块工艺用高性能厚膜负性光刻胶的制备技术，突破现有技术中负性光刻胶在涂布厚度超过80μm膜厚均一性差、电镀后图形形貌不良、电镀工艺耐受性差等行业难题，解决了传统酚醛体系正性光刻胶的脆性和涂布膜厚限制（目前最高50μm），可满足集成电路先进封装铜凸块技术发展对厚膜负性光刻胶的苛刻技术要求。经中国科学院上海科技查新咨询中心评估，总体技术处于国际先进水平。

目前国内仅有极少数的企业在厚膜负性光刻胶领域进行了研究开发工作，目前此类光刻胶进口依赖严重。

通过对光刻胶润湿性改进技术、光刻胶粘附性与耐电镀液侵蚀增强技术、光刻胶引发剂的研究和产业化生产工艺的优化，实现核心原料丙烯酸树脂和凸块工艺用高性能厚膜负性光刻胶的国产化，打破日本企业技术的垄断，解决制约我国集成电路先进封测产业国产化"卡脖子"难题，补齐产业链短板。同时，为实现国产芯片技术自主可控提供了一份保障，对支撑国家电子信息产业技术发展战略具有重要意义。

在"下游需求高景气度+集成电路高端领域国产替代加速"的双轮驱动下，国内先进封装用的光刻胶的需求将不断加大，根据中国电子材料行业协会统计，预计到2025年市场规模将增长至13.84亿元。其主要的客户群体有长电科技、通富微电、华天科技等集成电路封测领域的龙头企业，产品市场前景广阔。

目前，本技术的创新产品在长电先进、华天科技已完成小批量供应。

# 巨能股份（871478.BJ）

本项目面向半挂车行业，针对挂车车轴加工工序的自动化创新需求，通过桁架机器人为主体的上下料方式，结合客户现场的加工设备工艺和产能需要及节拍要求，设计了一条中重型桁架机器人单元，完成挂车轴的所有工序上下料，实现工件自动化生产、稳定质量、提高效率的目标。

产线应用机器人视觉和深度学习等人工智能技术，对产品整个制造过程进行追溯和管理；在生产线中，采用了公司智能制造执行系统，使生产线具备了自动排产、订单跟踪、智能调度、设备监控、质量在线测量、刀具寿命管理、远程运维等功能。相关科技成果实现了行业内龙头企业的产品销售，形成在挂车轴行业典型客户的示范应用。

项目研发完成了挂车轴的所有工序上下料，实现工件自动化生产、稳定质量、提高效率的目标。重点解决中重型桁架机器人技术、专用手抓、零件兼容等技术问题，成为在挂车轴行业典型客户的示范应用。

2023年4月28日，由银川科技局生产力促进中心组织，邀请区、市有关专家组成项目验收组，对宁夏巨能机器人股份有限公司（以下简称"巨能股份"）承担的自治区重点研发计划一般项目《挂车车轴加工架机器人上下料单元》（2021BDE13008）进行了验收。2023年6月15日，项目符合科技成果登记条件，进行了宁夏科技厅成果登记，登记号：9642023Y0377。

2023年12月6日，2023世界智能制造大会在南京市召开。巨能股份凭借《挂车轴加工自动化解决方案》获得全国决赛二等奖。

## 凯立新材（688269.SH）

西安凯立新材料股份有限公司（以下简称"公司"）是西北有色金属研究院控股的科创板上市企业，主要从事高端催化材料、催化技术的研发、生产、销售和服务。公司始终坚持以国家、行业、市场需求为导向，以工程化和产业化为目标，坚持创新驱动发展战略。近年来成功研发出多个型号催化材料，并实现产业化，凭借产品性能和技术优势引领行业发展的同时，解决了依赖进口和"卡脖子"问题。

公司开发的金基催化剂，达到国际领先水平，该项目获 2022 年陕西石化科技奖特等奖、2023 年陕西省科技进步奖一等奖。

培南类药物是"抗生素的最后一道防线"，需求量每年保持两位数持续增长，但该药物的催化剂成本占比较高。通过近 5 年的技术创新，新一代培南抗生素合成用催化剂，钯含量降低 40%，美罗培南收率提高 13%，市场份额领先，获 2020 年陕西省科技进步奖一等奖、2021 年中国材料研究学会科学技术一等奖。

苯胺主要用于合成聚氨酯原料 MDI。公司开发的连续液相加氢制苯胺催化剂，凭借性能和成本优势成功替代进口，成为国内唯一能供应该催化剂的企业，获 2021 年陕西省重点新产品、2023 年陕西新材料首批次应用产品。

公司在研发生产催化材料的同时，也为下游提供催化应用技术服务，形成全套催化技术解决方案。先后开发系列绿色催化合成、连续催化、催化氧化、废旧贵金属催化材料循环再利用等技术，为化工、环保等领域的副产利用、工艺改进、提质增效、节能降耗、转型升级等贡献力量，引领行业发展。先后授权发明专利 144 件，主持 / 参与国、行标 82 项，入选国家级专精特新"小巨人"企业、国家技术创新示范企业。

# 航发动力（600893.SH）

为满足高推重比新型航空发动机涡轮叶片高承温及寿命性能需求，中国航发动力股份有限公司通过开展航空发动机双联整铸单晶高压涡轮导向叶片全流程制造技术研究，实现了国内双联整铸单晶高压涡轮导向叶片模具设计、单晶铸造、机加制孔、钎焊及涂层制备工程化全流程制造技术的突破，攻克了单晶高导叶片制造的"卡脖子"问题，推动了高压涡轮导向叶片从单叶片焊接向双联整铸叶片的制造升级。

通过开展双联整铸单晶高压涡轮导向叶片全流程制造技术研究，突破了单晶完整性控制技术、大缘板及多叶身尺寸控制技术、双联整铸涡轮导向叶片遮蔽干涉区精密制孔技术；系统建立了双联整铸单晶高压涡轮导向叶片定向凝固过程方法、单晶完整性控制操作方法、冶金质量控制方法、尺寸控制方法及双联叶片遮蔽干涉区域制孔加工技术方案和气膜孔自适应加工控制等数据库；设计了提升定向凝固炉温度梯度的螺旋槽水冷铜盘装置；发明了单晶叶片模组加固方法，掌握了基于工装反变形设计的叶片流道面尺寸及壁厚控制技术，共取得授权发明专利5项。

经相关试验考核，结果表明该叶片性能、可靠性及寿命高于同类产品，目前已装备我国新一代航空发动机，涡轮部件寿命提升20%，累计经济效益达五千万元以上。经行业技术专家鉴定，双联整铸单晶高压涡轮导向叶片全流程制造技术达到国际先进水平，先后荣获中国航发科学技术奖一等奖、国防科学技术进步奖三等奖。

大缘板狭窄喉道双联整铸单晶高压涡轮导向叶片全流程制造技术的突破，打破了国外在单晶涡轮叶片制造领域对我国的技术封锁，提升了我国航空发动机高压涡轮导向叶片的设计水平和制造能力，对新型航空发动机涡轮部件的性能和使用寿命提升具有重要作用。可推广至军民用航空发动机和燃气轮机双联或多联高导叶片的制造，具有可观的社会和经济效益。

## 莱特光电（688150.SH）

陕西莱特光电材料股份有限公司（以下简称"公司"）主要从事OLED有机材料的研发、生产和销售，产品主要包括OLED终端材料和OLED中间体。公司OLED终端材料涵盖了红、绿、蓝三色发光层材料、空穴传输层材料、空穴阻挡层材料和电子传输层材料等核心功能层材料，产品的终端市场应用领域为OLED显示设备，包括手机、电视、平板、电脑、智能穿戴、车载显示等。

OLED产业正在快速发展，目前中国面板企业在OLED面板领域已逐步跻身第一梯队。

公司拥有数百项OLED终端材料专利，在国内率先实现OLED终端材料从0到1的突破，是国内极少数具备自主专利并实现OLED终端材料量产供应的企业之一。公司自主研发生产的Red Prime材料获得工业和信息化部认定制造业"单项冠军"产品、新型OLED Red Prime材料创造及其产业化技术应用项目获得"陕西省技术发明一等奖"，Green Host材料率先在客户端实现混合型材料的国产替代。公司是第一批国家级专精特新"小巨人"企业，先后荣获"国家知识产权优势企业""第二十四届中国国际高新技术成果交易会优秀产品奖""DIC AWARD 显示材料创新金奖"等荣誉。

公司针对OLED器件的核心发光材料建有系列化产品群，产品性能优异，高品质专利产品保证核心竞争力。依靠卓越的研发技术实力、优异的产品性能、完善的服务体系，公司获得了良好的行业认知度，客户包括京东方、天马、华星光电、信利、和辉光电等OLED面板厂商，产能规模及出货量保持国内领先。

OLED显示技术的不断革新与核心材料技术演进紧密相连，OLED有机材料作为行业上游的关键环节，对中下游的面板制造，乃至手机、电脑、电视等终端产品领域的发展，均起到了相互拉动的作用。

# 西部超导（688122.SH）

西部超导材料科技股份有限公司（以下简称"西部超导"或"公司"）2003年成立于西安经济技术开发区，专业从事超导产品、高端钛合金材料、高性能高温合金材料的研发、生产和销售。

西部超导建成全球唯一铌钛（NbTi）棒、超导线材、超导磁体的全流程生产企业，实现了我国超导线材及应用产业化"零的突破"。围绕超导领域的应用，先后成功开发了国际热核聚变实验堆（ITER）用NbTi和$Nb_3Sn$超导线材、磁共振（MRI）用NbTi超导线材、高场磁体用$Nb_3Sn$超导线材、聚变堆用$Nb_3Al$超导线材、$MgB_2$高温超导材料、Bi系高温超导材料等超导材料系列产品；攻克了磁控直拉（MCZ）半导体级单晶硅用超导磁体、加速器用超导磁体以及无液氦传导冷却型磁体制造技术，形成了以实用超导材料为基础，以超导磁体应用技术为特色的自主创新团队，多项成果填补国内空白。低温超导材料和$MgB_2$高温超导材料处于国际先进、国内领先水平。

公司在完成国际热核聚变实验堆（ITER）用NbTi和$Nb_3Sn$超导线材的交付任务后，开始进入民用医疗领域提供磁共振（MRI）用NbTi超导线材。

公司荣获了西门子医疗总部颁发的2022年度"技术创新奖"。西部超导从全球一万多家供应商中脱颖而出，成为该奖项的唯一获得者，这是中国企业首次问鼎该奖项。

2023年，公司超导线材产量突破1700吨，其中，NbTi超导线材产量突破1600吨，国内市场占有率超过90%，全球市场占有率约40%。

近十年来，公司超导材料制备及应用技术创新团队攻克关键技术48项，形成测试和质量控制技术标准20项，获得发明专利52项，先后获得国家技术发明二等奖、中国有色金属工业科学技术奖一等奖、中国工业大奖、陕西省科学技术一等奖等科技成果奖励。

# 斯瑞新材（688102.SH）

陕西斯瑞新材料股份有限公司（以下简称斯瑞新材）是一家新材料研发、制造企业，29年来一直秉持着"需求驱动创新、创新驱动发展"的理念，服务于轨道交通、航空航天、电力电子、医疗影像、人工智能等关键领域。

在高强高导铜合金材料的研发上，公司开发出满足核聚变和大型核电设备要求的高性能材料。

公司研发的CuCr50-CuCr55触头材料已广泛应用于72.5kV至252kV电压等级的高电压设备，显著提升了产品性能和市场竞争力。在中高压电接触材料及制品领域，公司创新性地开发了耐高温铜合金，首次在行业中应用于126kV及以上电压等级的导电杆和触头杯等关键部件。此外，公司还通过电弧熔炼CuCr25材料的持续工艺优化，显著提升了材料性能，满足了国内外客户对触头材料性能和电性能的高标准要求。

在高性能金属铬粉领域，公司针对高端制造业的需求，基于不同金属铬原材料，成功开发了高纯度铬产品。

在医疗影像领域，通过工艺优化，公司显著提升了3MHU系列CT球管的转子组件、管壳组件及阴极零件的可靠性与稳定性，有效提高了生产效率。

在光模块芯片基座材料方面，公司采用3DP打印技术和真空定向凝固渗铜工艺，显著提升了光模块钨铜基座材料的致密度，有效减少了材料在熔渗过程中的缺陷，提高了基座在电镀和焊接过程中的良品率。通过工艺优化，钨相和铜相在金相组织中的分布更加均匀，热导率提升了15%~20%，增强了光模块的散热能力和稳定性。

在液体火箭发动机推力室内壁材料领域，公司开发了高性能CuCrNb合金材料，并通过与航空航天行业内的关键、标杆客户合作，共同验证了该材料性能可满足严苛的应用要求。

# 蓝晓科技（300487.SZ）

西安蓝晓科技新材料股份有限公司（以下简称蓝晓科技）自主研发，采用"悬浮"技术，将无机锂吸附剂前驱体制备成锂吸附剂树脂，结合自主开发的连续离子交换技术，解决了"无机粉体，流体通过的流动性和渗透性差，固液分离操作成本高、溶损率大、回收率低，工业化操作困难"的关键性、共性难题，突破了从特低锂含量的盐湖卤水中提锂的技术瓶颈，颠覆了低锂浓度不能制备出碳酸锂的传统概念。

蓝晓科技通过"悬浮"法造粒技术，将不具备工业可运行性的无机锂吸附剂前驱体制备成锂吸附剂树脂，具有很强的创新性。该技术可应用的盐湖卤水低限达 40mg/L，与同类技术相比，具有可快速实施、易规模化推广、锂回收率高等明显优势。

目前已实现长周期、大规模稳定运行的盐湖提锂项目，使得中国吸附法盐湖提锂技术在世界范围内处于领先地位。

蓝晓科技陆续与西藏国能、亿纬锂能、西藏珠峰、比亚迪等签订了多个大型产业化合同，从 2018 年 3 月份至今，合同总额近 50 亿元，合计碳酸锂/氢氧化锂产能 8.6 万吨，在市场占有率方面具有绝对优势。完全自主研发"吸附+膜"技术，为我国新能源产业提供了技术支撑，将加快盐湖卤水提锂新增产能的落地，极大地满足了新能源产业对锂原料的需求，打破了锂供应不足的现状，促进盐湖资源高效绿色开发，有助于推动国家"世界级盐湖产业基地"建设，对新能源产业链上游资源自主可控起到了关键作用，给盐湖化工相关企业带来可观的经济效益，推动相关企业的产业结构转型升级，促进区域内经济的发展和当地就业增长。

# 联影医疗（688271.SH）

上海联影医疗科技股份有限公司（以下简称"公司"）始终将创新战略作为发展的核心驱动力，持续进行高强度研发投入，经过多年努力，公司已经构建包括医学影像设备、放射治疗产品、生命科学仪器在内的完整产品线布局，以及覆盖"基础研究—临床科研—医学转化"全链条的创新解决方案。

在产品创新领域，公司始终秉持"全线覆盖自主研发、掌握全部核心技术、对标国际顶尖水准"的原则，推出一系列"行业首创、深度体现临床价值"的高端医疗装备，为临床与科研打开全新想象空间。包括行业首款具有4D全身动态扫描功能的PET/CT产品uEXPLORER（Total-body PET/CT）、业界最高190ps量级TOF分辨率PET/CT产品uMI Panorama、行业首款超高场全身临床成像的5.0T磁共振uMR Jupiter 5T、行业首款75cm超大孔径3.0T磁共振uMR Omega、国产首款320排超高端CT uCT 960+、智慧仿生微创介入手术系统uAngio 960等。其中，MI产品的全景动态PET/CT uEXPLORER曾获"第21届中国国际工业博览会大奖"；3.0T磁共振获国务院颁发的"国家科学技术进步奖一等奖"；超导磁体5T磁共振成像系统获中国医学科学院颁发"中国2022年度重要医学进展（生物医学工程与信息领域）奖"。

在核心技术创新与零部件自主化领域，公司持续高度重视核心零部件及关键技术的研发攻关，致力于提升公司各系列产品的自研比例，努力实现全线产品及关键技术自主可控、提升创新自由度，并通过专利保护增强公司的技术壁垒，保证公司核心技术的领先性。

在产品设计创新领域，公司坚持极简主义、以人为本的设计理念，引领推动全行业设计意识、品牌意识、工艺标准全方位升级。

# 凯赛生物（688065.SH）

上海凯赛生物技术股份有限公司（以下简称凯赛生物）成立于2000年，是一家以合成生物学等学科为基础，利用生物制造技术，从事新型生物基材料的研发、生产及销售的科创板上市公司。凯赛生物总部位于上海，在中国设有2个研发中心和3个生产基地，掌握独特的合成生物高通量研究和生物制造数字化产业化技术。成立23年来，凯赛生物已经实现了系列生物法长链二元酸、生物基戊二胺、系列生物基聚酰胺等多个产品从0到1的技术突破和规模化生产，成为全球合成生物和生物制造领域的标杆企业。2021年，凯赛生物获得工业和信息化部第三批专精特新"小巨人"企业认定。

凯赛生物的生物基新材料可广泛应用于汽车、电子电气、工业、纺织及消费品等各领域。

同时，凯赛生物还在积极推进生物质废弃物（如秸秆等）的高值化利用技术项目，旨在为规模化生物制造解决原料来源问题。

2021年，公司"生物基聚酰胺及其重要单体生物法合成关键技术研究与应用"项目先后获得山西省科学技术奖技术发明一等奖、生产力促进奖一等奖以及中国好技术称号。公司"泰纶"品牌入选中国纤维流行趋势2021/2022。

2022年，公司"生物法制备长链二元酸的关键技术与产业化"项目获得山东省循环经济科学技术奖（技术发明奖）二等奖，"生物基聚酰胺56"获得2022年度化工新材料创新产品奖。公司子公司凯赛（太原）生物材料有限公司获颁山西省重点产业链合成生物产业链"链主"企业，获得国际纺织制造商联合会颁发的"可持续与创新奖"，这是中国大陆首次获得该奖项。

2023年，公司获颁合成生物学产业价值金榜TOP1以及中国合成树脂协会专精特新奖等。公司"泰纶"品牌入选中国纤维流行趋势2023/2024。

## 华海清科（688120.SH）

华海清科股份有限公司（以下简称"公司"）于 2022 年 6 月 8 日登陆上海证券交易所科创板，是一家拥有核心自主知识产权的高端半导体设备制造商。公司长期专注集成电路装备与技术服务领域，主要产品包括化学机械抛光（CMP）设备、减薄设备、湿法设备、晶圆再生、关键耗材与维保服务等，设有院士专家工作站、博士后科研工作站、国家企业技术中心等技术创新平台，是国家级制造业单项冠军示范企业、国家级专精特新"小巨人"企业。

面对世界百年未有之大变局，我国高端智能装备产业关键核心技术急需重大突破，以解决"卡脖子"问题。作为装备企业，公司始终坚持以用户为中心的创新模式，以应用为研发目标，以应用促进创新升级，坚持核心技术自主研发。公司核心研发团队承接自清华大学摩擦学国家重点实验室，先后承担了国家科技重大专项 02 专项项目等多项国家级重大研发项目，成功突破了多项化学机械抛光装备的关键核心技术，推出了国内首台拥有核心自主知识产权的 12 英寸 CMP 设备并实现量产销售，打破了国际巨头在此领域数十年的垄断，支撑国内集成电路产业快速发展，解决了我国集成电路 CMP 设备的"卡脖子"问题。

公司在现有产品不断进行更新迭代下，积极布局新技术、新产品的开发拓展，持续推出 Versatile 系列减薄设备、HSC 系列清洗设备、HSDS/HCDS 系列供液系统、膜厚测量设备，以及晶圆再生、关键耗材与维保服务等技术服务，初步实现了"装备＋服务"的平台化战略布局。依靠过硬的产品服务质量和国际化的运营理念，公司赢得了国内外先进集成电路制造商的广泛信赖与一致好评。目前，公司主要产品及服务已广泛应用于集成电路、先进封装、大硅片、第三代半导体、MEMS、Micro LED 等制造工艺，在中芯国际、长江存储、华虹集团等国内外知名 IC 制造商已有广泛应用。

# 景业智能（688290.SH）

杭州景业智能科技股份有限公司（以下简称"公司"），是一家以推动国家战略行业自动化、智能化升级为己任的国家级高新技术企业、国家级专精特新"小巨人"企业，专注于特种机器人及智能装备的研发、设计、生产与销售。

公司聚焦核工业智能升级，特别是针对乏燃料后处理环节在极高辐射环境下进行放射性元素的自动化生产要求，投入教授博士领衔的技术团队长期研发，攻克了耐辐照、耐腐蚀、高安全可靠、可远程检修维护、异常情况下自动撤源、无传感情况下智能化控制以及国产化等一系列严苛要求挑战，突破了耐辐照酸蚀材料和元器件测试选型规范、动力外置高效传动的创新结构设计、多自由度解耦控制、无传感操作力反馈控制、基于稀疏间接传感的系统健康监测和故障诊断算法、虚实互控的数字孪生平台等多项关键技术，研发出以电随动机械臂为代表的核工业机器人产品，打破国际垄断。该产品是核工业生产线中不可或缺的关键设备，技术壁垒极高，广泛应用在多个重大专项中，服务支撑国家重大发展战略。

核工业专用特种机器人电随动机械手凭借其卓越的性能和技术创新力，被以院士牵头的专家团队认定为"填补国内空白，技术达到国际先进水平"，并在2020年度荣膺浙江省装备制造业重点领域国内首台（套）产品的权威认定，同期摘得浙江省科学技术进步三等奖以及浙江省机械工业科学技术一等奖桂冠。公司另一款代表产品核工业自动取样系统于2021年度荣获浙江省装备制造业重点领域国内首台（套）产品的认定，再次印证了公司在核工业智能装备领域的深厚积累与领先创新能力。

经过多年的潜心研发与用户现场使用验证，公司推出的一系列核工业机器人及智能装备系统系列产品已全面应用并成功赋能于核工业多元应用场景和重要工程项目之中，有力地推动了特殊环境下"机器换人"的革新进程。

# 杭可科技（688006.SH）

浙江杭可科技股份有限公司（以下简称"杭可科技"）是集销售、研发、制造、服务为一体的新能源锂电池化成分容成套生产设备系统集成商，于 2019 年成功在科创板上市。

目前，公司在负压串联化成设备、一体式充放电机、BOX 型夹具化成分容系统、直流/交流电压内阻测试仪、高温加压化成设备、电池循环测试设备、电池包测试系统等后处理系统的核心设备的研发、生产、交付方面拥有核心的技术能力与全球化的服务团队，并且结合自主研发的 MES 系统、物流调度系统、智能仓储管理系统、化成分容管理系统、3D 数字化管理系统，以及机器视觉及 AI 深度学习技术，推动公司成为锂离子电池生产线后处理系统整体的解决方案提供商。

自 2020 年 9 月 4680 大圆柱电池发布以来，特斯拉一直在推动其量产装车进程。相比于传统圆柱电池，大圆柱电池的性能优势明显。在结构方面，大圆柱电池在生命周期内不会膨胀，结构稳定性相对最优，安全性能更高。在性能方面，全极耳设计使电池内阻更低。大圆柱电池具备的续航、安全、成本优势，完美契合了新能源汽车的三大刚需。

目前，46 系列大圆柱电池凭借其安全性能优势、更低的制造成本，成为国际头部车企的重要选择，并且已得到更多主流车企的认可，将成为下一代电池技术重要发展方向之一。水冷控温模式，使得温度均匀性满足 ±3℃。同时，公司在新设备中应用数字电路和一体机模式，使得整体设备的体积缩小 35% 以上，极大地节约了客户的场地占用面积。此外，公司在 4680 圆柱设备中也首次采用了直流母线方案，进一步提高化成分容设备的充放电效率。

## 浩瀚深度（688292.SH）

北京浩瀚深度信息技术股份有限公司（以下简称浩瀚深度）成立于1994年，2022年在上交所科创板上市，是一家集软硬件产品研发、生产、销售和服务于一体的高科技企业。

浩瀚深度致力于大规模高速网络环境下的全流量识别、采集及应用技术，采用基于FPGA的专用芯片，并结合ATCA、CLOS等专用硬件架构的硬件DPI技术路径。通过长期的自主研发及技术积累，公司完全自主知识产权的"大规模高速链路串接部署的DPI技术""PB级大数据处理平台技术""大规模网络用户感知和业务质量分析技术"等核心技术处于国内领先地位、行业第一梯队，具备了在国内市场替代国外同类产品的能力。

浩瀚科技的公共互联网安全治理体系是在DPI技术的基础上，叠加数据挖掘、机器学习、深度学习等AI相关技术，通过研发国家级公共互联网领域的安全监测和防护技术，以及深度合成伪造鉴别技术，包括"大规模网络异常流量和内容检测技术""基于虚拟化架构的云安全管理技术"，实现文字识别、图像识别、视频识别、语音识别、智能决策、智能控制、自主优化等AI能力，显著提升数据的深度认知、高效分析、有效处置的能力。

公司推进智能全业务采集监测系统的研发，打造基础流量安全分析平台，聚焦于全流量采集分析、互联网信息安全审计、全流量内容还原、网络恶意流量分析、恶意病毒监测分析、未知威胁监测分析、威胁事件及恶意流量处置等产品。推进DPI的安全应用拓展工作，建立威胁情报库、攻击规则库、恶意样本库、深度合成识别模型库，完成IDC信息安全、网络安全、数据安全等领域的相关技术储备。

此外，公司推进信息安全深度合成采集系统的研发，基于AI智能内容检测＋大模型算法，精准鉴别文本、图像、音频、视频等AIGC内容，积极探索深度合成伪造技术在诈骗、个人隐私、公共安全方面的安全监管新举措。

## 宝兰德（688058.SH）

北京宝兰德软件股份有限公司（以下简称"公司"或"宝兰德"）成立于 2008 年，专注于基础软件研发和应用，自科创板上市以来取得了全面发展，是支撑国产化替代工程落地的核心力量，是信创生态共建和发展的积极参与者。截至目前，公司技术产品已覆盖基础软件领域的中间件、容器 PaaS 平台、智能运维平台、大数据平台和 AI 应用等多个方向。

宝兰德聚焦基础技术研发应用和行业服务，坚持走技术自主创新之路，构建全栈中间件产品体系：自研高性能序列化协议广泛应用于公司产品，有效提高了中间件并发性能，打破了国外产品长期垄断的局面。

随着行业数字化转型深入及信息技术发展，客户面临"业务复杂性"和"技术复杂性"两大挑战，引入新技术是解决业务复杂性的有效方法。宝兰德中间件统一管理平台帮助客户合理、高效地应用新技术。

该产品向下纳管异构算力资源，支持多架构混合部署，为客户 IaaS 层资产高效利用提供方案；向上针对业务应用需求提供中间件组件服务，形成 PaaS 化信创技术底座。该产品在技术、管理和行业应用效果方面的价值体现在：

应对行业信息化建设现状"多体系架构并存、新老技术混用"的情况，提供灵活适配多种（容器 / 非容器、信创 / 非信创）环境，为降低信息技术应用成本、提高资产利用效率提供支撑。

以 PaaS 化理念将自助服务模式引入 IT 服务领域，充分利用云计算和开箱即用特性，为客户提供先进技术组件，支撑信息技术应用创新。

该产品于 2024 年 3 月被金融行业信创生态实验室认定为《金融行业信创优秀解决方案》，是支撑行业客户实现云原生架构演进、服务管理效率提升目标的技术支撑。

## 旭升集团（603305.SH）

宁波旭升集团股份有限公司（以下简称旭升集团），长期从事精密铝合金零部件的研发、生产与销售，并专注于为客户提供轻量化的解决方案。公司产品主要聚焦于新能源汽车领域，涵盖多个汽车核心系统，并已将该领域的优势逐步延伸至了储能领域。

旭升集团长期致力于精密铝合金零部件相关工艺技术的研究与开发，并且在新能源汽车的轻量化技术路径方面积累了技术经验优势。在原材料方面，公司自主研发铝合金配方及原材料铸造工艺，优化材料性能，有利于产品在强度、韧性、寿命、力学性能等方面进一步提升。在工艺方面，公司所掌握的铝合金成型技术，已由原先的压铸，拓展至锻造、挤压，能够更好地覆盖不同客户多样化的需求。同时，在产品及模具开发方面，公司建立了一套专业快速的反应机制，以及时响应客户需求；且公司擅长工装夹具和刀具的设计，能够进一步保障零部件的精密度。此外，公司在研发方面积极采用数字化赋能，建设新型智能制造企业。

在人才方面，公司重视人才的识别与培养，经过多年运营，已打造了一支专业、热忱、执着的管理团队，在销售、研发、生产方面均积累的丰富的经验认知。2021年，旭升集团获批设立浙江省博士后工作站，2023年获批设立国家级博士后科研工作站。同时，公司通过聘请国内外知名专家、培养和引进高级专业人才等方式，持续推进技术和产品创新。

2023年，旭升集团被国家发改委认定为"国家企业技术中心"，入选工业和信息化部"2023年5G工厂名录"，并被浙江省经信厅确定为"省级未来工厂试点企业"。公司曾作为第一起草单位参与了《压铸模零件第19部分：定位元件》（GB/T4678.19–2017）国家标准的制定。公司亦曾凭借"新能源汽车铝合金减速器箱体"产品获得了工业和信息化部、中国工业经济联合会共同颁布的"制造业单项冠军示范企业"称号。

## 莱尔科技（688683.SH）

广东莱尔新材料科技股份有限公司（以下简称"公司"或"莱尔科技"）主营功能性胶膜材料及下游应用产品、涂碳箔产品的研发、生产和销售，2021年4月在上海证券交易所科创板上市。

截至2023年12月31日，公司已获得授权专利327项，其中包括发明专利63项，实用新型263项，外观专利1项。2023年度，公司累计投入研发费用2378.99万元，占营业收入的5.43%。公司及子公司禾惠电子、施瑞科技、佛山大为均为国家高新技术企业、广东省专精特新企业。公司获准设立佛山企业博士后科研工作站分站后，获评为"研究生联合培养示范点"企业。

在功能胶膜材料方面，公司凭借多年的技术积累，掌握了胶粘剂配方和精密涂布两大核心技术，能够自主研发、生产、销售多种高端功能性胶膜，打破国际厂商垄断，跻身国内领先地位，可在细分领域与国际厂商展开充分竞争。2023年度，公司研发出多款汽车领域热熔胶膜产品，最新研发的汽车用FFC热熔胶膜、CCS信号采集线用膜、CCS热压膜和高温连接线用膜，产品性能优异，可广泛应用于汽车中控面板、汽车天窗、座椅、电动车门、CCS等。

在涂碳铝箔方面，公司的涂碳箔产品从高分子材料设计、纳米浆料研发到超薄涂覆技术均为自主研发完成，可应用于锂离子动力、储能电池等。涂碳铝箔可以大幅降低电池内阻、提升循环过程中的动态内阻增幅，显著提高活性物质与集流体的粘附力，降低制片成本并提高能量密度，提高倍率性能、提高一致性、延长电池循环寿命，提高电池的整体性能。

此外，公司正在开发的碳纳米管及导电浆料作为新型碳纳米材料将被使用于高性能电池中。作为纳米级的基础材料，碳纳米管具有非常优异的力学、电学、热学等性能，可广泛应用于动力电池、消费电池、储能、导电塑料、芯片制造等领域中。

## 宁水集团（603700.SH）

宁波水表（集团）股份有限公司（以下简称宁水集团），是一家集合水计量产品、水务工业物联网技术应用研发与制造的综合性企业。自成立以来，宁水集团聚焦智慧供水领域，在生产制造传统水流量计量产品的基础上，以智慧计量与营运为切入点，致力于一系列智能水表为核心产品的各类智慧水务终端设备，以及智慧水务大数据服务系统与平台的研发、生产、销售，并逐步向针对城市地下供水管网运行优化的各类软硬件及工程类整体解决方案服务业务迈进。

近年来，公司不断加大研发投入力度。在技术人才方面，截至2023年末，公司拥有技术研发人员210人，研发团队在表计、智慧水务领域软硬件的研发方面积累了大量的行业经验，为公司技术持续保持创新与研发优势打下基础。

2023年，宁水集团共申请发明实用新型、外观设计等各类专利77件，申请软件著作权14件，取得型批证书22张，型评报告26份。

2023年2月，宁水集团顺利入选由工业和信息化部发布的"国家级绿色工厂名单"。2023年8月，宁水集团"基于NB-IoT的智能水表"获评"华中数控杯"全国机械工业产品质量创新大赛银奖。2023年9月，公司申报的"用于供水管网探测和定位的噪声相关仪""高精度多声道超声水表DMA分区计量管理系统"项目荣获"合力杯"第二届全国机械工业产品质量创新大赛优秀奖。2023年11月，公司"基于智能水表的智慧水务大数据应用"项目荣获由工业和信息化部颁布的移动物联网应用案例名单。

此外，宁水集团作为中国计量协会水表工作委员会副主任委员、秘书长单位、中国仪器仪表行业协会副理事长单位、浙江省仪器仪表行业协会副理事长单位、中国城镇供水排水协会常务理事单位，是国家、行业标准的制定者，起草行业"十二五""十三五""十四五"规划纲要，公司的阶段性发展对整个行业的进步具有重要的引领和推动作用。

## 华特气体（688268.SH）

广东华特气体股份有限公司（以下简称"公司"）是一家致力于特种气体国产化，打破极大规模集成电路、新型显示面板等高端领域气体材料制约的气体厂商。近年来，公司在气体技术研发、应用及市场推广等方面取得了显著成果。

公司高度重视知识创新，紧跟气体技术创新的发展趋势，积极参与气体技术标准的制定和讨论。

在技术创新领域，公司取得了多项重要成果，已成功研发出具有自主知识产权的高纯气体制备技术，实现了从原材料选择到气体提纯的全产业链覆盖。

截至目前，公司作为唯一的气体公司于2017年、2019年、2021年连续三届入选"中国电子化工材料专业十强"。2023年，公司荣获中国集成电路创新联盟第六届"IC创新奖"成果产业化奖、国家级第五批专精特新"小巨人"企业、"广东省专精特新中小企业""广东省创新型中小企业""广东省专利奖优秀奖""广东省制造业单项冠军""2023年度佛山市科技领军企业（创新效能）"等荣誉称号。

公司的气体技术创新不仅带来了显著的经济效益，也产生了积极的社会效益。目前，公司的气体产品广泛应用于半导体、新能源、环保等领域，有效提高了生产效率和产品质量，降低了生产成本，促进了产业升级和经济发展。同时，气体技术的创新也有效助力环保事业的发展，减少了污染物的排放，提升了生态环境质量。

未来，公司将继续秉承创新、开放、合作的理念，不断推动气体技术的研发和应用，为我国科技创新事业的发展贡献更多力量。

## 药师帮（09885.HK）

为解决中国院外医药市场供需不匹配的问题，药师帮股份有限公司（以下简称药师帮）借助领先的数字化能力改造业务全链条，通过数据和技术连接上下游，让产业链各环节业务数据沉淀，实现产业链闭环，同时在内部运营实现全流程数字化管理，人效高效提升的同时打造极致的客户体验。

药师帮为上下游各环节提供了系统化的 SaaS 解决方案，主要包括：面向工业的"工业系统"，提供品牌营销服务；面向供应商的"云商通"系统，实时对接 6000 多家供应商的 ERP 系统；WMS 系统，实现票据一键打印；面向地推员工的"药伙伴"系统，通过大数据驱动，实现精准到店，精准营销；面向药店的"掌店易"系统，打通药师帮与药店 ERP，实现订单快速同步，并为药店拓展线上售卖服务。

同时，药师帮提供了一个实时交易、规模化用户、海量库存的药品交易平台，药店、诊所等采购终端和上游供应商实时互动，库存、价格、销量等信息一目了然，极大降低了双方的信息不对称。在此基础上，药师帮充分挖掘沉淀终端的采购大数据，充分汇集市场真实需求，向药企推出"首推"业务，帮助药企实现智能决策和精准营销。

2021 年，为了帮助药店实现新零售的拓展，药师帮推出智慧药房小微仓，小微仓可实现 24 小时无人售药，并对接第三方外卖平台，有效满足居民夜间购药需求。

自成立以来，药师帮秉承"让好医好药普惠可及"的企业使命，以数字科技之力，携手医药产业链上下游，探索创新，为基层医疗建设加速，助力社会实现智慧、均等、可及的医疗服务。2023 年 6 月，药师帮登陆香港联交所主板市场。

## 因赛集团（300781.SZ）

科技创新是引领发展的第一动力，是推动产业升级和社会进步的核心要素，当今社会正处于一个前所未有的变革时代。广东因赛品牌营销集团股份有限公司（以下简称"因赛集团"或"公司"）很早地意识到了生成式人工智能（AIGC）技术会对营销行业产生颠覆性的影响，因此，公司顺应时代潮流，持续加大对科技创新的投入力度，打造营销 AIGC 应用大模型"InsightGPT"，助推营销行业生产力和生产模式变革。

InsightGPT 融入公司 20 余年在营销领域积累的各种方法论、智慧资产以及行业精髓，形成独特的算法，并以因赛集团营销实战案例数据为核心的海量高质量数据资产训练，共同打造 4A 级营销智慧内核，使大模型更懂营销，使营销内容更具"营销洞察力""创意沟通力""美学表现力"。

因赛集团已申报取得了一系列发明及专利，并对包括广告发布设计系统、创意热店创意资产管理系统等近 30 项软件著作权进行了登记授权；此外，InsightGPT 凭借在 AIGC 领域的研发突破及在营销行业的应用优势，已获得一系列行业奖项，并被多家权威机构的研究/分析报告收录，包括赛迪四川、艾瑞咨询、亿欧智库、36 氪、量子位等，得到了业界的广泛认可。

InsightGPT 自 2023 年 10 月发布内测版以来，进行了多轮优化和迭代，已逐步上线并发布了文生文案、文生图像、图生视频、文生音频、文生视频、视频智剪等功能和产品。InsightGPT 已经成为一个多 AI 智能体框架，并整合了多个智能体来提升营销内容生成质量，不断扩大 AI 对营销领域的商业化赋能。

# 浩云科技（300448.SZ）

浩云科技股份有限公司（以下简称"浩云科技"或"公司"）成立于2001年，注册资金6.76亿元，2015年4月于创业板上市（股票代码：300448），是国家高新技术企业。2016年，浩云科技开始进行低代码平台研发。2019年，浩云科技完成了物联网平台的低代码改造，命名为"浩云低代码物联网平台软件V4.0"（4代平台），将安防物联业务与安保管理业务整合至统一的物联管理平台。

2020年，公司完成了公司自用的数字化系统——"企业全域数字化平台"的低代码改造，正式进入低代码企业数字化应用时代，并启动低代码平台V3.0项目（后命名为"浩易搭"）。2021年至2022年，浩云科技开发并推出"浩云低搭低代码物联网平台软件V5.0"（5代平台），通过打通物模型平台，实现设备的配置化接入及数据、状态、控制能力集成，实现真正的智慧物联。2021年，浩云科技荣获"2021年度广州市番禺区创新领军团队二等奖"。2022年，"浩易搭"通过中国信通院低代码平台通用能力评估，并成为首批低代码或无代码推进中心成员单位、企业数字化发展共享平台成员单位，全国仅11家单位获得此项殊荣。

2023年，浩云科技完成与主流国产信创服务器/芯片、操作系统、数据库的对接适配。同年4月，公司通过软件能力成熟度模型CMMI5 V2.0认证；5月，"浩易搭"低代码物联网平台软件获得中国信通院创新低代码平台技术认证，成为首批通过该认证的全自研低代码平台。

在研发管理创新方面，浩云科技构建了独特的"五位一体数字化人才体系"，培养综合性的数字化工程师，通过对开发过程的优化再造，显著降低人员成本和沟通损耗，提高了软件交付效率。

截至2024年一季度末，浩云科技已获得69项发明专利、27项实用新型专利、12项外观专利以及165项软件著作权。

# 雪龙集团（603949.SH）

雪龙集团股份有限公司（以下简称"雪龙集团"或"公司"）专注于内燃机冷却系统产品及汽车轻量化塑料产品的研发、生产与销售，产品广泛应用于商用车、工程机械、农业机械等领域。公司是国家制造业单项冠军示范企业、国家级专精特新"小巨人"企业，是中国内燃机标准化技术委员会冷却风扇行业标准的主导制定单位。

公司先后获得"国家制造业单项冠军示范企业"、国家级专精特新"小巨人"企业、"中国名牌产品""国家知识产权优势企业"等荣誉称号；是行业标准的制定者及推动者，牵头或参与制订标准74项。经过20多年的发展，公司已拥有国内最大的商用车冷却风扇总成研发与制造基地，已成为国内商用车冷却系统行业的龙头企业。

2023年，公司顺利通过国家级高新技术企业复评，荣获"浙江省科技小巨人""北仑区科技创新引领企业"。2024年，公司荣获"北仑区科技引领示范企业"等荣誉称号。2023年2月，"雪龙集团院士科技创新中心"正式揭牌成立。公司和贺泓院士团队在科技项目合作的基础上共建院士科创中心，合作项目列入北仑区关键核心技术攻关项目。结合行业监管、应用场景及行业厂家的变化需求，公司提升产品在应用开发上的精准度，并持续优化产品性能指标，多方位实现产品的自主可控。设计开发第三代电控硅油离合器总成产品，核心技术指标对标国外竞品，性能得到客户认可。

2023年，公司通过卡特彼勒卓越供应商的认证，荣获东风商用车有限公司"2023年度COST活动优秀奖"、昆明云内动力股份有限公司"2023年度品质卓越奖"、山东奥铃动力有限公司"2023年度优质供应商"、广西玉柴机器股份有限公司"2023年度研发协同优秀奖"、北汽重型汽车有限公司"2024北汽重卡B20合作伙伴"等荣誉称号，有效提升了公司的品牌形象。

## 长阳科技（688299.SH）

宁波长阳科技股份有限公司（以下简称"长阳科技"或"公司"）是一家拥有原创技术、核心专利、核心产品研发制造能力并具有较强市场竞争能力的高分子功能膜高新技术企业，公司主要从事反射膜、光学基膜、隔膜、背板基膜及其他特种功能膜的研发、生产和销售，产品广泛应用于液晶显示、动力电池及储能、太阳能光伏等领域。

截至2023年12月31日，公司有效专利226项，其中发明专利220项，包含4项国际发明专利，实用新型专利6项，均为自主研发取得；公司申请并已受理的专利有399项，其中发明专利有365项，实用新型专利34项。公司及核心技术人员主要起草了1项国家标准；主导了2项行业标准，参与了2项行业标准；主导了2项团体标准，参与了4项团体标准；参与了1项地方标准；尚有2项正在审查中的由公司主导的行业标准。2018年，公司的反射膜产品荣获了工业和信息化部颁发的单项冠军产品荣誉称号。2021年11月，公司光学反射膜产品作为第三批制造业单项冠军产品通过了工业和信息化部复核。

公司通过技术改造和配方设计，优化工艺流程，生产效率和产品性能持续提升。在提高从原材料到成品的投入产出率的同时，优化原材料供应链体系，提高应对全球贸易环境不确定性风险水平。

长阳科技的反射膜产品先后被评为"宁波市名牌产品""浙江省名牌产品"，并获得了工业和信息化部单项冠军产品荣誉称号，2019年，公司作为唯一的光学膜公司被中国电子材料行业协会和中国光学光电子行业协会液晶分会授予"中国新型显示产业链发展卓越贡献奖"。

## 瑞晟智能（688215.SH）

浙江瑞晟智能科技股份有限公司（以下简称"瑞晟智能"或"公司"）是一家专业的智能工厂解决方案供应商，专注于工业生产中的智能物料传送、仓储、分拣系统、智能消防排烟及通风系统的研发、生产及销售。同时，公司的产品也应用到汽车零部件、洗涤、快递输送分拣等行业中。公司提供的智能物流系统可以为缝制企业提供从原料出入库、缝制加工、熨烫后整到成品出入库等全生产过程中的仓储分拣、物料传送、数据采集及分析等功能。公司的智能消防排烟及通风系统产品主要应用到制造业工厂、公共建筑、物流中心等的消防排烟及通风系统中。

2023年度公司共申请知识产权46项，其中发明专利13项，实用新型专利24项，外观设计2项，软件著作权6项，其他1项。2023年度公司共获得授权知识产权45项，其中发明专利19项，实用新型专利19项，软件著作权6项，其他1项。

公司的软件技术、硬件技术与集成系统形成了完整的技术闭环，拥有自主研发的从核心软硬件到系统集成的完整技术链条。截至2023年末，公司拥有70项核心技术、552项知识产权（其中发明专利46项）、29项软件著作权，另有77项发明专利在申请中。报告期内公司在研项目37项，包括"基于SaaS平台的轮式分拣系统研发项目""基于SaaS平台的报表看板系统研发项目""G4嵌入式分拣控制系统研发项目""智能挂装存衣分拣机构研发""智能吊挂一体式存储分拣机构研发"等。公司推出了S9系列全新智能悬挂系统、AI数字孪生管理平台、智能制造协同平台IMS等创新迭代产品，公司产品在行业应用上能够更加柔性地适配服装、家居、汽车、新零售等多个行业，实现从单台设备到产线、从车间到整个工厂的数字化管理，为下游行业智能制造领域更上一个台阶提供更优解决方案。

# 宁波华翔（002048.SZ）

宁波华翔电子股份有限公司（以下简称"宁波华翔"或"公司"）主要从事汽车零部件的设计、开发、生产和销售，属汽车制造行业。公司是大众、奔驰、宝马、丰田等国内外传统汽车和新能源汽车制造商的主要零部件供应商之一。

公司现已具备各种汽车内饰件、冷热成型金属件、电池存储系统、电子电器附件的研究和开发能力，并集中体现整个公司的生产工艺和特点。新材料、新技术的研发主要集中于产品轻量化、智能化，安全化和新模块化体系的建设，主要为实现子零件集成到模块化、系统总成等，将自动化生产、精益化生产应用于产品加工，实现生产模式标准化。

公司已完成智能加热扶手产品功能定义（包含App、屏幕控制、液晶屏控制、扶手速热），完成产品方案设计、样件制作。公司通过已完成收集市场透光零件，包括A面镭雕、B面镭雕、隐藏式镭雕及可见式镭雕等样件；镭雕试制样件表皮透光镭雕已完成；喷漆镭雕测试已完成，喷漆镭雕工艺路线已确认；PVD镭雕透光工艺测试已完成，PVD透光工艺路线已确认；镭雕设备选型技术交流已完成。弥补透光产品工艺的不足。公司已完成电动尾翼六连杆模块设计和样件的开发。公司已完成锻造碳纤维装饰件开发及验证并获取客户项目。公司注塑表皮的开发已经完成材料选型及验证，平板样件制作完成并且通过相关零件类试验验证，零件数据分析已经完成，结构也已更新。公司内嵌板氛围2023年完成DEMO样件，环境试验及光学试验也已完成。

# 永新光学（603297.SH）

宁波永新光学股份有限公司（以下简称"永新光学"或"公司"）是一家专注于科学仪器和核心光学元组件业务的科技型制造企业，是国内光学显微镜和精密光学元组件的龙头企业。

公司曾先后承担"嫦娥二号、三号、四号"星载光学监控镜头的制造，承制国内首台"太空显微实验仪"，为空间站航天医学、太空生命科学等技术研究提供支撑。2019年，公司主导制定的我国首项ISO9345显微镜领域国际标准，有效提升了国际话语权，引领行业规范发展。

公司获得国家级奖项有入围第五届"中国质量奖提名奖"（本届中国质量奖浙江省共8家企业入围，宁波市仅有2家，殊荣的获得，代表政府、专家及业界对公司的高度认可。）；荣获2022年中国标准创新贡献奖标准项目二等奖（公司为此次浙江省唯一由企业主持制定并摘得二等奖以上荣誉的标准化项目。）；获教育部高等学校科学研究优秀成果科学技术进步奖一等奖；公司获评"国家级绿色工厂"；江南永新获评国家级专精特新"小巨人"企业。

省级：公司荣获第九届"浙江省人民政府质量奖"（浙江省人民政府质量奖是浙江省政府设立的最高质量奖项）；成功获评2023年度浙江省省级工业设计中心；获评2022年度"浙江省科技'小巨人'企业"。

市级：公司荣登2023年"宁波·竞争力"百强榜第一位；入选"2022年度宁波市企业研发投入50强"榜单。

永新光学坚持标准引领，主持制定的国际标准ISO 9345-2019《显微镜成像部件技术要求》获得"中国标准创新贡献奖"标准项目奖二等奖。截至2023年末，公司共主导编制1项国际标准，牵头或参与制修订国家、行业标准108项、团体标准3项，是行业标准的引领者。

# 金田股份（601609.SH）

宁波金田铜业（集团）股份有限公司（以下简称"金田股份"或"公司"）主要从事有色金属加工业务，主要产品包括铜产品和稀土永磁材料两大类。铜产品包括铜棒、铜板带、铜管、铜线（排）、阴极铜、阀门、电磁线等产品，致力于为新能源汽车、清洁能源、轨道交通、电力物联网、通讯电子等战略性新兴产业发展提供铜材综合解决方案。公司稀土永磁产品广泛应用于风力发电、新能源汽车、高效节能电机、机器人、消费电子、医疗器械等领域。

公司具备雄厚的技术储备与研发实力，是铜加工行业的主要产品标准制定者之一；拥有国家级企业技术中心、国家级博士后科研工作站、国家认可实验室（CNAS）、2个省级高新技术企业研究开发中心、磁性材料与器件省级企业研究院、民用阀门省级企业研究院，主持、参与国家、行业、浙江制造团体标准制订60项，拥有授权发明专利230项，其中日本、美国等国际专利3项，获省级以上科技进步奖18项。

公司自主研发的黄铜棒生产技术和设备，获得了多项国家发明专利，并荣获中国有色金属工业科学技术奖一等奖、浙江省科学技术奖二等奖和宁波市科学技术进步奖一等奖，被业内称为"金田法"。2023年，公司与中南大学合作的"高强耐高温低残余应力铜锡磷合金高精度带材关键制备技术及产业化"项目荣获浙江省科技进步三等奖。

公司积极与世界一流主机厂商及电机供应商开展电磁扁线项目的深度合作，目前共有142项新能源电磁扁线开发项目，已定点91项，共有27个高压平台项目获得定点，且已实现多个800V高压平台电磁扁线项目的批量供货。同时，凭借高压领域的高端技术解决方案，公司在PEEK线产品方面已取得突破性进展，具备产品竞争优势及进口替代能力。

# 家联科技（301193.SZ）

宁波家联科技股份有限公司（以下简称"家联科技"或"公司"）是一家从事塑料制品、生物全降解制品及植物纤维制品的研发、生产与销售的高新技术企业。

截至 2023 年末，公司及子公司拥有有效专利共计 176 项，其中发明专利 36 项（其中境外专利 4 项），实用新型专利 59 项，外观设计专利 81 项（其中境外专利 12 项）。公司主持参与了 1 项国际标准、主持和参与了 17 项国家标准的制定及 8 项团体标准的制定。突出的技术与工艺优势有助于公司保持行业领先地位。

公司始终专注于新型塑料、全降解材料、塑料制品及全智能化生产等领域的研究、开发与技术改进。公司近几年荣获中国轻工业塑料行业（塑料家居）十强企业、中国轻工业塑料行业（降解塑料）十强企业、中国塑料加工业优秀科技创新企业、国家级绿色工厂、国家级绿色设计产品、国家级工业产品绿色设计示范企业、国家知识产权示范企业、中国轻工业联合会颁发的科学技术进步奖（一等奖）、国家"优秀企业文化成果"一等奖、省级数字化车间等多项国家级、省部级重大荣誉。

公司在 2023 年国际绿色零碳节荣获"碳中和杰出践行奖"和"杰出绿色质造奖"，凭借在履行社会责任、践行 ESG 理念等方面的突出表现荣获"2023 上市公司 ESG 先锋践行者案例"荣誉称号；在第三届中国餐饮产业红牛奖中荣获"2023 年度餐饮产业影响力企业"荣誉称号，公司生产的绿色低碳产品获行业权威好评。公司是中国塑料加工工业协会常务理事单位，中国塑料加工工业协会家居用品专委会副会长单位，公司产品获得十多个国家或地区的产品质量认证，在行业内产品率先通过食品安全管理认证和国际零售业安全技术标准体系认证。

# 唯捷创芯（688153.SH）

唯捷创芯（天津）电子技术股份有限公司（以下简称"唯捷创芯"或"公司"）于2010年6月份注册，总部位于天津市滨海新区经济技术开发区，注册资金41816.52万元。公司是专注于射频前端芯片研发、设计、销售的集成电路设计企业，位于集成电路产业链上游。

公司产品主要包括射频功率放大器模组、Wi-Fi射频前端模组和接收端模组等，广泛应用于智能手机、平板电脑、无线路由器、智能穿戴设备等终端产品。下游客户群涵盖OPPO、vivo、小米等主流手机品牌，以及华勤通讯、龙旗科技、闻泰科技等知名移动终端设备ODM厂商。

唯捷创芯的射频功率放大器模组技术不断进步，从以中集成度产品为主转型为以高集成度模组产品为主。根据Yole Development报告，公司在2022年市场份额显著增长，成为全球第五大射频前端功率放大器厂商。

2023年上半年，公司推出了新一代低压版L-PAMiF产品，降低了客户智能手机产品对升压电源管理芯片的需求，优化了系统整体成本。L-PAMiD产品通过多家品牌客户验证，实现了国产射频前端Sub 3GHz高集成度模组的突破。车规级射频芯片VCA系列全面通过AEC-Q100认证，能为客户提供完整的5G射频前端解决方案。

2023年，唯捷创芯Wi-Fi射频前端模组以Wi-Fi 6和Wi-Fi 6E产品为主，性能接近国际先进水平，已在品牌客户端实现大规模销售。此外，公司已经开始推广并量产第一代Wi-Fi 7产品，成为最早推出该类产品、完成新标准产品化的公司之一。

接收端模组产品线包括LNA Bank、L-FEM及开关等。LNA Bank经过设计优化，第三代产品已量产，第四代产品正在研发中。

# 后记 POSTSCRIPT

在历时一年多的深入研究和广泛探讨之后,《中国科技创新评价体系研究与实践》一书终于得以完成。我们深感荣幸能够参与这一具有重要意义的研究课题,并为中国科技创新发展贡献一份微薄之力。

随着中国经济的不断发展,科技创新已成为推动国家进步的关键力量。作为科技创新的主力军,上市公司科技创新评价体系的科学性和有效性对于推动科技创新至关重要。

为此,我们深入研究了国内外科技创新评价体系的现状和发展趋势,结合我国的实际情况,尝试建立起一套具有中国特色的科技创新评价体系,其涵盖了上市公司科技创新的投入、产出、保障等多个方面,采用了多元化的评价指标和科学的评价方法,旨在全面反映我国科技创新的整体水平和发展潜力。

在研究过程中,我们借鉴国内外的先进经验,并与多个领域的专家学者深入交流。期间,我们深感科技创新评价体系的建立需要广泛吸收各方面的意见和建议,并形成共识,才能确保评价体系的客观性和公正性。

本书的顺利出版离不开合享汇智集团的鼎力支持，合享汇智集团以其深厚的大数据处理能力和前沿的人工智能技术，为我们研究提供了强大的数据和算法支持。正是有了这样的支持，我们得以在超过5600万家市场主体中，精准定位众多企业的创新坐标，构建起中国科创能力的全景图网。

我们要向《证券日报》社每一位参与此书撰写、编辑与审校的同仁致以最深的敬意，每一字落笔、每一处编辑、每一轮审校，都是对专业精神的坚守和对品质追求的体现。正是这份严谨与细致，保证了本书内容的准确性和表达的流畅性，将科技创新的理论与实践得以更准确地传递给读者。

我们也要向参与本书调研、访谈的上市公司、拟上市公司、专家学者及长期合作伙伴东兴证券致以诚挚的谢意。正是你们的开放、分享以及真知灼见，为我们提供了夯实的理论基础和宝贵的实践经验，使得本书的内容更加丰满和贴近实际。

我们还要特别感谢经济日报出版社的全力支持，使得本书得以顺利出版。从编审到最终的印刷发行，出版社的同志们以高度的责任心和专业素养，确保了内容的高质量呈现。

展望未来，《中国科技创新评价体系研究与实践》的出版仅仅是起点。我们期待本书能够激发更多关于科技创新评价体系的深入探讨，为政策制定者、市场参与者、科研人员以及广大投资者提供有益的参考和启示。让我们携手同行，继续在科技创新的星辰大海中探索，以更加科学、全面的评价体系，护佑中国科技创新的璀璨征程。

证券日报研究院

2024年6月